MongoDB
核心原理与实践

郭远威 著

电子工业出版社
Publishing House of Electronics Industry
北京·BEIJING

内 容 简 介

本书内容按照循序渐进、由浅入深的原则组织编写，共分为 4 篇，包括 MongoDB 基础知识、深入理解 MongoDB、MongoDB 运维管理及 MongoDB 应用实践。第 1 篇主要介绍 MongoDB 的安装部署与应用场景、CRUD 操作、索引、聚集操作等内容，方便读者快速动手学习实践；第 2 篇系统且全面地介绍了底层核心存储引擎，深入剖析了 MongoDB 复制集和分片集群的运行机制，以及分布式文件存储 GridFS，为读者优化数据库性能和定位并解决故障问题打下坚实基础；第 3 篇主要介绍 MongoDB 的备份/恢复、系统监控、权限控制等内容，便于读者开展日常数据库管理和运维等工作；第 4 篇主要介绍基于 MongoDB 的应用开发和典型案例，读者可以直接参考其中的核心代码和应用实践，将其运用到自己的实际项目中。

未经许可，不得以任何方式复制或抄袭本书之部分或全部内容。
版权所有，侵权必究。

图书在版编目（CIP）数据

MongoDB 核心原理与实践 / 郭远威著．—北京：电子工业出版社，2022.3
ISBN 978-7-121-43000-8

Ⅰ．①M… Ⅱ．①郭… Ⅲ．①关系数据库系统 Ⅳ.①TP311.132.3
中国版本图书馆 CIP 数据核字（2022）第 033535 号

责任编辑：李淑丽　　　　　特约编辑：田学清
印　　　刷：北京天宇星印刷厂
装　　　订：北京天宇星印刷厂
出版发行：电子工业出版社
　　　　　北京市海淀区万寿路 173 信箱　　　邮编：100036
开　　本：787×980　1/16　　印张：25.25　　字数：463 千字
版　　次：2022 年 3 月第 1 版
印　　次：2023 年 8 月第 4 次印刷
定　　价：105.00 元

凡所购买电子工业出版社图书有缺损问题，请向购买书店调换。若书店售缺，请与本社发行部联系，联系及邮购电话：(010) 88254888，88258888。
质量投诉请发邮件至 zlts@phei.com.cn，盗版侵权举报请发邮件到 dbqq@phei.com.cn。
本书咨询联系方式：010-51260888-819，faq@phei.com.cn。

前　言

数据就像流淌在身体中的血液，贯穿于一个企业或组织的全业务生产过程中。我们正生活在一个数据爆炸的时代，小到个体生命，大到世界 500 强企业，无时无刻不在生产数据与消费数据。与此同时，如何存储并分析这些海量数据中蕴含的价值是数据工程师不断追求的目标。

总体来说，数据储算分析经历了近 50 年的发展，从 20 世纪 70 年代"关系模型"理论的提出，并基于此理论诞生了 Oracle、DB2 等数据库，数据储算分析正式进入商业数据库时代，并得到了快速发展。

从 20 世纪 90 年代开始，开源浪潮兴起，信息技术进入另一条高速发展通道，数据储算分析领域出现了 MySQL、PostgreSQL 等可以替代商业数据库的开源产品。截至目前，这类产品仍然在许多数据储算分析的应用场景中扮演着基础设施的关键角色。

从 2000 年开始，随着互联网浪潮的到来，尤其是移动互联网的飞速发展，数据架构师和数据分析师等从业人员不得不面对指数级增长的数据，传统的数据储算技术已经不能适应这种场景。就在数据工程师采用打补丁式的技术手段勉强应对这种场景时，Google 公司工程师在 2003 年发表了 3 篇具有划时代意义的文章，涉及 GFS（分布式文件系统）、MapReduce（并行计算框架）和 BigTable（可处理 PB 级数据量的分布式非关系型数据库）。基于这些文章中开创性的理论，在开源社区诞生了 Hadoop、MongoDB 等分布式、易扩展、高可用的非关系型数据库，也就是我们现在常说的 NoSQL 数据库。

作为全球热门的 NoSQL 数据库，MongoDB 是本书研究的主要对象，它原生具备的分片集群特性保证了数据存储空间的易横向扩展，复制集及多副本自动选举特性保证了数据库的高可用性，可嵌套的文档特性保证了表结构自由定义。围绕这些核心特性，MongoDB 还提供了一些可视化、流变更捕获、管道聚集及分布式文件系统等功能或工具，极大地方便了数据工程师进行海量数据的储算分析。

本书距离我上一次撰写 MongoDB 相关图书已经过去 8 年，在开源产品快速迭代更新的年代，MongoDB 也已发生了巨大改变。例如，存储引擎从 MMAP 切换到更加复杂且性能更好的 WiredTiger，分片集群下多文档事务的引入、关联查询、地理位置索引与权限控制等内容发生了改变。因此，为了帮助读者重新梳理关于 MongoDB 的知识体系，更好地将其应用到实际业务场景中，有必要系统且全面地重新剖析 MongoDB，这也是我撰写本书的原因。

在撰写本书的过程中，我始终站在读者视角，对每章节的内容及顺序反复打磨，由于 MongoDB 的版本及新功能更新较快，有些章节甚至需要在写完后推倒重新编写。之所以这么做，其目的就是尽量确保书中的每一个知识点都是最新且正确的，以让读者知其然并知其所以然，从书中汲取营养。

本书全部内容都是以 MongoDB 4.2 版本为基础进行撰写的。

在撰写本书的过程中得到了 MongoDB 中文社区全体伙伴的帮助，尤其是 Tapdata 公司创始人兼 CEO 唐建法，作为 MongoDB 中文社区创建者，他对第 12 章的内容修改提供了帮助；OPPO 公司文档数据库 MongoDB 负责人杨亚洲对第 13 章的内容修改提供了帮助；云本开源软件公司的系统架构师张志刚对第 14 章的内容修改提供了帮助。

本书从策划到出版得到了电子工业出版社李淑丽编辑的大力帮助。除此之外，还得到了 MongoDB 官网、中文社区核心成员、社区志愿者的帮助，在与他们一次次交流研讨中我获得了灵感、积累了知识，在此一并致以衷心的感谢。

本书内容

本书的内容按照循序渐进、由浅入深的原则组织，共分为 4 篇。

- 第 1 篇　MongoDB 基础知识，包括以下几章内容。
  - 第 1 章介绍 MongoDB 的发展历史、安装部署、应用场景等内容。
  - 第 2 章介绍查询、插入、修改、删除等 CRUD 操作语法，对任何一种数据库来说，这是必不可少的功能。
  - 第 3 章介绍索引与查询优化。
  - 第 4 章介绍强大的聚集分析框架，聚集操作为大数据分析提供了一把"利器"。

- 第 2 篇 深入理解 MongoDB，包括以下几章内容。
  - 第 5 章介绍 WiredTiger 存储引擎，包括存储引擎的数据结构、使用 page eviction 进行页面淘汰、checkpoint 的原理和事务等。
  - 第 6 章介绍 MongoDB 的复制集功能，包括复制集功能概述、复制集部署架构、完整部署一个复制集、复制集的维护等。
  - 第 7 章介绍 MongoDB 的分片集群功能，以及实现海量数据的分布式存储和提高系统吞吐量。
  - 第 8 章介绍 MongoDB 所特有的分布式文件存储功能，以及将图片、文件等格式的数据直接以二进制类型进行存储。
- 第 3 篇 MongoDB 运维管理，包括以下几章内容。
  - 第 9 章介绍管理与监控，包括数据导入/导出、数据备份/恢复、命令行工具监控管理、可视化数据库操作。
  - 第 10 章介绍权限控制，包括基于角色与权限控制原理，启动角色权限控制功能，MongoDB 默认提供的角色、用户管理和角色管理等内容。
- 第 4 篇 MongoDB 应用实践，包括以下几章内容。
  - 第 11 章介绍以 MongoDB 为后端数据库，使用 3 种主流编程语言读/写数据库的 API 口，以方便读者参考并运用到实际项目中。
  - 第 12 章介绍基于 MongoDB 的数据中台案例，建设数据中台是企业数字化转型过程中的一个趋势。
  - 第 13 章介绍百万级高并发集群性能提高案例，这对运维海量数据的集群对象非常有意义。
  - 第 14 章介绍基于 MongoDB 的金融系统案例。
  - 第 15 章介绍云原生 MongoDB 部署案例。
  - 第 16 章介绍常见问题分析，包括集合与关系型数据库表的区别、是否支持事务、锁的类型及粒度等。

本书特色

- 基础夯实:完整阐述了生产级数据库应该具备的基础功能。
- 理论剖析:本书是一本系统且全面介绍存储引擎的图书,使读者能知其然并知其所以然。
- 实践探索:本书包含核心开发代码和部署实践,使读者可以直接参考并运用到实际项目中。
- 案例丰富:通过大型企业的落地案例及广大 Mongo 爱好者提出的问题分析,读者可以直接从中获取宝贵的经验。
- 内容全面:本书可以作为一本参考手册,读者需要时可以快速查找相应知识。

读者对象

- 系统开发人员,可以直接将 MongoDB 作为生产数据库使用。
- 数据库运维人员,可以参考书中大量的运维工具和性能调优案例。
- 大数据架构师,可以参考书中的部署架构并运用到实际项目中。
- 大数据分析师,可以参考书中聚集计算框架进行大数据分析。
- 大数据方案规划人员,可以结合书中的案例和理论知识进行落地方案规划。
- 数据库理论研究人员,可以参考书中存储引擎的底层分析,学习大部分数据库理论。

目　录

第 1 篇　MongoDB 基础知识

第 1 章　初识 MongoDB 002
- 1.1　MongoDB 的发展与现状 002
- 1.2　MongoDB 与 Hadoop 比较 005
- 1.3　关键特性 008
- 1.4　安装部署 010
  - 1.4.1　在 Windows 中安装 MongoDB 011
  - 1.4.2　在 Linux 中安装 MongoDB 011
  - 1.4.3　在 Docker 中安装 MongoDB 013
- 1.5　几个重要的可执行文件 016
- 1.6　适合的业务 019
  - 1.6.1　高并发 Web 应用 019
  - 1.6.2　实时计算类的应用 020
  - 1.6.3　数据中台 020
  - 1.6.4　游戏类应用 021
  - 1.6.5　日志分析类系统 022
  - 1.6.6　AI 应用场景 022
- 1.7　小结 024

第 2 章　CRUD 操作 025
- 2.1　查询操作 025
  - 2.1.1　查询条件 027
  - 2.1.2　比较操作符 028
  - 2.1.3　逻辑操作符 030
  - 2.1.4　字段名匹配 031

2.1.5　文本查询 032
　　　2.1.6　正则表达式 034
　　　2.1.7　嵌套文档查询 034
　　　2.1.8　数组查询 035
　　　2.1.9　地理位置查询 038
　　　2.1.10　查询投射与排序 040
　2.2　插入操作 041
　　　2.2.1　insertOne 041
　　　2.2.2　insertMany 042
　　　2.2.3　insert 044
　2.3　修改操作 045
　　　2.3.1　updateOne 045
　　　2.3.2　updateMany 048
　　　2.3.3　replaceOne 052
　　　2.3.4　update 053
　2.4　删除操作 055
　　　2.4.1　deleteOne 055
　　　2.4.2　deleteMany 055
　2.5　批量写操作 056
　2.6　小结 058
第 3 章　索引 059
　3.1　索引原理 059
　3.2　创建索引 061
　3.3　单个字段的索引 061
　3.4　多个字段的复合索引 063
　3.5　数组的多键索引 065
　3.6　查询计划分析 066
　3.7　索引覆盖查询 070
　3.8　全文索引 071
　3.9　地理位置索引 072

3.10	Hash 索引	073
3.11	删除索引	073
3.12	TTL 索引	074
3.13	小结	076

第 4 章 聚集操作 ... 077

- 4.1 单个集合中的基础聚集函数 ... 077
  - 4.1.1 count()函数 ... 077
  - 4.1.2 estimatedDocumentCount()函数 ... 079
  - 4.1.3 countDocuments()函数 ... 080
  - 4.1.4 distinct()函数 ... 080
- 4.2 管道聚集框架 ... 082
  - 4.2.1 $group 分组 ... 084
  - 4.2.2 $addFields 添加新字段 ... 085
  - 4.2.3 $lookup 关联查询 ... 086
  - 4.2.4 $project 投射 ... 088
  - 4.2.5 $out 将结果输出到新集合 ... 088
  - 4.2.6 MongoDB 聚集操作语句与 SQL 语句的比较 ... 089
- 4.3 MapReduce 编程 ... 089
- 4.4 小结 ... 092

第 2 篇　深入理解 MongoDB

第 5 章 WiredTiger 存储引擎 ... 094

- 5.1 存储引擎的数据结构 ... 095
  - 5.1.1 典型的 B-Tree 数据结构 ... 095
  - 5.1.2 磁盘中的基础数据结构 ... 096
  - 5.1.3 内存中的基础数据结构 ... 097
  - 5.1.4 page 的其他数据结构 ... 099
- 5.2 使用 page eviction 进行页面淘汰 ... 100
- 5.3 使用 page reconcile 将数据写入磁盘 ... 101

MongoDB 核心原理与实践

- 5.4 Cache 的分配规则 102
- 5.5 page 的生命周期、状态和大小参数 103
  - 5.5.1 page 的生命周期 104
  - 5.5.2 page 的各种状态 105
  - 5.5.3 page 的大小参数 105
- 5.6 checkpoint 的原理 107
  - 5.6.1 checkpoint 包含的关键信息 108
  - 5.6.2 checkpoint 执行流程与触发时机 109
- 5.7 wt 工具和磁盘中的元数据相关文件 111
  - 5.7.1 wt 工具 111
  - 5.7.2 元数据相关文件 112
- 5.8 事务 115
  - 5.8.1 事务的基本原理 115
  - 5.8.2 与事务相关的数据结构 118
  - 5.8.3 事务的 snapshot 隔离 119
  - 5.8.4 MVCC 并发控制机制 120
  - 5.8.5 事务日志（Journal） 122
- 5.9 一个完整的写操作流程 123
- 5.10 小结 124

第 6 章 复制集 125

- 6.1 复制集功能概述 125
- 6.2 复制集部署架构 126
  - 6.2.1 典型的三节点复制集部署架构 126
  - 6.2.2 多数据中心复制集部署架构 128
- 6.3 完整部署一个复制集 129
  - 6.3.1 创建每个节点上存储数据的目录 129
  - 6.3.2 创建每个节点的日志文件 130
  - 6.3.3 创建每个节点启动时的配置文件 130
  - 6.3.4 启动每个节点上的 mongod 实例 131
  - 6.3.5 初始化复制集 131
  - 6.3.6 将其他节点添加到复制集 132

| | 6.3.7 | 观察复制集的运行状态 | 132 |

6.4 复制集的维护 ... 137
 6.4.1 删除节点 ... 137
 6.4.2 添加 Secondary 节点 ... 138
 6.4.3 添加 Arbiter 节点 ... 140
 6.4.4 复制集的配置信息 ... 140
 6.4.5 重新配置复制集 ... 143
 6.4.6 故障转移 Failover 分析 ... 145

6.5 复制集选举 Primary 节点的机制 ... 149
 6.5.1 复制集中的投票节点和非投票节点 ... 149
 6.5.2 选举触发条件和选举为 Primary 节点的因素 ... 150
 6.5.3 复制集能正常完成选举的条件 ... 152

6.6 基于 Oplog 的数据同步机制 ... 154
 6.6.1 Oplog 集合包含的内容分析 ... 155
 6.6.2 Oplog 的默认大小及性能影响 ... 156
 6.6.3 Oplog 集合大小的修改 ... 158
 6.6.4 使用 initial sync 解决 Oplog 严重落后的问题 ... 159

6.7 写关注（writeConcern）模式 ... 162
 6.7.1 默认的"写关注"场景 ... 162
 6.7.2 配置写关注 ... 162

6.8 读参考（readPreference）模式 ... 165
 6.8.1 读参考常见的应用场景 ... 166
 6.8.2 读参考的几种模式分析 ... 167
 6.8.3 设置 tags 标签使读请求指向特定节点 ... 168
 6.8.4 如何从多个匹配的节点中选择一个目标 ... 169

6.9 读关注（readConcern）模式 ... 171
 6.9.1 Primary 节点切换可能导致数据回滚 ... 171
 6.9.2 设置读关注以避免读到的数据被回滚 ... 172

6.10 Change Streams 实现数据实时同步 ... 176
 6.10.1 实现原理 ... 176
 6.10.2 实时数据流的格式 ... 177

	6.10.3	打开实时数据流 178
	6.10.4	控制实时数据流的输出 179
6.11	小结	 181

第 7 章 分片集群 182

- 7.1 分片集群的部署架构 182
- 7.2 手动部署一个分片集群 184
  - 7.2.1 分片 shard1 配置 184
  - 7.2.2 分片 shard2 配置 186
  - 7.2.3 config 服务器配置 187
  - 7.2.4 mongos 路由配置 188
  - 7.2.5 启动分片集群 189
  - 7.2.6 配置集合使其分片 192
  - 7.2.7 正确关闭和重启集群 194
- 7.3 片键及选择策略 195
  - 7.3.1 片键选择策略 197
  - 7.3.2 基于 Hash 分片 200
  - 7.3.3 基于范围的分片 203
- 7.4 chunk 204
  - 7.4.1 chunk 的分割 204
  - 7.4.2 chunk 大小的修改 209
- 7.5 Balancer 210
  - 7.5.1 一个完整的 chunk 迁移过程 212
  - 7.5.2 Balancer 的管理 214
  - 7.5.3 存储元数据的 config 数据库 217
- 7.6 小结 220

第 8 章 分布式文件存储 GridFS 221

- 8.1 什么是 GridFS 222
- 8.2 使用 GridFS 的场景 226
- 8.3 GridFS 常用操作 227
  - 8.3.1 上传文件 228

8.3.2 下载文件 229
8.3.3 删除文件 230
8.3.4 查询文件 230
8.4 小结 231

第 3 篇　MongoDB 运维管理

第 9 章　管理与监控 234
9.1 数据导入/导出 234
  9.1.1 导出工具 mongoexport 235
  9.1.2 导入工具 mongoimport 237
9.2 数据备份/恢复 240
  9.2.1 备份工具 mongodump 241
  9.2.2 恢复工具 mongorestore 243
9.3 命令行工具监控管理 245
  9.3.1 mongotop 246
  9.3.2 mongostat 247
  9.3.3 db.stats() 249
  9.3.4 db.serverStatus() 251
9.4 可视化数据库操作 256
  9.4.1 Compass 工具的安装与连接 256
  9.4.2 可视化性能监控 257
  9.4.3 可视化数据库操作 258
  9.4.4 可视化聚集操作 262
  9.4.5 内嵌 mongoshell 开发环境 263
9.5 小结 264

第 10 章　权限控制 265
10.1 基于角色与权限控制原理 265
10.2 启动角色权限控制功能 267
10.3 MongoDB 默认提供的角色 271

10.3.1 针对特定数据库中的读/写角色 ... 271
10.3.2 针对特定数据库中的管理角色 ... 272
10.3.3 针对所有数据库中的角色 ... 272
10.3.4 超级用户角色 ... 273

10.4 用户管理 ... 274
10.4.1 查看数据库中的用户 ... 274
10.4.2 创建新用户 ... 275
10.4.3 修改用户的角色 ... 276
10.4.4 删除用户 ... 276

10.5 角色管理 ... 277
10.5.1 查看数据库中的角色 ... 278
10.5.2 查看角色对应的权限信息 ... 278
10.5.3 创建一个自定义角色 ... 280
10.5.4 验证自定义角色的权限 ... 282
10.5.5 删除自定义的角色 ... 283

10.6 小结 ... 283

第 4 篇 MongoDB 应用实践

第 11 章 MongoDB 应用开发 ... 286

11.1 基于 Python 的开发 ... 286
11.1.1 单实例中的 CRUD 操作 ... 287
11.1.2 复制集中的操作 ... 290
11.1.3 分片集群中的操作 ... 291
11.1.4 GridFS 分布式文件操作 ... 292

11.2 基于 .net core 的开发 ... 294
11.2.1 CRUD 操作 ... 296
11.2.2 GridFS 分布式文件操作 ... 298

11.3 基于 Java 和 Spring Boot 框架的开发 ... 301
11.3.1 开发框架介绍 ... 301
11.3.2 CRUD 操作 ... 304

11.4　小结 306

第 12 章　基于 MongoDB 的数据中台案例 308

12.1　现代企业数据架构及痛点 308
12.2　什么是数据中台 309
12.3　数据中台的价值 312
12.4　数据中台的技术模块 313
12.5　基于 MongoDB 的数据中台方案 320
12.6　数据中台方案选型 327
12.7　小结 328

第 13 章　百万级高并发集群性能提高案例 329

13.1　背景 329
13.2　软件优化 330
  13.2.1　业务层面优化 330
  13.2.2　MongoDB 线程模型优化 331
  13.2.3　WiredTiger 存储引擎优化 333
13.3　解决服务器系统磁盘 I/O 问题 342
  13.3.1　服务器系统磁盘 I/O 硬件问题背景 342
  13.3.2　服务器系统磁盘 I/O 硬件问题解决后性能对比 343
13.4　主节点硬件升级后续优化 346
  13.4.1　readConcern 配置优化 346
  13.4.2　替换从节点服务器为升级后的高 I/O 服务器 350
  13.4.3　结论 351
  13.4.4　继续优化调整存储引起参数 352
13.5　小结 353

第 14 章　基于 MongoDB 的金融系统案例 355

14.1　项目背景 355
14.2　面临的主要挑战 355
14.3　技术选型 356
14.4　方案介绍 356

14.5	技术创新	358
14.6	技术特点	359
14.7	运营情况	360
14.8	项目成效	360
14.9	小结	361

第 15 章 云原生 MongoDB 部署案例 363

15.1	部署环境准备	363
15.2	Docker 安装	364
15.3	Kubernetes 组件安装	365
15.4	集群 Master 节点初始化	366
15.5	将 Work 节点添加到集群	369
15.6	分布式网络文件系统安装	369
15.7	PV、PVC、Deployment 配置	372
15.8	小结	374

第 16 章 常见问题分析 375

16.1	集合与关系型数据库表的区别	375
16.2	是否支持事务	376
16.3	锁的类型及粒度有哪些	377
16.4	服务器的内存多大合适	378
16.5	如何解决 join 查询需求	379
16.6	创建索引对性能的影响	380
16.7	GridFS 适合什么应用场景	381
16.8	Journaling、Oplog、Log 三种日志的区别	382
16.9	连接数设置为多少合适	383
16.10	集合被分片后是否可以修改片键	387
16.11	为什么分片集合中的文档记录没有分布到所有分片上	387
16.12	通过 mongos 连接集群时连接数分析	387
16.13	复制集节点之间是否可以使用不同的存储引擎	388

第1篇
MongoDB 基础知识

随着各行业智能化转型发展，大数据、云计算、机器学习和深度学习等技术成为最近几年比较热门的话题，MongoDB 经过近 10 年的发展演变，已成为 NoSQL 领域的领导者。为了梳理 MongoDB 在大数据平台中的定位、与 Hadoop 的区别及分析 MongoDB 适合的典型业务场景，本篇包含的关键知识如下。

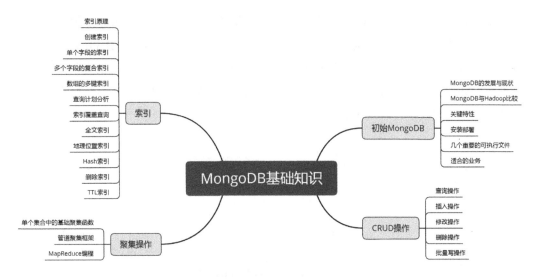

第 1 章
初识 MongoDB

1.1 MongoDB的发展与现状

MongoDB 是一个可扩展、开源、表结构自由，用 C++语言编写且面向文档的高性能分布式数据库。

MongoDB 在持续演进过程中，不断优化自己的特色功能，保证了数据库的稳定性，同时吸收其他数据库的优点并完善其功能。MongoDB 成为最像关系型数据库的 NoSQL，在 NoSQL 中处于领先地位。

图 1-1 所示为 MongoDB 里程碑版本，第一次将存储引擎层与 Server 层解耦，支持分布式、插件式存储引擎架构，引入了 WiredTiger 存储引擎；MongoDB 3.6 版本开始支持单文档事务，大大提高了数据库的并发性能，同时可以通过"两阶段提交"模拟多文档事务；MongoDB 4.0 版本开始真正支持多文档事务；MongoDB 4.2 版本开始支持分片集群的事务，解决了分布式事务的难题。

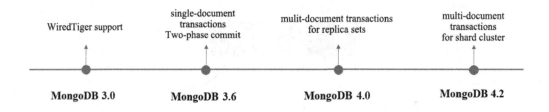

图 1-1 MongoDB 里程碑版本

文档为 MongoDB 最小逻辑存储单元，由"键-值"对构成。MongoDB 典型的文档数据模型如图 1-2 所示。

从图 1-2 中可知，MongoDB 的文档数据模型类似于 JSON 格式的文件，通过这种嵌套的文档或数组可以减少关系型数据库中大量的 join 操作。

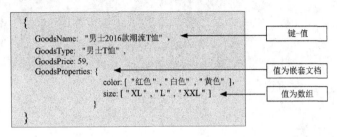

图 1-2　MongoDB 典型的文档数据模型

MongoDB 是一个介于关系型数据库和非关系型数据库之间的数据库，是非关系型数据库中功能最丰富、最像关系型数据库的 NoSQL（非关系型数据库）。图 1-3 所示为 MySQL 与 MongoDB 的比较，MySQL 中 table 的概念对应 MongoDB 中 collection 的概念，MySQL 中 row 的概念对应 MongoDB 中 document 的概念；同时 MongoDB 支持的查询语言非常强大，其语法类似面向对象的查询语言，几乎可以实现类似于关系型数据中大部分的 SQL 功能。

MySQL	MongoDB
database	database
table	collection
row	document

图 1-3　MySQL 与 MongoDB 的比较

MongoDB 的出现主要基于以下几个因素：需要一种新的数据库技术满足数据存储层的水平扩展，且容易开发，能够存储海量的数据；文档数据模型（BSON）容易编码和管理，将内部相关的数据放在一起能够提高数据库的操作性能。

MongoDB 可以运行在所有主流操作系统上，也可以通过官网提供的容器镜像运行在比较流行的 Docker 中。官网也提供了云版本的 MongoDB Atlas，目前可以运行在许多主流云平台，如 AWS、GCP 及 Azure 等；国内几大云厂商也提供了相应的云 MongoDB 版本。

阿里云数据库 MongoDB 版本如图 1-4 所示。

图 1-4　阿里云数据库 MongoDB 版本

腾讯云数据库 MongoDB 版本如图 1-5 所示。

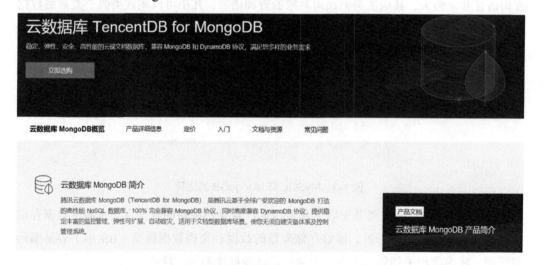

图 1-5　腾讯云数据库 MongoDB 版本

官网提供的云版本的 MongoDB Atlas 如图 1-6 所示。

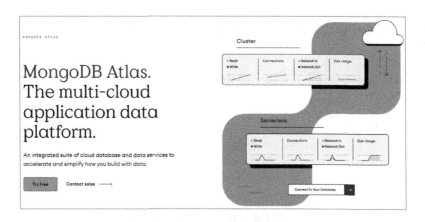

图 1-6　官网提供的云版本的 MongoDB Atlas

MongoDB 发展迅速，无疑是当前 NoSQL 中的人气王，和传统的关系型数据库相比也不落后，DB-Engines（数据库知识网站）根据搜索结果对 354 个数据库进行流行度排名，2020 年 3 月数据库流行度前 10 名排行榜如图 1-7 所示。

Rank			DBMS	Database Model	Score (354 systems in ranking, March 2020)		
Mar 2020	Feb 2020	Mar 2019			Mar 2020	Feb 2020	Mar 2019
1.	1.	1.	Oracle	Relational, Multi-model	1340.64	-4.11	+61.50
2.	2.	2.	MySQL	Relational, Multi-model	1259.73	-7.92	+61.48
3.	3.	3.	Microsoft SQL Server	Relational, Multi-model	1097.86	+4.11	+50.01
4.	4.	4.	PostgreSQL	Relational, Multi-model	513.92	+6.98	+44.11
5.	5.	5.	MongoDB	Document, Multi-model	437.61	+4.28	+36.27
6.	6.	6.	IBM Db2	Relational, Multi-model	162.56	-2.99	-14.64
7.	7.	↑9.	Elasticsearch	Search engine, Multi-model	149.17	-2.98	+6.38
8.	8.	8.	Redis	Key-value, Multi-model	147.58	-3.84	+1.46
9.	9.	↓7.	Microsoft Access	Relational	125.14	-2.92	-21.07
10.	10.	10.	SQLite	Relational	121.95	-1.41	-2.92

图 1-7　2020 年 3 月数据库流行度前 10 名排行榜

MongoDB 的快速发展顺应了大数据时代数据爆发增长需要分布式存储的趋势，同时也满足了 Web 应用开发者的需求。作为一个文档数据库，在许多场景下 MongoDB 都优于 RDBMS（关系数据库管理系统），同时还具有非常高的读/写性能。最重要的一点是，动态、灵活的模式可以让用户在所有商用服务器上进行更轻松的横向扩展。

1.2　MongoDB与Hadoop比较

提起大数据首先想到的就是 Hadoop，经过近 10 年的发展，Hadoop 已经被应用到很多行业，尤其是通信行业的大数据平台基本上都是围绕 Hadoop 创建的，如图 1-8 所示。

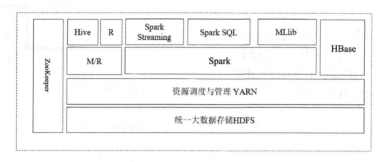

图 1-8　Hadoop 大数据生态组件

但是，根据 Gartner 调查，70%的 Hadoop 大数据分析项目未能体现预期价值，随着业务的发展，实时数据处理场景变得越来越多，Hadoop 这种更适合处理离线批量数据的技术变得不适应，因此需要引入新的 NoSQL 技术来应对这种场景，尤其是以 MongoDB 为代表的文档数据库，更能发挥大数据实时处理的优势。表 1-1 所示为几种数据库技术的比较。

表 1-1　几种数据库技术的比较

	数据量大	速度与并发	多 结 构	事 务 支 持
RDBMS	较差	一般	差	很好
MPP	较好	较差	差	很好
Hadoop	很好	差	很好	差
MongoDB	较好	很好	很好	较好

选择正确的大数据存储技术，对用户应用和目标是非常重要的，MongoDB 提供的产品和服务能让用户花费更少的风险和精力提供更好的生产系统产品。

事实上，MongoDB 就是为云计算而生的，其原生的可扩展架构通过启用分片和水平扩展，能够提供海量数据存储所需的技术。此外，MongoDB 通过"副本集"的架构，以保持数据的可用性和完整性。

MongoDB 原生支持 MapReduce 并行编程模式及管道式的聚集框架，为大数据分析提供了强有力的保障。

为了进一步丰富 MongoDB 的技术生态，给开发者或运营人员提供更多的选择，官网还提供了与 Spark 的连接器，可与其他第三方数据分析工具完美结合。

MongoDB Charts 工具以图形化报表的形式分析与展示数据。MongoDB Compass 工具实现对集群数据库可视化的管理。

图 1-9 所示为大数据平台的分层结构。

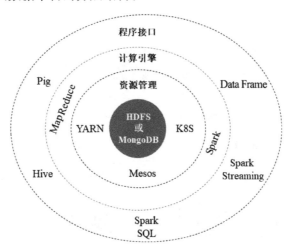

图 1-9　大数据平台的分层结构

从图 1-9 中可以看出，MongoDB 可以替换 HDFS，作为大数据平台中最核心的部分，与 HDFS 相比，MongoDB 具有如下优势。

- 在存储方式上，HDFS 以文件为单位，每个文件大小为 64MB～128MB，而 MongoDB 作为文档数据库则表现得更加细颗粒化。
- MongoDB 支持 HDFS 所没有的索引概念，所以在读取速度上更快。
- MongoDB 比 HDFS 更加易于修改其写入后的数据。
- HDFS 的响应级别为分钟，而 MongoDB 的响应级别为毫秒。
- 如果使用 MongoDB 数据库，就不用像传统模式那样，到 Redis 内存数据库计算后，再将其另存到 HDFS 上。
- 可以利用 MongoDB 强大的 Aggregate 功能进行数据筛选或预处理。

图 1-10 所示为 HDFS 的部署架构。

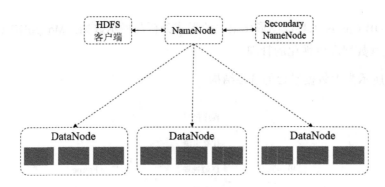

图 1-10　HDFS 的部署架构

图 1-11 所示为 MongoDB 分片集群部署架构。

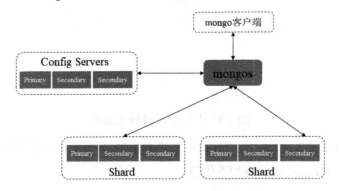

图 1-11　MongoDB 分片集群部署架构

从图 1-10 和图 1-11 中可以看出，HDFS 和 MongoDB 的设计理念比较相似。HDFS 中的 NameNode 相当于 MongoDB 中的 Config Servers，负责数据管理和客户端请求路由；HDFS 中的 DataNode 相当于 MongoDB 中的 Shard。

1.3　关键特性

当前，市面上至少有上百种数据库（不包含那些重新编译后更换名字的产品），MongoDB 经过短短 10 年就成为受欢迎的数据库，不但能支持大部分传统关系型数据库的应用场景，还能更好地支持大数据、人工智能等应用场景，相较于其他数据库，MongoDB 具有以下几个关键特性。

1. 嵌套文档模型

典型结构如下：

```
{
"_id" : ObjectId("51e0c391820fdb628ad4635a"),
"author" : { "name" : "Jordan","email" : "Jordan@123.com" },
"postcontent" : "jordan is the god of basketball",
"comments" : [
{"user" : "xiaoming", "text" : "great player"},
{ "user" : "xiaoliang", "text" : "nice action" }
]
}
```

采用与 JSON 格式类似的"键-值"对来存储数据（在 MongoDB 中称为 BSON 对象），其中，"值"的数据类型有字符串、数字、日期、BSON 对象和数组，通过这种嵌套的方式，用户可以将数组中每一个元素的数据类型设置为 BSON 对象。

2. 模式自由

MongoDB 与传统关系型数据库还有一个主要区别就是可扩展的表结构。也就是说，collection（表）中的 document（一行记录）所拥有的字段（列）是可以变化的，如下文档对象 document（一行记录）比上面列出的文档对象 document（一行记录）多了一个 time 字段，但它们可以共同存储在同一个 collection（表）中。

```
{
"_id" : ObjectId("51e0c391820fdb628ad4635a"),
"author" : { "name" : "Jordan","email" : "Jordan@123.com" },
"postcontent" : "jordan is the god of basketball",
"comments" : [
{"user" : "xiaoming", "text" : "great player"},
{ "user" : "xiaoliang", "text" : "nice action" }
],
"time": "2013-07-13"
}
```

MongoDB 查询语句不是按照 SQL 的标准来开发的，它是围绕 JSON 这种特殊格式的文档存储模型开发了一套自己的查询体系，这就是现在非常流行的 NoSQL 体系。在关系型数据库中常用的 SQL 语句在 MongoDB 中都有对应的解决方案。

我们知道在传统关系型数据库中 join 操作可能会产生笛卡儿积的虚拟表，消耗较多的系统资源，而MongoDB的文档对象集合collection（表）可以是任何结构的，可以通过设计较好的数据模型尽量避开这样的操作需求，如果需要从多个collection（表）中检索数据，则可以通过多次查询获取数据。

3．自带强大的计算框架

在关系型数据库中经常用到group by等分组聚集函数，MongoDB提供了更加强大的MapReduce方案，同时MongoDB还提供了Spark连接器，为海量数据的统计、分析提供了便利性。

4．复制集保证数据高可靠性

MongoDB支持复制集（replset），一个复制集在生产环境中最少需要3台计算机（测试时为了方便可能都部署在一台计算机上），这3台计算机分别做主节点（Primary）、次节点（Secondary）、仲裁节点（只负责选出主节点）。复制集支持备份、自动故障转移等特性。

5．分片集群实现高可扩展性

MongoDB支持自动分片sharding，分片的功能是实现海量数据的分布式存储，分片通常与复制集配合起来使用，实现读/写分离、负载均衡。如何选择片键是实现分片功能的关键，我们将在后面章节进行详细介绍。

6．多文档事务的支持

多文档事务特性从MongoDB 4.0版本开始支持复制集部署模式，该特性在MongoDB 4.2版本上更加完善，并开始支持分片集群部署模式。这个关键特性促使MongoDB具有了关系型数据库的高并发能力，能够支持对ACID要求比较高的应用场景，可以替代关系型数据库，在生产环境中全面部署MongoDB。

1.4 安装部署

MongoDB官网已经提供了Windows、macOS及多种主流Linux平台的安装文件，这里选择以MongoDB 4.2版本进行安装。对于MongoDB来说，4.2版本具有里程碑的意义，其引入了在分片集群部署模式下支持多文档事务。

1.4.1 在 Windows 中安装 MongoDB

登录 MongoDB 社区，选择需要的版本，下载基于 Windows x64 的安装文件，直接双击文件进行安装即可，如图 1-12 所示。

图 1-12　下载 Windows 平台安装文件

1.4.2 在 Linux 中安装 MongoDB

登录 MongoDB 社区，选择需要的版本，下载基于 Ubuntu16.04 Linux 64-bit×64 的安装文件。

图 1-13　下载 Linux 平台安装文件

下载完成后，解压 tar -zxvf mongodb-linux-x86_64-ubuntu1604-4.2.1.tgz 文件。解压完成后可以看到一个 bin 文件夹，MongoDB 所有的可执行命令都在这个文件夹下：

```
[root@localhost bin]# ls
bsondump      mongodump      mongoimport    mongorestore   mongotop
mongo         mongoexport    mongooplog     mongos
mongod        mongofiles     mongoperf      mongostat
```

在 bin 文件夹下，有一个名为 mongod 的可执行文件，它就是服务器端实例对应的启动程序。下面以一个单实例部署的步骤为例，介绍如何启动 MongoDB。

（1）在启动 MongoDB 时需要指定数据文件所在的目录，因此先创建一个保存数据文件的目录：

```
mkdir /usr/local/mongodb4.2/test_single_instance/data
```

（2）在启动 MongoDB 时还需要指定一个日志文件，如创建一个空的 123.log 日志文件：

```
vim /usr/local/mongodb4.2/ test_single_instance/logs/123.log.
```

（3）创建一个启动时的 start.conf 配置文件：

```
vim /usr/local/mongodb4.2/test_single_instance/ start.conf
```

start.conf 配置文件的具体内容如下：

```
storage:
   dbPath: /usr/local/mongodb4.2/test_single_instance/data
   journal:
      enabled: true
systemLog:
   path: /usr/local/mongodb4.2/test_single_instance/logs/123.log
   destination: file
net:
   port: 60001
   bindIp: localhost,192.168.85.128
```

（4）执行如下命令启动一个单实例部署的 MongoDB：

```
mongod --config usr/local/mongodb4.2/test_single_instance /start.conf
```

注意配置文件的格式，其中，dbPath 选项指定数据存放的目录；journal 选项为事务日志文件，默认情况是打开的；net 选项为服务实例监听的 IP 地址和端口配置；path 选项指定日志文件的目录，与 journal 日志文件的区别是，journal 是事务日志，供数据库出现意外故障后恢复使用，path 指定的日志文件是 MongoDB 实例在运行过程中接收的一些客户端连接日志或启动运行阶段发生错误的日志。

（5）通过 mongo 客户端连接数据库进行测试，命令如下：

```
mongo --port 60001
```

这里按照上面服务器端的实际配置，只需指定连接端口即可，如果成功连接数据库，则表示上文中的单实例 MongoDB 部署成功。

上述部署单实例的步骤与在其他 Linux 发行平台上部署单实例的步骤基本相似，但在生产环境下，建议部署成复制集或分片集群的模式，单实例模式更多用于前期测试。

还可以使用各 Linux 分发版本对应的包管理器进行安装，如 RedHat、Debian、Ubuntu 等都有自己的包管理器。当使用包管理器安装 MongoDB 时，系统会自动创建数据目录和日志文件。

1.4.3 在 Docker 中安装 MongoDB

随着以 Docker 和 Kubernetes 为核心的云原生技术的快速发展，当前越来越多的应用、中间件、数据库均开始进行容器化改造，以适应快速上云的 IT 需求。

下面介绍如何在 Docker 容器中部署 MongoDB，操作步骤如下。

（1）安装 Docker 引擎。

先确保已经正确安装 Docker 引擎，请参考 Docker 官方文档进行安装，执行 docker --version 命令，输出如下信息表示已经安装 Docker 引擎：

```
Docker version 19.03.6, build 369ce74a3c
```

（2）创建相关目录与文件。

参考本书 1.4.2 节介绍的方法下载 MongoDB 安装文件，解压到 /usr/local/mongodb-4.2 目录下，并在此目录下创建相应的数据目录 data、日志目录 logs 和日志文件 logs/123.log，启动配置文件 start.conf，该配置文件的内容如下：

```
storage:
  dbPath: /usr/local/mongodb-4.2/data
systemLog:
  path: /usr/local/mongodb-4.2/logs/123.log
  destination: file
net:
  port: 30000
  bindIp: 127.0.0.1,172.17.0.2
```

这里需要注意的是 bindIp 的配置，172.17.0.2 为 Docker 容器的 IP 地址（根据实际情况进行修改）。

（3）创建 Dockerfile。

在 /usr/local/mongodb-4.2 目录下创建 Dockerfile 文件，通过此文件构造 MongoDB 的 Docker 镜像，Dockerfile 文件的内容如下：

```
FROM ubuntu:16.04                                    #选择基础镜像
MAINTAINER gyw
```

```
RUN rm /etc/apt/sources.list                         #需要安装其他依赖包,修改下载源
COPY sources.list /etc/apt/sources.list
RUN apt-get update
RUN apt-get install -y libcurl3                      #MongoDB 运行时的依赖包
WORKDIR /usr/local/mongodb-4.2
COPY . /usr/local/mongodb-4.2
CMD ["./bin/mongod","--config","./start.conf"]       #当启动容器时初始执行的命令
```

RUN、COPY、CMD 等是 Dockerfile 中的命令,读者可以参考 Docker 官方文档查看这些命令的详细使用方法。

为了加速下载依赖包,将初始镜像 Ubuntu:16.04 中的下载源替换为阿里巴巴的下载源,所以在/usr/local/mongodb-4.2 目录下创建一个 sources.list 文件,用来覆盖默认的下载源,这个文件的内容如下:

```
deb http://mirrors.aliyun.com/ubuntu/ xenial main restricted
deb http://mirrors.aliyun.com/ubuntu/ xenial-updates main restricted
deb http://mirrors.aliyun.com/ubuntu/ xenial universe
deb http://mirrors.aliyun.com/ubuntu/ xenial-updates universe
deb http://mirrors.aliyun.com/ubuntu/ xenial multiverse
deb http://mirrors.aliyun.com/ubuntu/ xenial-updates multiverse
deb http://mirrors.aliyun.com/ubuntu/ xenial-backports main restricted universe multiverse
```

(4)最终的文件结构。

创建相应文件后,最终在/usr/local/mongodb-4.2 目录下的文件结构如下:

```
drwxr-xr-x  2 root root   4096  Apr 21 10:08  bin/
drwxr-xr-x  2 root root   4096  Apr 21 10:13  data/
-rw-r--r--  1 root root    275  Apr 22 06:10  Dockerfile
-rw-r--r--  1 root root  30608  Apr 21 10:08  LICENSE-Community.txt
drwxr-xr-x  2 root root   4096  Apr 21 10:12  logs/
-rw-r--r--  1 root root  16726  Apr 21 10:08  MPL-2
-rw-r--r--  1 root root   2601  Apr 21 10:08  README
-rw-r--r--  1 root root    457  Apr 22 05:50  sources.list
-rw-r--r--  1 root root    177  Apr 22 07:10  start.conf
-rw-r--r--  1 root root  57190  Apr 21 10:08  THIRD-PARTY-NOTICES
```

(5)构建镜像。

执行如下命令:

```
docker image build -t mongodb-4.2:test .
```

注意最后有一个"."符号,表示在当前目录下查找 Dockerfile 文件进行镜像构建,

成功运行后，可以通过以下命令查看生成的镜像：
```
docker image ls
```
输出信息中包含如下两个镜像：
```
REPOSITORY        TAG       IMAGE ID        CREATED         SIZE
mongodb-4.2       test      4d8782e5adad    40 minutes ago  435MB
ubuntu            16.04     77be327e4b63    2 months ago    124MB
```
其中，ubuntu 是基础镜像，mongodb-4.2 就是成功构建的数据库镜像。

（6）启动容器。

可以通过以下命令启动容器：
```
docker run -p 50000:30000 -d --name mongodb-4.2 mongodb-4.2:test
```
其中，name 表示指定启动的容器名称；p 表示端口映射，冒号前面的端口为所在主机的端口，后面的端口为容器对外暴露的端口（与启动 MongoDB 配置文件 start.conf 中指定的监听端口一致）；mongodb-4.2:test 表示镜像名称，通过此镜像启动容器。

成功启动容器后，可以通过以下命令查看容器是否运行：
```
docker ps
```
输出如下信息：
```
CONTAINER ID        IMAGE                COMMAND
b4a9d40d1802        mongodb-4.2:test     "./bin/mongod --conf…"
CREATED             STATUS               PORTS                    NAMES
49 minutes ago      Up 49 minutes        0.0.0.0:50000->30000/tcp mongodb-4.2
```
其中，当 STATUS 字段为 Up 时，表示容器正在运行。

（7）连接容器中的 MongoDB。
```
./bin/mongo --host 172.17.0.2 --port 30000
```
和正常的 mongo 客户端连接 MongoDB 服务器端一样，需要注意的是，host 参数指定的 IP 地址为容器的 IP 地址，port 为容器监听的端口。

也可以通过以下命令连接：
```
./bin/mongo --port 50000
```
注意，这里没有指定 host 参数，默认连接的 IP 地址为 127.0.0.1；port 参数指定的端口为主机上的端口，通过 50000 端口映射到容器中的 30000 端口。

总体来说，在 Docker 下面安装部署 MongoDB，看上去需要做很多工作，但是完成

MongoDB 的 Docker 镜像生成后，我们就可以很方便地利用这个镜像启动多个容器化的 MongoDB。

同时，借助 Kubernetes（一种容器编排工具），甚至能够快速启动几百个或上千个 MongoDB 数据库实例。因此，MongoDB 的容器化部署是未来数据库云的一个重要前提。

1.5 几个重要的可执行文件

安装完 MongoDB 后，在 bin 目录下有几个重要的可执行文件，这些可执行文件有些是后台守护进程，有些是执行备份和导入/导出的工具，整体了解这些可执行文件，对快速上手实践有帮助。

1. mongod

mongod 是启动数据库实例的守护进程对应的可执行文件，是整个 MongoDB 中最核心的文件，负责数据库的创建、删除等各项管理工作，运行在服务器端，监听客户端的连接请求。

通过 mongod 命令可以启动数据库实例：

```
mongod --config /usr/local/mongodb-4.2-primary/123.conf
```

其中，123.conf 配置文件的内容与在 Linux 平台下安装部署 MongoDB 所使用的 start.conf 配置文件的内容一致。

2. mongo 进程

mongo 是一个与 mongod 进程进行交互的 javascript shell 进程，它提供了一些交互的接口函数为系统管理员对数据库系统进行管理，命令如下：

```
mongo --port 60001 --username xxx --password xxx --authenticationDatabase admin
```

其中，mongo 中的 port 参数表示 mongod 进程监听的端口，如果 mongo 运行的宿主机与 mongod 守护进程所在的宿主机不在同一台计算机上，则需要指定 ip 参数且要保证两个宿主机之间的网络能连通；username 参数表示连接数据库的用户名，password 参数表示连接数据库的密码，authenticationDatabase 参数表示要连接的数据库。上述命令连接成功后，就会提供给用户一个 javascript shell 环境操作数据库，可以进行创建/删除数据库、创建/删除集合等操作，可以通过 mongo --help 命令查看关于 mongo 的更多可选参数。

3. mongodump

将 mongod 实例中的数据导出为 BSON 格式的文件，备份数据库，同时使用 mongodump 命令能够利用这些 dump 文件重建数据库，命令如下：

```
mongodump --port 60001 --db crm --out crmbk
```

其中，port 参数表示 mongod 实例监听端口；db 参数表示数据库名称；out 参数表示备份文件保存目录，该命令执行成功后会在 crmbk 目录下创建一个 crm 子目录（同数据库名），同时创建 goods.bson、orders.bson、system.indexes.bson、goods.metadata.json 和 orders.metadata.json 文件。

其中，*.bson 文件表示备份的数据库中相应的集合数据；*.metadata.json 文件表示对应集合上创建的索引元数据（需要注意的是，由于不是索引数据本身，因此利用这些文件恢复数据库时，需要重建索引数据)。

可以通过 mongodump –help 命令查看更多可选参数。

4. mongorestore

通过 mongorestore 命令恢复备份文件，命令如下：

```
mongorestore --port 60001 --collection goods --db crm --drop goods.bson
```

其中，drop 参数表示在恢复数据之前，先删除此数据库下的所有集合，collection 参数表示要恢复具体的哪个集合，如果不指定，则会恢复 crm 数据库下的全部集合。

命令如下：

```
mongorestore --port 60001 --db newcrm xxdump
```

表示恢复到新的 newcrm 数据库下。

命令如下：

```
mongorestore --port 60001 xxdump
```

表示恢复到原来的数据库，会产生覆盖，该命令的最后一个参数是 dump 文件所在的目录。

5. mongoexport

mongoexport 是一个将 MongoDB 数据库实例中的数据导出来产生 JSON 格式文件或

CSV 格式文件的工具，命令如下：

```
mongoexport --port 60001 --db eshop --collection goods --out /usr/local/mongodb-4.2-primary/test_single_instance/goods.json
```

6. mongoimport

mongoimport 是一个将 JSON 或 CSV 文件内容导入 MongoDB 实例中的工具，常用命令如下：

```
mongoimport --port 60001 --db eshop --collection goods --file /usr/local/mongodb-4.2-primary/test_single_instance/goods.json
```

7. mongos

mongos 是一个在分片中用到的进程文件，所有应用程序端的查询操作都会先由它分析，然后将查询定位到具体某一个分片上，它的监听作用与 mongod 的监听作用类似，客户端的请求与 mongo 守护进程连接。

8. mongofiles

mongofiles 提供了一个操作 MongoDB 分布式文件存储 GridFS 系统的命令行接口，命令如下：

```
mongofiles --port 60001 --db mydocs --local /usr/local/mongodb-4.2-primary/test_single_instance/算法导论第二版.pdf put algorithm_introduction.pdf
```

上述命令表示将本地文件/usr/local/mongodb-4.2-primary/test_single_instance/算法导论第二版.pdf 上传到数据库 mydocs 中保存。

9. mongostat

mongostat 提供了一个展示当前正在运行的 mongod 或 mongos 实例的状态工具，相当于 UNIX/Linux 中的文件系统工具 vmstat，但是它提供的数据只与运行的 mongod 或 mongos 的实例相关，命令如下：

```
mongostat --port 60001
```

10. mongotop

mongotop 提供了一个分析 MongoDB 实例在读/写数据上的时间跟踪方法，它提供的统计数据在每一个 collection（表）级别上，命令如下：

```
mongotop --port 60001
```

1.6 适合的业务

近几年,随着互联网和移动互联网业务的发展,数据量越来越大,并发请求也越来越多。一个大型系统中只使用一种数据库并不能满足全部业务的发展,同时以 MongoDB 为代表的 NoSQL 快速发展,在某些方面展示了它的优越性,被逐渐采用并取代系统中的某些部件。总体来说,以下几个方面的应用场景比较适合使用 MongoDB 这类数据库。

1.6.1 高并发 Web 应用

Web 应用是一种基于 B/S 模式的程序,业务的特点是读/写请求都比较多。早期系统的数据量可能很少,但是发展到一定程度后数据量会暴增,这就需要数据存储架构能够适应业务的扩展,传统的关系型数据库表结构都是固定的,增加一个业务字段或横向扩展数据库都会带来巨大的工作量。由于 MongoDB 支持无固定结构的表模型,因此很容易增加或减少表中的字段,适应业务的快速变化;同时 MongoDB 原生支持复制集或分片集群部署,很容易实现水平扩展和读/写分离,将数据分散到集群中的各个分片上,提高系统的存储容量和读/写吞吐量。图 1-14 所示为高并发 Web 应用中的 MongoDB 架构。

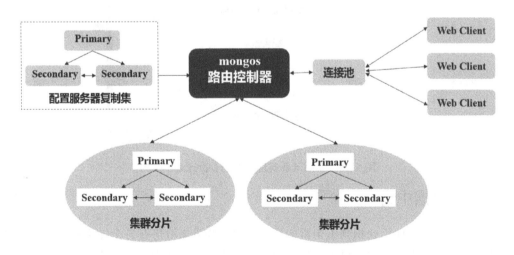

图 1-14 高并发 Web 应用中的 MongoDB 架构

1.6.2 实时计算类的应用

针对实时性要求比较高的应用场景，如实时营销、实时推荐等，可以在前端先部署 MongoDB 缓存集群，从消息系统（如 Kafka）获取实时数据。利用 MongoDB 插件式存储引擎的特点，缓存集群利用 Memory 存储引擎，然后可以直接利用 MongoDB 的计算框架（如 Aggregate、MR 等）进行数据运算，也可以利用 mongo-spark 连接器将缓存集群与 Spark 计算集群连接后进行计算。

计算后的结果可以直接支撑应用，将结果保存到持久化的 MongoDB 汇总结构集群中，供未来需要时直接调用，避免重复计算，在汇总结果的集群中可以利用 WiredTiger 存储引擎。

对整个流程来说，无论是数据的计算，还是数据的持久化，都是使用 MongoDB 搭建的集群，从而避免了数据从多种形态的数据库之间流入/流出的复杂性，简化了实时计算类应用的开发。图 1-15 所示为实时计算类应用中的 MongoDB 架构。

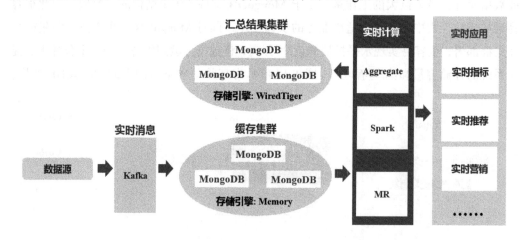

图 1-15 实时计算类应用中的 MongoDB 架构

1.6.3 数据中台

目前，很多企业已经积累了丰富的数据，但这些数据散落在各个异构系统中，数据的价值也没有被挖掘出来，更不用说数据之间蕴含的丰富知识了，因此，数据中台的创建成为企业未来智能化转型的迫切需求。按照业界的标准和共识，数据中台包含数据采集、开发、开放、治理、运营等功能模块，相较于其他传统的关系型数据库，MongoDB 是比较适合在数据中台中使用的。

- 数据采集部分。当我们从异构的 Oracle、MySQL、SQL Server 等数据库中采集原始数据后，海量的数据需要一个统一的存储中心，MongoDB 的分片集群就能满足这种需求，不需要额外安装其他插件。
- 数据开发部分。我们开发时常用的 SQL 语句在 MongoDB 提供的丰富查询语句中基本都能映射上，这对于熟悉传统 SQL 脚本开发的工程师来说是有利的。同时，MongoDB 还提供了管道模式的聚集框架，直接支持一些复杂的数据开发。
- 数据开放部分。MongoDB 最小存储单元是一条条类似于 JSON 数据格式的文档（即 BSON 格式），对于前端 REST 风格的 API 请求调用可以直接访问 JSON 格式的文档数据，免除了需要序列化和反序列化的复杂过程。
- 数据治理部分。MongoDB 数据库中的每一个集合（表）都对应有一个元数据表来管理，可以基于此开发数据的全生命周期管理功能。在 MongoDB 复制集部署模式下，也能保障数据的安全和高可用性。
- 数据运营部分。围绕 MongoDB 生态，官网提供了 Chart 工具，它是一款可视化自助进行数据提取、分析的利器，对于存储在 MongoDB 中的数据，我们能够很容易进行数据探索和运营。MongoDB 在数据中台中的应用如图 1-16 所示。

图 1-16　MongoDB 在数据中台中的应用

1.6.4　游戏类应用

玩家在玩游戏时，所拥有的装备、经验值等数据都在时刻变化着，这就要求底层的表结构模型具有较强的自适应性，MongoDB 表结构自由模式就能满足这个要求。玩家有时还需要按地理位置划分来进行组队以形成一些新玩法，MongoDB 自带的地理位置索引功能就能满足这个要求。为了避免游戏掉线影响玩家的体验，MongoDB 的复制集部署模式能解决此类问题。运营人员有时需要对游戏数据进行统计分析，及时开展促销等推广活动，MongoDB 的计算组件和可视化数据工具能加速运营人员完成对数据的分析等工作。

1.6.5 日志分析类系统

日志分析类系统的特点是数据量大，允许部分数据丢失，不会影响整个系统的可靠性。以前将日志直接保存到操作系统的文件上，需要用其他工具打开日志文件或编写工具读取日志进行分析，这样对于大量的日志查询会比较困难。如果使用 MongoDB 数据库来保存这些日志，则一方面可以利用分片集群使日志系统拥有较大的存储容量；另一方面利用 MongoDB 特有的查询语句能够快速找到某条日志记录，最重要的是 MongoDB 支持聚集分析及 MapReduce 功能，为大数据分析和决策提供了强有力的支持，如图 1-17 所示。

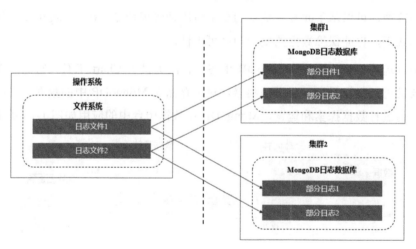

图 1-17　日志类分析系统

1.6.6 AI 应用场景

MongoDB 的文档数据模型使开发者和数据科学家能够轻松地在数据库中存储和合并任何结构的数据，并且表结构模式可以被动态地修改，而不需要应用程序或数据库停机。对于关系型数据库来说，这种模式的修改或重新设计会产生高昂的停机代价；

MongoDB 这种灵活的数据模型对深度学习来说尤其重要。

（1）深度学习输入的数据集可能包含点击数据流、日志文件、社交媒体、物联网传感器数据流、CSV、文本、图像、视频等快速变化的结构化和非结构化数据；但许多这样的数据集并不能很好地映射到具有固定行/列格式的关系型数据库上。

（2）深度学习的训练过程通常涉及添加新的隐藏层、特征标签、超参数和新的输入数据，因此需要频繁地修改底层的数据模型。

所以，对于深度学习来说，一个能够支持多种输入数据集且能无缝地修改模型训练参数的数据库是至关重要的。MongoDB 已成为许多 AI 和深度学习平台的数据库，以下是各种不同应用和行业的用户选择。

1. IBM 分析与可视化

沃森分析是 IBM 的云托管服务，提供智能数据发现以指导数据挖掘、自动执行预测分析和可视化输出。沃森分析应用于银行、保险、零售、电信、石油等行业。MongoDB 与 DB2 一起用于管理数据存储。MongoDB 提供了所有源数据资产和分析可视化的元数据存储库，这些数据存储在丰富的 JSON 文档结构中，具有可扩展性，可支持数以万计的并发用户访问该服务。

2. 预测价值

英国最大的数字汽车市场广泛使用针对存储在 MongoDB 中的数据运行的机器学习。MongoDB 中存储了汽车的规格和详细信息，如汽车的数量、状况、颜色、里程、保险历史等。该数据由 Auto Trader 的数据科学团队编写的机器学习算法提取，以生成准确的预测价值，然后将其写回数据库。MongoDB 由于其灵活的数据模型和分布式设计而被选中，允许跨 40 多个实例的群集进行扩展。

3. 自然语言处理

北美的 AI 开发者已经将 NLP 软件构建到智能家庭的移动设备中，设备和用户之间的所有交互都存储在 MongoDB 中，然后被反馈到学习算法中。MongoDB 被选中正是因为其架构的灵活性和支持快速变化的数据结构。

4．零售业的地理位置分析

美国的移动应用程序开发者在 MongoDB 上构建了其智能引擎，可实时处理和存储数千万个客户及其位置上丰富的地理空间数据点。智能引擎使用可扩展的机器学习和多维分析技术表现行为模式，允许零售商通过移动设备使用基于位置的优惠预测和定位客户。MongoDB 对具有复杂索引和查询的地理空间数据结构的支持为机器学习算法提供了基础。MongoDB 利用分片的横向扩展设计允许公司从数十万个客户数据点扩展到数百万个客户数据点。

1.7　小结

首先，本章介绍了 MongoDB 的发展历程，尤其是 WiredTiger 存储引擎的引入和事务的支持使 MongoDB 作为生产级的数据库被越来越多的场景所使用。本章比较了在大数据生态系统中 MongoDB 与 Hadoop 及其他数据库的区别。

其次，本章重点介绍了 MongoDB 在 Linux 下的安装部署，初学者可以按照文中描述的步骤搭建一个单实例 MongoDB，快速开始动手实践。

再次，本章介绍了几个重要的可执行文件，使初学者对 MongoDB 备份、恢复、监控等命令有大概的认识。

最后，本章介绍了 MongoDB 几个典型的业务应用场景，这些也是目前 MongoDB 应用最多的场景。

第 2 章
CRUD 操作

2.1 查询操作

存储在数据库中的数据只有被查询出来,才能被外部应用所使用,本章将介绍 MongoDB 的各种查询操作,包括在关系型数据库中经常使用的查询过滤条件、查询投射返回指定的字段等操作,还有在 MongoDB 下支持的文本查询、嵌套文档查询、地理位置查询等特殊查询操作。

假设有一个常用的电子商务网站,在关系型数据库 MySQL 中我们可能会设计 3 个表,如客户表 customers、订单表 orders、商品表 products。其中,客户表 customers 的主键为 cust_id,商品表 products 的主键为 prod_id,订单表 orders 的主键为 order_id,外键 cust_id 和 prod_id 分别与客户和产品关联,这就是在关系型数据库中经常看到的通过主键和外键进行关联查询的数据模型,整个数据库模型的结构如图 2-1 所示。

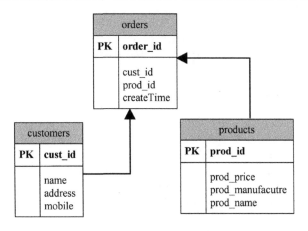

图 2-1 数据库模型的结构

假如想要查询某个客户订购的所有商品名称，则 SQL 语句可写为：

```sql
select t1.name,t3.prod_name from customers t1
join orders t2 on t1.cust_id = t2.cust_id
join products t3 on t2.prod_id = t3.prod_id;
```

返回 MongoDB 数据库，我们想要抛弃这种按主键和外键关联并严格遵守范式规则设计数据模型的思路，应充分发挥 MongoDB 嵌套的文档结构特点设计数据模型。对于如上所述的电子商务网站的业务需求，MongoDB 提倡的设计思路是，只创建一个客户表，在该客户表中嵌套包含业务需要的其他数据。这样的设计，虽然最终会产生一些冗余的字段信息，但可以避免大量的、影响性能的关联查询。针对上面关系型数据库中customers、orders、products 三个表包含的数据，在 MongoDB 中可按如下文档结构模型设计一个表即可存储这些数据：

```
{
    cust_id: 123,
    name: "Jack",
    address: "china, beijing",
    mobile: "13300010087",
    orders: [{
            order_id: 1,
            createTime: "2019-7-13",
            products: [{
                    prod_name: "surface Pro64G",
                    prod_manufacture: "micosoft"
                },
                {
                    prod_name: "mini Apple",
                    prod_manufacture: "Apple"
                }
            ]
        },
        {
            order_id: 2,
            createTime: "2019-7-12",
            products: [{
                    prod_name: "xbox",
                    prod_manufacture: "micosoft"
                },
                {
```

```
                    prod_name: "iphone",
                    prod_manufacture: "Apple"
                }
            ]
        }
    ]
}
```

从上面文档结构来看，orders 字段是一个嵌套的数组，数组中的每一个元素又是一个文档类型，products 字段所处的位置和结构也是如此，这样通过嵌套模式，一个 customers 表就能涵盖关系型数据库中 3 个表的数据，查询时（MongoDB 支持嵌套查询）只需查一个表就能满足各种业务的查询需求。我们也可以像关系型数据库那样单独设计 3 个文档类型表，通过 MongoDB 提供的 $lookup 关联查询获取结果，但还是尽量避免这样做，应优先考虑嵌套的模型设计思路。

在介绍 MongoDB 支持的各种查询语句之前，先介绍一下它的标准查询语句格式：

```
db.collection.find (<query filter>, <projection>)
```

上述查询语句的返回值为一个游标，指向所有匹配的文档。其中，<query filter>表示查询选择器，相当于查询条件，根据此条件返回匹配的文档；<projection>表示查询投射器，只返回指定的字段，避免返回一些不需要的字段。

例如，查询客户 ID 为 123，且只返回 name 字段和 order 字段数据。可以先使用 use crm 命令切换到 crm 数据库下，再执行 db.customers.find ({cust_id:123}, {name: 1, orders: 1})语句。

上面从一个简单的业务需求对比了关系型数据库和 MongoDB 表模型设计的两种不同思路，初步了解了 MongoDB 查询语句的标准格式，下面将系统地介绍 MongoDB 支持的各种查询语句实例。

2.1.1 查询条件

（1）如果不传入任何查询条件，则返回集合中的所有文档记录，语句如下：

```
> db.customers.find ({})
{ "_id" : 1, "cust_id" : 123, "name" : "Jordan", "orders_id" : 1, "paid_amount" : 1000 }
{ "_id" : 2, "cust_id" : 123, "name" : "Jordan", "orders_id" : 2, "paid_amount" : 2000 }
```

```
{ "_id" : 3, "cust_id" : 125, "name" : "Bruce", "orders_id" : 3, "paid_amount" :
3000 }
{ "_id" : 4, "cust_id" : 125, "name" : "Bruce", "orders_id" : 4, "paid_amount" :
5000 }
{ "_id" : 5, "cust_id" : 125, "name" : "Bruce", "orders_id" : 6 }
```

上面的查询语句相当于 SQL 语句 select * from customers。

需要注意的是，返回的最后一条文档记录，缺少 paid_amount 字段，说明 MongoDB 的表结构模型是自由的，不需要每条文档记录都保持一样。

（2）相等查询条件，即设置标准的查询选择器 { <field1>: <value1>, ... }，如匹配字段为 cust_id，且值为 123 的所有文档记录，语句如下：

```
> db.customers.find({"cust_id":123})
{ "_id" : 1, "cust_id" : 123, "name" : "Jordan", "orders_id" : 1, "paid_amount" :
1000 }
{ "_id" : 2, "cust_id" : 123, "name" : "Jordan", "orders_id" : 2, "paid_amount" :
2000 }
```

也可以设置多个相等查询条件，语句如下：

```
> db.customers.find({"cust_id":123,"orders_id":1})
{ "_id" : 1, "cust_id" : 123, "name" : "Jordan", "orders_id" : 1, "paid_amount" :
1000 }
```

上面的查询语句相当于 SQL 语句 select * from customers where cust_id = 123 and orders_id = 1。

2.1.2 比较操作符

查询语句的语法格式如下：

```
db.collections.find({ <field1>: { <operator1>: <value1> }, ... })
```

- field1 表示比较的字段。
- operator1 表示各种比较操作符。
- value1 表示比较的目标值，可以同时有多个比较的字段。

（1）$lte 表示小于或等于，$lt 表示小于，语句如下：

```
> db.customers.find({"paid_amount":{$lte:2000}})
{ "_id" : 1, "cust_id" : 123, "name" : "Jordan", "orders_id" : 1, "paid_amount" :
1000 }
{ "_id" : 2, "cust_id" : 123, "name" : "Jordan", "orders_id" : 2, "paid_amount" :
```

2000 }

上面的查询语句相当于 SQL 语句 select * from customers where paid_amount <= 2000。

（2）$gt 表示大于，语句如下：

```
> db.customers.find({"paid_amount":{$gt:2000}})
{ "_id" : 3, "cust_id" : 125, "name" : "Bruce", "orders_id" : 3, "paid_amount" : 3000 }
{ "_id" : 4, "cust_id" : 125, "name" : "Bruce", "orders_id" : 4, "paid_amount" : 5000 }
```

上面的查询语句相当于 SQL 语句 select * from customers where paid_amount > 2000。

（3）$gte 表示大于或等于，可以同时使用多个比较表达式，语句如下：

```
> db.customers.find({"paid_amount":{$gte:2000,$lt:5000}})
{ "_id" : 3, "cust_id" : 125, "name" : "Bruce", "orders_id" : 3, "paid_amount" : 3000 }
```

上面的查询语句相当于 SQL 语句 select * from customers where paid_amount >=2000 and paid_amount < 5000。

（4）$in 表示返回 key 对应的值属于某些 value 值的文档记录，语句如下：

```
> db.customers.find({"paid_amount":{$in:[1000,2000]}})
{ "_id" : 1, "cust_id" : 123, "name" : "Jordan", "orders_id" : 1, "paid_amount" : 1000 }
{ "_id" : 2, "cust_id" : 123, "name" : "Jordan", "orders_id" : 2, "paid_amount" : 2000 }
```

上面的查询语句相当于 SQL 语句 select * from customers where paid_amount IN (1000, 2000)。

（5）$nin 表示返回 key 对应的值不属于某些 value 值的文档记录或 key 字段不存在的文档记录，语句如下：

```
> db.customers.find({"paid_amount":{$nin:[1000,2000,3000]}})
{ "_id" : 4, "cust_id" : 125, "name" : "Bruce", "orders_id" : 4, "paid_amount" : 5000 }
{ "_id" : 5, "cust_id" : 125, "name" : "Bruce", "orders_id" : 6 }
```

上面的查询语句相当于 SQL 语句 select * from customers where paid_amount NOT IN (1000, 2000, 3000)。需要注意的是，缺少 paid_amount 字段的文档记录也会被返回。

（6）$ne 表示不等于，语句如下：

```
> db.customers.find({"paid_amount":{$ne:1000}})
{ "_id" : 2, "cust_id" : 123, "name" : "Jordan", "orders_id" : 2, "paid_amount" :
2000 }
{ "_id" : 3, "cust_id" : 125, "name" : "Bruce", "orders_id" : 3, "paid_amount" :
3000 }
{ "_id" : 4, "cust_id" : 125, "name" : "Bruce", "orders_id" : 4, "paid_amount" :
5000 }
{ "_id" : 5, "cust_id" : 125, "name" : "Bruce", "orders_id" : 6 }
```

上面的查询语句相当于 SQL 语句 select * from customers where paid_amount !=
1000。$ne 的功能与 $nin 的功能一样，缺少 paid_amount 字段的文档记录也会被返回。

2.1.3 逻辑操作符

逻辑操作符的语法格式如下：

```
{$operate:[{<expression1>}, { <expression2> }, ... , { <expressionN> } ] }
```

- operate 表示逻辑操作符。
- expression 可以为比较表达式。

（1）$or 表示或运算的操作符，语句如下：

```
> db.customers.find({$or:[{"name":"Jordan"},{"paid_amount":{$gt:3000}}]})
{ "_id" : 1, "cust_id" : 123, "name" : "Jordan", "orders_id" : 1, "paid_amount" :
1000 }
{ "_id" : 2, "cust_id" : 123, "name" : "Jordan", "orders_id" : 2, "paid_amount" :
2000 }
{ "_id" : 4, "cust_id" : 125, "name" : "Bruce", "orders_id" : 4, "paid_amount" :
5000 }
```

上面的语句表示返回 customers 集合中 name 等于 Jordan 或者 paid_amount 字段的值
大于 3000 的文档记录，相当于 SQL 语句 select * from customers where name = "Jordan"
or paid_amount > 3000。

（2）$and 表示与运算的操作符，语句如下：

```
>db.customers.find({$and:[{"name":"Jordan"},{"paid_amount":{$gte:2000}}]
})
{ "_id" : 2, "cust_id" : 123, "name" : "Jordan", "orders_id" : 2, "paid_amount" :
2000 }
```

上面的语句表示返回 customers 集合中 name 等于 Jordan 并且 paid_amount 字段的值
大于或等于 2000 的文档记录，相当于 SQL 语句 select * from customers where name =

"Jordan" and paid_amount >= 2000。

（3）$not 表示非运算的操作符，语法格式如下：

```
{ field: { $not: { <operator-expression> } } }
```

语句如下：

```
> db.customers.find({"paid_amount":{$not:{$gte:3000}}})
{ "_id":1,"cust_id" : 123, "name" : "Jordan", "orders_id" : 1, "paid_amount" : 1000 }
{ "_id":2,"cust_id" : 123, "name" : "Jordan", "orders_id" : 2, "paid_amount" : 2000 }
{ "_id" : 5, "cust_id" : 125, "name" : "Bruce", "orders_id" : 6 }
```

上面的语句表示返回 customers 集合中 paid_amount 小于 3000 的文档记录。需要注意的是，不包含 paid_amount 字段的文档记录也会被返回。

2.1.4 字段名匹配

$exists 表示是否包含某个字段的操作符，语法格式如下：

```
{ field: { $exists: <boolean> } }
```

其中，field 表示匹配的字段。如果<boolean>的值为 true 则返回包含此字段的文档记录；如果<boolean>的值为 false 则返回不包含此字段的文档记录。

语句如下：

```
> db.customers.find({"paid_amount":{$exists:true,$gte:3000}})
{ "_id" : 3, "cust_id" : 125, "name" : "Bruce", "orders_id" : 3, "paid_amount" : 3000 }
{ "_id" : 4, "cust_id" : 125, "name" : "Bruce", "orders_id" : 4, "paid_amount" : 5000 }
```

上面的语句表示返回包含 paid_amount 字段，并且 paid_amount 字段的值大于或等于 3000 的文档记录。

因为 MongoDB 的表结构是不固定的，有时需要返回包含某个字段的所有文档记录或者不包含某个字段的所有文档记录，$exists 匹配操作符就可以派上用场了。

例如，下面语句就是返回不包含 paid_amount 字段的所有文档记录。

```
> db.customers.find({"paid_amount":{$exists:false}})
{ "_id" : 5, "cust_id" : 125, "name" : "Bruce", "orders_id" : 6 }
```

需要注意的是，MongoDB 中的$exists 操作符，与关系型数据库中的 exists 不一样，关系型数据库中的 exists 相当于 MongoDB 中的 $in 操作符。

2.1.5 文本查询

在文本索引的集合上执行文本查询，所以在搜索之前，需要对文本字段创建索引，对于一个集合来说目前只能创建一个文本索引，语法格式如下：

```
db.colletion.find({
$text:
{
$search: <string>,          //查询字符串，查询文本索引中匹配的字符串
$language: <string>,        //可选参数，指定语言，默认与文本索引一致
$caseSensitive: <boolean>,  //可选参数，设置字母大小写敏感，默认值为false
//可选参数，设置变音符号敏感，如é、ê和e属于同一个字符，只是发音不一样，默认值为false
$diacriticSensitive: <boolean>
}
})
```

假设有一个 profiles 集合，在 comments 字段上创建了文本索引 db.profiles.createIndex({comments:"text"})，包含如下数据：

```
> db.profiles.find({})
{ "_id" : 6, "cust_id" : 128, "comments" : "high value and address in china,beijing" }
{ "_id" : 7, "cust_id" : 129, "comments" : "middle value and address in china,beijing" }
{ "_id" : 8, "cust_id" : 130, "comments" : "low value and address in china,shanghai" }
{ "_id" : 9, "cust_id" : 131, "comments" : "high value and address in china,shanghai" }
{ "_id" : 10, "cust_id" : 132, "comments" : "low value and address in china,wuhan" }
```

观察如下查询语句及输出结果：

```
> db.profiles.find({$text:{$search:"high"}})
{ "_id" : 9, "cust_id" : 131, "comments" : "high value and address in china,shanghai" }
{ "_id" : 6, "cust_id" : 128, "comments" : "high value and address in china,beijing" }
```

返回了包含字符串"high"的所有文档记录。

观察如下查询语句及输出结果：

```
> db.profiles.find({$text:{$search:"high value"}})
{ "_id" : 9, "cust_id" : 131, "comments" : "high value and address in
china,shanghai" }
{ "_id" : 6, "cust_id" : 128, "comments" : "high value and address in
china,beijing" }
{ "_id" : 10, "cust_id" : 132, "comments" : "low value and address in
china,wuhan" }
{ "_id" : 8, "cust_id" : 130, "comments" : "low value and address in
china,shanghai" }
{ "_id" : 7, "cust_id" : 129, "comments" : "middle value and address in
china,beijing" }
```

返回了所有包含单词"high"或"value"的文档记录，但并不返回包含"high value"这个词组的文档记录。因此，如果想要查询操作精确匹配一个词组，则需使用转义的双引号将词组括起来，语句如下：

```
> db.profiles.find({$text:{$search:"\"high value\""}})
{ "_id" : 9, "cust_id" : 131, "comments" : "high value and address in
china,shanghai" }
{ "_id" : 6, "cust_id" : 128, "comments" : "high value and address in
china,beijing" }
```

当通过单词或词组来匹配文档记录时，有些文档记录的匹配程度比较高，有些则比较低，为了量化这些匹配度，MongoDB可以对匹配的文档记录打分，语句如下：

```
> db.profiles.find({$text:{$search:"high value"}},{score:{$meta:"textScore"}})
{ "_id" : 10, "cust_id" : 132, "comments" : "low value and address in
china,wuhan", "score" : 0.6 }
{ "_id" : 6, "cust_id" : 128, "comments" : "high value and address in
china,beijing", "score" : 1.2 }
{ "_id" : 8, "cust_id" : 130, "comments" : "low value and address in
china,shanghai", "score" : 0.6 }
{ "_id" : 7, "cust_id" : 129, "comments" : "middle value and address in
china,beijing", "score" : 0.6 }
{ "_id" : 9, "cust_id" : 131, "comments" : "high value and address in
china,shanghai", "score" : 1.2 }
```

返回结果中包含一个额外的score字段，表示文档记录的相似度，如果想要按相似度降序排列，则执行如下语句：

```
> db.profiles.find({$text:{$search:"high value"}},{score:{$meta:"textScore"}})
.sort({score:{$meta:"textScore"}})
```

2.1.6 正则表达式

正则表达式的语法格式如下：

```
{ <field>: { $regex: /pattern/, $options: '<options>' } }
```

其中，pattern 表示与 Perl 兼容的正则表达式规则。例如：

```
db.profile.find ({name :{ $regex: /a/}})
```

表示返回 name 字段中包含字符 a 的文档记录，默认区分字母大小写。

```
db.profile.find ({name :{ $regex: /a/, $options:'i'}})
```

表示返回 name 字段中包含字符 a 或 A 的文档记录，$options:'i'表示不区分字母大小写。

```
db.profile.find ({city :{ $regex: /n$/}})
```

表示返回 city 字段中以字符 n 结尾的文档记录。

2.1.7 嵌套文档查询

在本章最开始部分有一个嵌套的文档模型，这也是 MongoDB 进行模型设计时与关系型数据库最大的区别，也就是说 MongoDB 通过嵌套冗余的方式尽量避免表之间的关联查询。

假如，向 customers 表中插入如下文档结构的数据：

```
{
        "_id" : 8,
        "cust_id" : 123,
        "name" : "Jordan",
        "orders" : {
                "orderid" : 6,
                "item" : "Books",
                "count" : 100
        },
        "paid_amount" : 1000
}
```

可以看到，orders 字段不是一个简单的数据类型，它是一个 JSON 数据。如果想要找出 item 为 Books 的所有数据，则需要使用"."符号进行嵌套查询，语句如下：

```
> db.customers.find({"orders.item":"Books"})
{ "_id" : 8, "cust_id" : 123, "name" : "Jordan", "orders" : { "orderid" : 6, "item" : "Books", "count" : 100 }, "paid_amount" : 1000 }
{ "_id" : 9, "cust_id" : 123, "name" : "Jordan", "orders" : { "orderid" :
```

第 2 章 CRUD 操作

```
7, "item" : "Books", "count" : 200 }, "paid_amount" : 1200 }
```

这与 2.1.1 节介绍的简单查询类似，只不过查询表达式中的单个字段变成了字段的嵌套。同理，我们也可以引入其他操作符在嵌套文档中进行更加复杂的查询，如查询购买书本数量大于 150 的订单信息，语句如下：

```
> db.customers.find({"orders.count":{$gt:150}})
{ "_id" : 9, "cust_id" : 123, "name" : "Jordan", "orders" : { "orderid" :
7, "item" : "Books", "count" : 200 }, "paid_amount" : 1200 }
```

2.1.8 数组查询

假设有一个类似于下面结构的数据，AttributeValue 字段的值为一个数组，数组元素的值为普通字符串类型。

```
{
 "_id": 4,
 "AttributeName": "material",
 "AttributeValue" : ["牛仔", "织锦", "雪纺", "蕾丝"],
 "IsOptional": 1
}
{
 "_id": 5,
 "AttributeName": "version",
 "AttributeValue" : ["收腰型", "修身型", "直筒型", "宽松型", "其他"],
 "IsOptional": 1
}
```

1. 精确匹配

我们可以通过简单的精确匹配得到某条文档记录，此时查询条件中的字段名及其取值与文档完全匹配，语句如下：

```
> db.DictGoodsAttribute.find({"AttributeValue" : ["收腰型", "修身型", "直筒型", "宽松型", "其他"]})
```

返回结果为：

```
{ "_id" : 5, "AttributeName" : "version", "AttributeValue" : [ "收腰型", "修身型", "直筒型", "宽松型", "其他" ], "IsOptional" : 1}
```

2. 匹配数组中的任意元素值

假设数组有多个元素，只要这些元素中任何一个匹配查询条件，这条文档记录就会

MongoDB 核心原理与实践

被返回，语句如下：

```
> db.DictGoodsAttribute.find({"AttributeValue" :"收腰型"})
```

假设此时集合中有如下两条文档记录：

```
{ "_id" : 5, "AttributeName" : "version", "AttributeValue" : [ "收腰型", "修身型" ]}
{ "_id" : 5, "AttributeName" : "version", "AttributeValue" : ["收腰型", "直筒型"]}
```

返回结果中这两条文档记录都会存在。

语句如下：

```
> db.DictGoodsAttribute.find({"price":{$gte:7}})
```

假设此时集合中有如下两条文档记录：

```
{ "_id" : 1, "AttributeName" : "version", "price" : [ 2, 6, 9 ] }
{ "_id" : 2, "AttributeName" : "version", "price" : [ 3, 6, 7 ] }
```

返回结果中这两条文档记录都会存在。

3. 匹配指定位置的元素值

```
db.DictGoodsAttribute.find({"AttributeValue.0" :"收腰型"})
```

表示返回数组中第 0 个位置的元素值为"收腰型"的文档记录。

上面查询结果只返回如下文档记录：

```
{ "_id" : 5, "AttributeName" : "version", "AttributeValue" : [ "收腰型", "修身型" ]}
```

4. 数组元素的值是文档类型

这种复杂的数据模型在实际应用中也是比较常见的，正如本章开始介绍的那样，将 customers、orders、products 三个表的数据通过一个表来存储，就需要使用这种复杂的结构，如下 Order 集合的数据模型就属于这种模式：

```
{
        "_id": 1,
        "StatusInfo": [
{
            "Status": 9,
            "desc" : "已取消"
},
{
```

```
            "Status": 2,
            "desc" : "已付款"
        }]
}
```

StatusInfo 字段对应的值是一个数组，数组中的每个元素又是一个类似于 JSON 的文档，可以指定数组索引编号并匹配嵌套文档中的字段值，语句如下：

```
db.Order.find ({"StatusInfo.0.status":2})
```

返回数组中索引编号为 0 且嵌套文档中 status 值为 2 的所有文档记录。

如果不指定索引编号，则只要数组中包含 status 值为 2 的文档记录都会被返回。

集合数据如下：

```
> db.GoodsValue.find()
{"_id":1,"prices":[{"low":1,"middle":11,"high":13},{"low":1,
"middle":8,"high": 15}]}
{"_id":2,"prices":[{"low":3,"middle":11,"high":15},{"low":5,
"middle":9,"high": 16}]}
{"_id":3,"prices":[{"low":3,"middle":11,"high":15},{"low":6,"middle":9,"
high": 16}]}
```

执行如下语句：

```
> db.GoodsValue.find({"prices.low":3})
```

输出结果如下：

```
{"_id":2,"prices":[{"low":3,"middle":11,"high":15},{"low":5,
"middle":9,"high": 16}]}
{"_id":3,"prices":[{"low":3,"middle":11,"high":15},{"low":6,"middle":9,"
high": 16}]}
```

上面对数组操作的语句返回了所有字段，我们可以通过投射只返回指定的字段值，如只需返回字段 low 的信息。

执行如下语句：

```
> db.GoodsValue.find({"prices.low":3},{"_id":0,"prices.low":1})
{ "prices" : [ { "low" : 3 }, { "low" : 5 } ] }
```

输出结果如下：

```
{ "prices" : [ { "low" : 3 }, { "low" : 5 } ] }
{ "prices" : [ { "low" : 3 }, { "low" : 6 } ] }
```

2.1.9 地理位置查询

将地理数据存储为 GeoJSON 格式，使 MongoDB 支持地理空间的查询，GeoJSON 格式的文件类似于一个嵌套的文档对象，语法格式如下：

```
location: {
type: "Point",
coordinates: [23.356797, 30.578092]
}
```

其中，type 字段的值是指定地理位置坐标的数据格式。当 type 字段的值为 Point 时，表示 coordinates 字段的数据代表地理空间中的一个点。

type 字段还有其他类型的值，如 LineString，表示 coordinates 字段的数据代表一条线，语句如下：

```
{
 type: "LineString",
 coordinates: [ [ 30, 6 ], [50, 8 ] ]
}
```

当 type 字段的值为 Polygon 时，表示 coordinates 字段的数据代表一个闭环的多边形，语句如下：

```
{
 type: "Polygon",
 coordinates: [ [ [ 0 , 0 ] , [ 7 , 9 ] , [ 8 , 2 ] , [ 0 , 0 ] ] ]
}
```

type 还支持多个点 MultiPoint、多条线 MultiLineString、多个多边形 MultiPolygon。

下面以 type 为 Point 类型进行介绍，当 type 字段的值为 Point 时，coordinates 字段的值是一个数组，数组的第 1 个值为经度，范围为[-180, 180]，数组的第 2 个值为纬度，范围为[-90, 90]，为了支持地理空间查询，还必须在 location 字段上创建一个地理位置索引，语句如下：

```
> db.address.createIndex({"location":"2dsphere"})
```

创建一个2dsphere类型的索引，接下来在这个索引上执行几种常用的地理空间查询。

1. $near

指定一个地理空间的点，计算到此点的距离并由近及远地返回所有文档记录，语句如下：

第 2 章 CRUD 操作

```
> db.address.find({
    "location": {
        $near: {
            $geometry: {
                type: "Point",
                "coordinates": [23.36, 30.58],
                $minDistance:10,
$maxDistance:100
}
        }
    }
})
```

- 可选参数$minDistance 表示返回距离此中心点最近距离为多少的点。
- 可选参数$maxDistance 表示返回距离此中心点最远距离为多少的点。

输出结果如下：

```
{ "_id" : 10, "cust_id" : 10, "location" : { "type" : "Point", "coordinates" :
[ 23.36, 30.58 ] } }
{ "_id" : 11, "cust_id" : 123, "location" : { "type" : "Point", "coordinates" :
[ 24.38, 33.28 ] } }
{ "_id" : 12, "cust_id" : 125, "location" : { "type" : "Point", "coordinates" :
[ 33.58, 50.18 ] } }
```

2. $geoWithin

返回某一个区域内坐标点匹配的文档记录，语句如下：

```
> db.address.find({
    "location": {
        $geoWithin: {
            $geometry: {
                type: "Polygon",
                "coordinates": [
                    [
                        [0, 0],
                        [10, 60],
                        [65, 1],
                        [0, 0]
                    ]]}}}})
```

区域的类型由 Polygon 指定为一个多边形，返回结果如下：

```
{ "_id" : 13, "cust_id" : 127, "location" : { "type" : "Point", "coordinates" :
```

```
[ 13.58, 20.18 ] } }
{ "_id" : 10, "cust_id" : 10, "location" : { "type" : "Point", "coordinates" :
[ 23.36, 30.58 ] } }
{ "_id" : 11, "cust_id" : 123, "location" : { "type" : "Point", "coordinates" :
[ 24.38, 33.28 ] } }
```

如果将上面多边形的值改为"coordinates":[[[0,0],[2,2],[3,1],[0,0]]]，则输出结果为空，说明指定的区域不包含任何一个位置的坐标。

当区域的类型为$box时，表示指定一个正方形，语句如下：

```
> db.address.find({
    "location": {
        $geoWithin: {
            $box: [
                [0, 0],
                [100, 100]
            ]}}})
```

当区域的类型为$centerSphere时，表示指定一个圆形，语句如下：

```
> db.address.find({
    "location": {
        $geoWithin: {
            $centerSphere: [
                [20, 30], 10
            ]}}})
```

[20,30]表示圆心所在的经纬度，10表示半径，单位是 miles。

2.1.10 查询投射与排序

1. 查询投射

上面介绍的所有查询返回匹配的文档记录包含了所有字段，有时需要对返回的结果集进行进一步的处理，如只需要返回指定的字段，这就是查询投射要完成的事情，相当于 SQL 语句中在 select 后面的字段才会被返回。

查询投射语句如下：

```
> db.customers.find(
{
    'detail.1.post': 5
},
```

```
{
        _id: 0,
        id: 1,
        name: 1
})
```

- 第1个{}表示查询条件。
- 第2个{}表示投射要返回的字段。

执行该语句的效果就是按照条件'detail.1.post':5 返回结果集，但是只选择 id 和 name 两个字段的值进行显示，同时过滤默认生成的_id 字段，如果不添加_id:0，则会显示此默认的字段。

2．查询排序

查询排序语句如下：

```
> db.customers.find({}).sort({id:-1})
```

对查询的结果集按照 id 的降序进行排列后返回。我们知道排序是很浪费时间的，对于排序来说，先确保在排序的字段上创建索引，且排序执行计划能够高效利用索引。

3．查询跳跃

查询跳跃语句如下：

```
> db.customers.find({}).skip(10).limit(5).sort({id:-1})
```

这条语句执行的过程是先对结果集进行排序，然后跳过 10 行文档记录，从第 11 行文档记录位置开始返回接下来的 5 行文档记录。需要注意的是，如果 skip 参数的值较大，则查询语句将会扫描大量的文档记录，反而影响查询性能。

2.2 插入操作

插入操作是指向特定数据库的某个集合中插入文档记录，如果该集合不存在，则 MongoDB 会自动创建集合；插入操作针对单条文档记录来说是"原子"性的，也就是说插入一条文档记录要么成功要么失败，不会出现插入一半导致数据不一致的问题。

2.2.1 insertOne

将单条文档记录插入集合中，语句如下：

```
> db.customers.insertOne({
    "cust_id": 123,
    "name": "Jordan",
    "orders": {
        "orderid": 8,
        "item": "Books",
        "count": 300
    },
    "paid_amount": 1500
})
```

插入成功后，在集合中的输出结果如下：

```
{ "_id" : ObjectId("5e66093384ac7827f6264625"), "cust_id" : 123, "name" : "Jordan", "orders" : { "orderid" : 8, "item" : "Books", "count" : 300 }, "paid_amount" : 1500 }
```

可以看到，默认生成一个_id 的主键字段，ObjectId 类型的值由 12 字节组成，前面 4 字节表示一个时间戳，精确到秒，紧接着 3 字节表示计算机唯一标识，再接着 2 字节表示进程 id，最后 3 字节是一个随机的计数器；在 MongoDB 中，每一个集合都必须有一个_id 字段，不管是自动生成的还是指定的，其值都必须是唯一的，如果插入重复的值则会抛出异常。

如果插入时指定了_id 字段，则会使用指定的值代替，语句如下：

```
>db.customers.insertOne({"_id":10,"cust_id":126,"name":"Lee","orders":
{ "orderid" : 10, "item" : "phones", "count" : 2}, "paid_amount" : 3000})
```

主键_id 的值为 10，在通常情况下，我们在应用程序端生成这个_id 后再传入数据库。

当 insertOne 插入成功后，输出结果如下：

```
{ "acknowledged":true, "insertedId":2 }
```

- "acknowledged" : true 表示使用了写关注，默认就是使用。
- "insertedId" : 2 表示成功插入这条文档记录的主键值。

2.2.2 insertMany

将多条文档记录插入集合中，语法格式如下：

```
db.collection.insertMany(
[ <document 1> , <document 2>, ... ],
{
writeConcern: <document>,
```

第 2 章 CRUD 操作

```
ordered: <boolean>
}
```

- 第 1 个参数为一个数组,数组元素就是要插入的文档记录。
- 第 2 个参数是在默认情况下为 w:1 的写关注,表示写操作在单实例部署下需要得到此实例的确认,在复制部署模式下需要得到 Primary 实例的确认。
- 第 3 个参数表示是否按数组中的文档记录顺序进行插入,默认"是"。

语句如下:

```
> db.customers.insertMany([{
    "_id": 11,
    "cust_id": 123,
    "name": "Jordan",
    "orders_id": 11,
    "paid_amount": 1000
}, {
    "_id": 12,
    "cust_id": 125,
    "name": "Bruce",
    "orders_id": 12,
    "paid_amount": 2000
}, {
    "_id": 13,
    "cust_id": 123,
    "name": "Jordan",
    "orders_id": 12,
    "paid_amount": 3000
}])
```

传入的参数为一个数组,数组中的每一个元素都是一条文档记录,插入成功后,输出结果如下:

```
{ "acknowledged":true, "insertedIds" : [ 11, 12, 13 ] }
```

- "insertedIds" : [11, 12, 13] 表示已插入文档的_id 主键值。
- "acknowledged" : true 表示使用了写关注,默认就是使用。

需要注意的是,如果在插入过程中有一条文档记录插入发生错误,则不会有任何文档插入集合中。

2.2.3 insert

可以插入一条或多条文档记录，语法格式如下：

```
db.collection.insert(
<document or array of documents>,
{
writeConcern: <document>,
ordered: <boolean>
}
)
```

- 第 1 个参数为单条文档记录或数组包含的多条文档记录。
- 第 2 个参数为写关注，默认值是 w:1。
- 第 3 个参数表示当写入多条文档记录时，按数组中的顺序写入。

语句如下：

```
> db.customers.insert([
{ "_id":15, "cust_id":125, "name":"Lee", "orders_id":2, "paid_amount":1000},
{"_id":16, "cust_id":123, "name":"Jordan", "orders_id":2, "paid_amount":2000}
])
```

当插入多条文档记录时输出结果如下：

```
BulkWriteResult({
     "writeErrors" : [ ],
     "writeConcernErrors" : [ ],
     "nInserted" : 2,  //成功插入的文档记录数量
     "nUpserted" : 0,
     "nMatched" : 0,
     "nModified" : 0,
     "nRemoved" : 0,
     "upserted" : [ ]
})
```

当插入单条文档记录时，返回结果为 WriteResult({ "nInserted" : 1 })。

需要注意的是，在插入多条文档记录的过程中，如果有一条文档记录发生了错误，则不会有任何文档记录被成功插入，也就是说插入过程是一个整体。

比较上面 3 种插入方式，可以看到，如果想获取插入成功后的_id 主键值则可以使

用 insertOne 命令和 insertMany 命令，如果只想获取插入成功的文档记录数量则可以使用 insert 命令。

2.3 修改操作

修改集合中的文档记录，所有修改操作在单条文档记录上都是"原子"性的，也就是说要么成功修改这条文档记录，要么什么都不做。

2.3.1 updateOne

修改单条文档记录，即使查询条件能匹配出多条文档记录，也只会修改匹配的第 1 条文档记录，语法格式如下：

```
db.collection.updateOne(
  <filter>,   //文档类型，查询条件
  <update>,   //描述怎么修改，文档类型或聚集管道（从 MongoDB 4.2.1 版本开始支持）
  {
    //可选参数，默认值为 false，当值为 true 时，如果匹配不到任何文档记录，则插入一条新文档记录
    upsert: <boolean>,
    writeConcern: <document>,   //可选参数，设置写关注
    collation: <document>,      //可选参数，指定特定语言下字符串的对比规则
    //可选参数，如果被修改字段的值是一个数组，则可以指定修改数据中的哪个元素
    arrayFilters: [ <filterdocument1>, ... ],
    //可选参数，当指定匹配文档记录时使用的索引，如果索引不存在则报错（从 MongoDB 4.2.1 版本开始支持）
    hint: <document|string>
  }
)
```

假设有一个 GoodsAttribute 集合，包含如下实例数据：

```
{ "_id" : 1, "Goods" : "phone", "AttributeName" : "version", "price" : [ 2, 6, 9 ] }
{ "_id" : 2, "Goods" : "computer", "AttributeName" : "version", "price" : [ 3, 6, 10 ] }
{ "_id" : 3, "Goods" : "phone", "AttributeName" : "color", "price" : [ 1, 5, 8 ] }
```

下面通过几个实例来说明。

(1)匹配一个简单字段并修改,语句如下:

```
> db.DictGoodsAttribute.updateOne(
{"_id":1},
{$set:{"AttributeName":"size"}}
)
```

表示匹配_id值为1的文档记录,将AttributeName字段的值修改为size。

返回结果为{ "acknowledged" : true, "matchedCount" : 1, "modifiedCount" : 1 },表示匹配到一条文档记录,修改了一条文档记录,使用了写关注(默认配置)。

(2)设置upsert,当匹配不到任何文档记录时插入新文档记录,语句如下:

```
>db.DictGoodsAttribute.updateOne(
{"Goods":"bag"},
{$set:{"AttributeName":"color"}},
{upsert:true}
)
```

通过设置upsert:true,如果匹配不到任何文档记录则插入如下新文档记录:

```
{"_id":ObjectId("5e666553d3045a2831c5070b"), "Goods" : "bag", "AttributeName" : "color" }
```

其中,_id为系统自动生成的。

(3)设置arrayFilters来修改数组中的一个或多个元素。

假设当前集合中的数据如下:

```
{ "_id" : 1, "Goods" : "phone", "AttributeName" : "v2", "price" : [ 2, 6, 9 ] }
{ "_id" : 2, "Goods" : "computer", "AttributeName" : "version", "price" : [ 3, 6, 10 ] }
{ "_id" : 3, "Goods" : "phone", "AttributeName" : "color", "price" : [ 1, 5, 8 ] }
```

执行如下语句:

```
>db.DictGoodsAttribute.updateOne(
{"price":{$gte:9}},
{$set:{"price.$[element]":11}},
{arrayFilters:[{"element":{$gte:6}}]}
)
```

查询条件{"price":{$gte:9}}先匹配price中只要任意元素值大于或等于9的文档记录,且取第1条匹配到文档记录,输出结果如下:

```
{ "_id" : 1, "Goods" : "phone", "AttributeName" : "v2", "price" : [ 2, 6, 9 ] }
```

修改语句{$set:{"price.$[element]":11}}，将price中满足条件的元素值修改为11，数组元素过滤{arrayFilters:[{"element":{$gte:6}}]}，作为上面修改语句的条件，将price中大于或等于6的元素值修改为11。

（4）设置arrayFilters修改嵌套数组中的一个或多个元素。

在上面实例中，数组元素的类型是数值型，假设有如下嵌套数组类型的集合数据：

```
> db.GoodsValue.find({})
{
"_id": 1,
    "prices" : [
{ "low":2, "middle":11, "high" :13 },
{ "low" :3, "middle": 8, "high" : 15 }
]
}
{
"_id" : 2,
"prices" : [
{ "low" : 3, "middle" : 11, "high" : 15 },
{ "low" : 5, "middle" : 9, "high" : 16 }
]
}
```

执行如下语句：

```
>db.GoodsValue.updateOne(
{},
{$set:{"prices.$[elem].low":1}},
{arrayFilters:[{"elem.high":{$gte:13}}]}
)
```

说明如下。

- {}：查询选择器，匹配要修改的第1条文档记录。

- {$set:{"prices.$[elem].low":1}}：因为prices是一个数组，数组中的每一个元素又是一条文档记录，所以通过此设置修改元素中low属性的值为1。

- {arrayFilters:[{"elem.high":{$gte:13}}]}：过滤要修改的数组元素，即high属性的值大于或等于13的元素被修改。

输出结果如下：

```
> db.GoodsValue.find({})
{ "_id" : 1, "prices" : [ { "low" : 1, "middle" : 11, "high" : 13 }, { "low" :
1, "middle" : 8, "high" : 15 } ] }
{ "_id" : 2, "prices" : [ { "low" : 3, "middle" : 11, "high" : 15 }, { "low" :
5, "middle" : 9, "high" : 16 } ] }
```

2.3.2 updateMany

updateMany 的语法格式与 update 的语法格式基本相同，不同之处在于 updateMany 会修改所有匹配的文档记录，updateMany 的语法格式如下：

```
db.collection.updateMany(
  <filter>,  //文档类型，查询条件
  <update>,  //描述怎么修改，文档类型或聚集管道（从 MongoDB 4.2 版本开始支持）
  {
    //可选参数，默认值 false，当值为 true 时，如果匹配不到任何文档记录，则插入一条新文
档记录
    upsert: <boolean>,
    writeConcern: <document>,    //可选参数，设置写关注
    collation: <document>,       //可选参数，指定特定语言下字符串的对比规则
    //可选参数，如果被修改字段的值是一个数组时，则可以指定修改数据中的哪个元素
    arrayFilters: [ <filterdocument1>, ... ],
    //可选参数，当指定匹配文档记录时使用的索引，如果索引不存在则报错（从 MongoDB 4.2.1
版本开始支持）
    hint: <document|string>
  }
)
```

需要注意的是，第 2 个参数<update>的类型是一个文档或聚集管道，也就是说在一条修改语句中可以支持多种修改动作，集合数据如下：

```
{ "_id" : 1, "model" : "SIM", "count" : 100}
{ "_id" : 2, "model" : "Handset", "count" : 200}
{ "_id" : 3, "model" : "switch", "count" : 200}
{ "_id" : 4, "model" : "switch" , "count" : 200}
{ "_id" : 5, "model" : "switch", "count" : 300}
```

执行如下语句：

```
>db.inventory.updateMany(
{"model":"switch"},
{$set:{"model":"phone"},$inc:{"count":19}}
)
```

第 2 章 CRUD 操作

输出结果如下：

```
{ "acknowledged" : true, "matchedCount" : 3, "modifiedCount" : 3 }
```

- "matchedCount"表示匹配的文档记录数量。
- "modifiedCount"表示修改的文档记录数量。

上面实例最重要的变化是修改语句{$set:{"model":"phone"},$inc:{"count":19}}，该语句不仅只有一个修改操作符$set，还有另一个修改操作符$inc，这两个修改操作符组合形成一个修改文档，同理，其他修改操作符也可以组合形成不同的修改文档。

下面以 updateMany 为例介绍其他几个常用的修改操作符，这些修改操作符对 updateOne 也是适用的。

（1）$unset 表示删除集合字段。

集合数据如下：

```
{ "_id" : 15, "cust_id" : 125, "name" : "Lee", "orders_id" : 2, "paid_amount" : 1000 }
{ "_id" : 3, "cust_id" : 125, "name" : "Lee", "orders_id" : 2, "paid_amount" : 1000 }
```

执行如下语句：

```
db.customers.updateMany(
{"cust_id":125},
{$unset:{"name":""}}
)
```

设置的{$unset:{"name":""}}修改文档记录后会删除集合中的 name 字段，输出结果如下：

```
{ "_id" : 15, "cust_id" : 125, "orders_id" : 2, "paid_amount" : 1000 }
{ "_id" : 3, "cust_id" : 125, "orders_id" : 2, "paid_amount" : 1000 }
```

（2）$rename 表示将字段重命名。

集合数据如下：

```
{ "_id" : 1, "cust_id" : 123, "name" : "Jordan", "orders_id" : 1, "paid_amount" : 1000 }
{ "_id" : 15, "cust_id" : 125, "orders_id" : 2, "paid_amount" : 1000 }
```

执行如下语句：

```
> db.customers.updateMany(
```

```
{},
{$rename:{"name":"cust_name"}}
)
```

输出结果如下:

```
{ "_id":1,"cust_id":123, "orders_id":1, "paid_amount":1000,"cust_name":
"Jordan" }
{ "_id" : 15, "cust_id" : 125, "orders_id" : 2, "paid_amount" : 1000 }
```

如果匹配的文档记录中有旧的 name 字段，则会替换为新的 cust_name 字段，但是新字段在文档记录中的位置可能发生变化。

如果匹配的文档记录中没有旧的 name 字段，则使用$rename 修改操作符不会修改任何文档记录。

如果匹配的文档记录中已经有新的 cust_name 字段，则会先删除原来的 cust_name 字段，再将旧字段名修改为 cust_name 字段。

（3）$currentDate 表示将字段的值修改为当前时间。

集合数据如下：

```
{ "_id" : 1, "orders_id" : 1, "paid_amount" : 1000, "cust_id" : 123 }
{ "_id" : 15, "orders_id" : 2, "paid_amount" : 1000 }
```

执行如下语句：

```
db.customers.updateMany(
{"_id":{$in:[1,15]}},
{$currentDate:{"cust_id":{$type:"timestamp"}}}
)
```

输出结果如下：

```
{ "_id":,"orders_id":,"paid_amount":1000,"cust_id":Timestamp(1583854018,
1) }
{ "_id":15,"orders_id":2,"paid_amount":1000,"cust_id":Timestamp(15838540
18, 3)}
```

$type:"timestamp"表示将时间修改为时间戳的样式；也可以指定$type:"date"，表示将值修改为日期的形式，结果样式如下：

```
{ "_id" : 1, "orders_id" : 1, "paid_amount" : 1000, "cust_id" :
ISODate("2020-03-10T15:33:36.176Z") }
```

需要注意的是，如果要修改的字段不存在，则会新增一个该字段。

（4）$mul 表示将字段的值乘以一个数字。

语法格式如下：

```
{ $mul: { <field1>: <number1>, ... } }
```

要修改的字段的值为一个数值类型。

如果要修改的字段不存在，则插入这个新字段并将其值设置为 0。

集合数据如下：

```
{ "_id" : 3, "orders_id" : 2, "paid_amount" : 1000, "cust_id" : 125 }
```

执行如下语句：

```
db.customers.updateMany(
{"_id":3},
{$mul:{"paid_amount":0.8}}
)
```

输出结果如下：

```
{ "_id" : 3, "orders_id" : 2, "paid_amount" : 800, "cust_id" : 125 }
```

（5）$min 表示比较要修改的字段值，如果原值比指定的值大则修改为指定值，如果原值比指定的值小则不修改。

集合数据如下：

```
{ "_id" : 2, "orders_id" : 1, "paid_amount" : 1000, "cust_id" : 123 }
```

执行如下语句：

```
db.customers.updateMany(
{"_id":2},
{$min:{"paid_amount":900}}
)
```

输出结果如下：

```
{ "_id" : 2, "orders_id" : 1, "paid_amount" : 900, "cust_id" : 123 }
```

执行如下语句：

```
db.customers.updateMany({"_id":2},{$min:{"paid_amount":950}})
```

因为指定的值 950 比原值 900 大，所以不会发生修改。

（6）$max 表示比较要修改的字段值，如果原值比指定的值小则修改为指定值，如果原值比指定的值大则不修改。

集合数据如下：

```
{ "_id" : 4, "orders_id" : 2, "paid_amount" : 2000, "cust_id" : 123 }
```

执行如下语句：

```
db.customers.updateMany(
{"_id":4},
{$max:{"paid_amount":2600}}
)
```

输出结果如下：

```
{ "_id" : 4, "orders_id" : 2, "paid_amount" : 2600, "cust_id" : 123 }
```

需要注意的是，上面介绍的所有修改操作符对嵌套文档也适用，如果想要修改嵌套文档的字段值，则使用"."符号匹配嵌套的字段即可。

2.3.3 replaceOne

将集合中的文档记录替换为一条新文档记录，语法格式如下：

```
db.collection.replaceOne(
    <filter>,              //查询选择器，匹配要替换的文档记录
    <replacement>,         //替换后的新文档记录
    {
    //当值为true时，如果匹配不到文档记录，则插入新文档记录，默认值为false
    upsert: <boolean>,
    writeConcern: <document>,    //可选参数，设置写关注
    collation: <document>,       //可选参数，设置特定语言下字符串比较规则
    //可选参数，当指定匹配文档时使用的索引，如果索引不存在则报错（从MongoDB 4.2.1版本开始支持）
    hint: <document|string>
    }
)
```

集合数据如下：

```
{ "_id" : 2, "orders_id" : 1, "paid_amount" : 800, "cust_id" : 123 }
```

执行如下语句：

```
>db.customers.replaceOne(
{"_id":2},
{"cust_id":111,"cust_name":"Lee","orders":{"id":1,"count":100}}
)
```

输出结果如下：

```
{ "_id" : 2, "cust_id" : 111, "cust_name" : "Lee", "orders" : { "id" : 1,
```

```
"count" : 100 } }
```

除主键_id 字段不变外，其他字段完全被新文档记录所取代。

2.3.4 update

可以修改一条或多条文档记录或者替换文档记录，相当于 updateOne、updateMany 和 replaceOne 3 种修改操作的组合，具体使用哪种方式修改，取决于传递给它的第 2 个修改文档记录的参数，其语法格式如下：

```
db.collection.update(
   <query>,   //查询选取器
   //修改文档记录，决定使用 updateOne、updateMany、replaceOne 中的哪种修改方式
   <update>,
   {
     //当值为 true 时，如果无匹配文档记录，则插入新文档记录，默认值为 false
     upsert: <boolean>,
     //当值为 true 时，如果匹配多条文档记录，则修改多条文档记录，否则只修改匹配的第 1 条
文档记录，默认值为 false
     multi: <boolean>,
     writeConcern: <document>,     //可选参数，设置写关注
     collation: <document>,        //可选参数，设置特定语言下字符串比较规则
     //可选参数，如果被修改字段的值是一个数组，则可以指定修改数组中的哪个元素
     arrayFilters: [ <filterdocument1>, ... ],
     //可选参数，当指定匹配文档时使用的索引，如果索引不存在则报错（从 MongoDB 4.2.1 版
本开始支持）
     hint:  <document|string>
   }
)
```

（1）修改单条文档记录，相当于 updateOne。

集合数据如下：

```
{ "_id" : 1, "orders_id" : 1, "paid_amount" : 1000, "cust_id" : ISODate("2020-03-10T15:33:36.176Z") }
```

执行如下语句：

```
db.customers.update(
{"_id":1},
{$set:{"cust_id":123}}
)
```

相当于执行了 updateOne 修改操作，输出结果如下：

```
{ "_id" : 1, "orders_id" : 1, "paid_amount" : 1000, "cust_id" : 123 }
```

（2）修改多条文档记录，相当于 updateMany。

集合数据如下：

```
{ "_id" : 1, "orders_id" : 1, "paid_amount" : 1000, "cust_id" : 123 }
{ "_id" : 16, "orders_id" : 2, "paid_amount" : 2000, "cust_id" : 123 }
{ "_id" : 4, "orders_id" : 2, "paid_amount" : 2600, "cust_id" : 123 }
```

执行如下语句：

```
db.customers.update(
{"cust_id":123},
{$inc:{"paid_amount":500}},
{multi:true}
)
```

设置 multi:true 表示为匹配多条文档记录时修改多条文档记录，否则只修改匹配的第 1 条文档记录。

（3）替代文档记录，相当于 replaceOne。

集合数据如下：

```
{ "_id" : 15, "orders_id" : 2, "paid_amount" : 1000, "cust_id" : ISODate("2020-03-10T15:33:36.176Z") }
```

执行如下语句：

```
db.customers.update(
{"_id":15},
{"cust_id": 111, "cust_name": "Lee", "orders": { "id" : 2, "count" : 200 }}
)
```

输出结果如下：

```
{ "_id" : 15, "cust_id" : 111, "cust_name" : "Lee", "orders" : { "id" : 2, "count" : 200 } }
```

从上面的实例中可以看出，update 相当于 updateOne、updateMany 和 replaceOne 3 种修改操作的组合，具体使用哪种方式修改取决于传递给 update 的参数。

2.4 删除操作

2.4.1 deleteOne

从集合中删除一条文档记录，语法格式如下：

```
db.collection.deleteOne(
  <filter>,  //查询条件，即使匹配到多条文档记录，也只删除第1条匹配的文档记录
  {
     writeConcern: <document>,  //可选参数，设置写关注
     collation: <document>      //可选参数，设置特定语言下字符串比较规则
  }
)
```

集合数据如下：

```
{ "_id" : 4, "orders_id" : 2, "paid_amount" : 3100, "cust_id" : 123 }
```

执行如下语句：

```
> db.customers.deleteOne(
{"_id":4}
)
```

输出结果如下：

```
{ "acknowledged" : true, "deletedCount" : 1 }
```

"acknowledged" : true 表示删除操作已得到确认，"deletedCount" : 1 表示删除了一条文档记录。

2.4.2 deleteMany

批量删除集合中的文档记录，deleteMany 的语法格式与 deleteOne 的语法格式相同。

集合数据如下：

```
{ "_id" : 3, "orders_id" : 1, "paid_amount" : 1500, "cust_id" : 123 }
{ "_id" : 16, "orders_id" : 2, "paid_amount" : 2500, "cust_id" : 123 }
```

执行如下语句：

```
> db.customers.deleteMany(
{"_id":{$in:[3,16]}}
)
```

输出结果如下:

```
{ "acknowledged" : true, "deletedCount" : 2 }
```

2.5 批量写操作

MongoDB 可以将所有的插入操作、修改操作、删除操作放在一个 bulkWrite 中,执行批量的写操作,bulkWrite 的语法格式如下:

```
db.collection.bulkWrite(
   [ <operation 1>, <operation 2>, ... ],
   {
      writeConcern : <document>,  //可选参数,设置写关注
      ordered : <boolean>
   }
)
```

- [<operation 1>, <operation 2>, ...]是一个数组,其元素可以是 insertOne、updateOne、updateMany、deleteOne、deleteMany 和 replaceOne 中的任意一个或多个。
- ordered : <boolean>表示设置是否按数组中的操作命令顺序执行。当值为 true 时,表示按顺序执行,当遇到错误的操作命令执行时,会中止后面的所有操作;当值为 false 时,表示不按顺序执行,当遇到错误的操作命令执行时,不会中止后面的所有操作,默认值为 true。

集合数据如下:

```
> db.customers.find({})
{ "_id" : 15, "cust_id" : 111, "cust_name" : "Lee", "orders" : { "id" : 2,
"count" : 200 } }
{ "_id" : 2, "cust_id" : 111, "cust_name" : "Lee", "orders" : { "id" : 1,
"count" : 100 } }
```

执行如下命令:

```
db.customers.bulkWrite([
{insertOne:{"document":{"_id":1,"cust_id":100,"cust_name":"Jack","orders":1}}},
{updateOne:{"filter":{"_id":2},"update":{$set:{"orders.count":199}}}},
{insertOne:{"document":{"_id":1,"cust_id":100,"cust_name":"Jack","orders":2}}}
```

]);

执行命令时会报重复主键值的错误。

集合数据如下：

```
> db.customers.find({})
{ "_id" : 15, "cust_id" : 111, "cust_name" : "Lee", "orders" : { "id" : 2, "count" : 200 } }
{ "_id" : 2, "cust_id" : 111, "cust_name" : "Lee", "orders" : { "id" : 1, "count" : 199 } }
{ "_id" : 1, "cust_id" : 100, "cust_name" : "Jack", "orders" : 1 }
```

可以看到，成功执行了第 1 条语句和第 2 条语句，第 3 条语句因为主键冲突产生了错误，没有成功执行这条语句，因为默认是按顺序执行的，所以后面的语句都不会执行。

当不按顺序执行时，执行如下语句：

```
> db.customers.bulkWrite(
[
{insertOne:{"document":{"_id":3,"cust_id":100,"cust_name":"Jack","orders":3}}},
{insertOne:{"document":{"_id":3,"cust_id":100,"cust_name":"Jack","orders":5}}},
{updateOne:{"filter":{"_id":15},"update":{$set:{"orders.count":199}}}}
],
{"ordered":false}
)
```

集合数据如下：

```
> db.customers.find({})
{ "_id" : 15, "cust_id" : 111, "cust_name" : "Lee", "orders" : { "id" : 2, "count" : 199 } }
{ "_id" : 2, "cust_id" : 111, "cust_name" : "Lee", "orders" : { "id" : 1, "count" : 199 } }
{ "_id" : 1, "cust_id" : 100, "cust_name" : "Jack", "orders" : 1 }
{ "_id" : 3, "cust_id" : 100, "cust_name" : "Jack", "orders" : 3 }
```

可以看到，在设置"ordered":false 条件之后，成功执行第 1 条语句和第 3 条语句，第 2 条语句因为主键冲突产生了错误，但并没有影响第 3 条语句的执行。

2.6 小结

本章主要介绍了 MongoDB 的查询、插入、修改、删除等操作，所有的操作语句都是在 mongoshell 环境下执行的。由于 MongoDB 提供了不同编程语言的驱动程序，所以在开发一个具体的应用程序时，可以找到与这些操作语句所对应的代码。MongoDB 所有的写操作在面向单条文档记录时都是"原子"性的，确保了数据的一致性。

第 3 章
索引

索引是数据存储和查询相关的话题，其目的是提高数据获取的性能。索引的概念比较抽象。索引保存在哪、它是什么样的数据结构、为什么索引能提高查询效率是任何一个数据库都需要考虑的问题。

先分析一下我们熟悉的文件系统是如何使用索引快速找到文件的。假设磁盘保存了大量的文件，文件系统对这些文件进行管理，文件系统将磁盘抽象为 4 部分，依次为引导块、超级块、索引节点表和数据块。

索引节点表保存了所有文件名或目录对应的 inode 节点（Linux 文件系统），首先通过文件名或目录找到对应的 inode 节点，再通过 inode 节点定位文件数据在文件系统中的逻辑块号，最后根据磁盘驱动程序将逻辑块号映射到磁盘上具体的块号。

数据库保存记录的机制是建立在文件系统上的，索引也是以文件的形式存储在磁盘上的，在数据库中使用最多的索引结构就是 B-Tree。

尽管索引在数据库领域是不可缺少的元素，但是对于一个表来说创建过多的索引也会带来一些问题。创建索引是要花费时间的，同时索引文件也会占用磁盘空间。如果并发写入量很大，则每条插入的文档记录都要创建索引，可想而知，性能就会比较低。因此，合理地选择字段创建索引，以及如何让查询使用已经创建好的索引才是最关键的事情。

3.1 索引原理

与关系型数据库一样，MongoDB 同样可以利用索引提高查询效率。如果没有索引，则 MongoDB 的查询操作将扫描集合中的每一条文档记录，然后才挑选出与查询条件匹配的文档记录，这是一种全表扫描的方式，查询效率比较低。

MongoDB 索引的数据结构默认为 B-Tree，如图 3-1 所示。

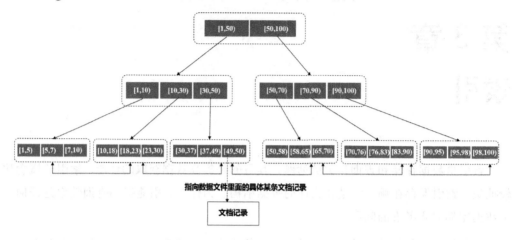

图 3-1　MongoDB 索引数据结构 B-Tree

B-Tree 是一种树型分层结构，第 1 层为顶部节点，第 2 层为分支节点，均只保存索引字段上的键值；第 3 层为叶子节点，除了保存索引的键值，还有一个指针变量，指向具体数据文件上的某条文档记录的位置。

假设图 3-1 是按照 customers 表中的 age 字段构造的索引，现在查询 age 的值等于 49 的所有文档记录，则查询流程如下。

首先，比较第 1 层顶部节点的键值，发现 49 属于第 2 层左边分支节点范畴；然后，继续遍历节点，找到 key 的值等于 49 的所有第 3 层叶子节点的位置；最后，通过叶子节点中的文档位置指针找到文档记录。

总体来说，B-Tree 类型的索引结构具有以下几个特点。

- 每个叶子节点的深度都相同，通常为 3 层或 4 层。从理论上讲，在集合中找到的文档记录不会超过 3 条或 4 条。
- 由于第 1 层顶部节点和第 2 层分支节点几乎总是被加载到内存中，因此查询文档记录时，物理磁盘读取的实际次数通常仅为一次或两次，性能非常可观。
- 叶子节点是通过双向链表连接且已经排好序的，因此对于范围查询来说，直接遍历叶子节点的链表就能快速定位到匹配文档记录的指针位置。

- 当不断地向集合中插入数据时，索引数据也在不断新增，如果叶子节点中没有可用空间来存储新插入的文档记录键值，则叶子节点将进行索引拆分。也就是说，系统将分配一个新的叶子节点，并将现有叶子节点中的一半数据移到新的叶子节点中。与此同时，还需要向上一层的分支节点添加新条目并指向新创建的叶子节点，如果此时分支节点恰好也没有可用空间，则必须继续拆分此分支节点，依次类推直到顶部节点。
- 整个过程涉及索引节点的拆分、移动，是一个非常耗时的操作。

3.2 创建索引

在 MongoDB 集合中插入文档记录时，如果没有指定_id 字段的值，则会默认生成一个 ObjectId 类型的值并赋给_id 字段，同时也会默认在_id 字段上创建一个具有唯一性的主键索引。

在集合的其他字段上创建索引的语法格式如下：

```
db.collection.createIndex(keys, options)
```

- keys 指定需要创建索引的字段，可以是一个或多个字段，其值的样式为{"字段名":"索引类型"}。索引类型可以为 1 或-1，当为 1 时表示创建一个升序排列的索引（索引叶子节点上链表的排序方向），当为-1 时表示创建一个降序排列的索引。索引的类型还可以为 text（文本索引）、geospatial（地理位置索引）、hashed（Hash 索引）等。
- options 为可选字段，如通过 name 指定索引的名称（替代默认的命名规则）、unique 指定索引的唯一性（创建唯一索引）、expireAfterSeconds 指定索引的 TTL 值（控制一条文档记录在集合中的保存时间，这对不需要长时间保留的日志等数据非常有用）等。

3.3 单个字段的索引

选择集合中的一个字段创建索引，集合数据如下：

```
> db.customers.find({})
{ "_id" : 1, "cust_id" : 100, "cust_name" : "Jack", "orders" : 1 }
```

```
{ "_id" : 3, "cust_id" : 100, "cust_name" : "Jack", "orders" : 3 }
…
{ "_id" : 5, "cust_id" : 200, "cust_name" : "Lee", "orders" : 5 }
```

在 cust_name 字段上创建一个单字段且按升序排列的索引,语句如下:

```
db.customers.createIndex({"cust_name":1})
```

单个字段索引键值在 B-Tree 叶子节点上的排列样式如图 3-2 所示。

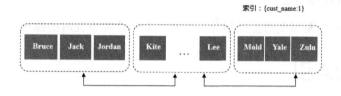

图 3-2　单个字段索引键值在 B-Tree 叶子节点上的排列样式

如果索引字段的值为字符串类型,则在进行索引排序时按字符串的比较规则执行。例如,图 3-2 中的升序规则为按字符的 ASCII 码值由小到大排序。Bruce 首字母 B 的 ASCII 码值小于 Jack 首字母 J 的 ASCII 码值,所以 Bruce 排在 Jack 前面;Jack 首字母和 Jordan 首字母相同,但第二个字母 a 的 ASCII 码值小于 o 的 ASCII 码值,所以 Jack 要排在 Jordan 前面。总体来说,字符串比较从首字母开始依次往后进行,一旦比较出大小就停止比较。

查询集合中的索引是否创建成功,语句如下:

```
> db.customers.getIndexes({})
[
    {
        "v" : 2,
        "key" : {
            "_id" : 1
        },
        "name" : "_id_",
        "ns" : "crm.customers"
    },
    {
        "v" : 2,
        "key" : {
            "cust_name" : 1
        },
        "name" : "cust_name_1",
```

```
            "ns" : "crm.customers"
    }
]
```

可以看到有两条索引记录，第 1 条索引记录为系统默认创建的 _id 主键索引，第 2 条索引记录为使用 db.customers.createIndex({"cust_name":1})命令在 cust_name 字段上创建的索引。索引记录中 v 表示索引的版本号，key 表示索引创建在哪个字段上，1 表示索引的键值在 B-Tree 叶子节点上按升序排列；name 表示索引名称，索引记录所在的命名空间；ns 表示索引的命名空间依次为索引所在的"数据库名.集合名"。

3.4 多个字段的复合索引

在实际业务场景中，我们可能想同时按照客户姓名和订单号查询相关订单数据，为了提高查询性能，可以创建一个由 cus_name 字段和 orders 字段组合在一起的索引，语句如下：

```
> db.customers.createIndex({"cust_name":1,"orders":-1})
```

执行成功后，通过以下命令查询 customers 集合中的索引情况：

```
> db.customers.getIndexes({})
[
{"v" : 2, "key" : { "_id" :1 }, "name" : "_id_", "ns" : "crm.customers" },
{ "v" : 2, "key" : {"cust_name" :1}, "name":"cust_name_1","ns" : "crm.customers"},
{ "v":2, "key" : { "cust_name" :1, "orders" : -1}, "name" : "cust_name_1_orders_-1","ns" : "crm.customers"}
]
```

可以看到，customers 集合中新增加了一个名为 cust_name_1_orders_-1 的索引，且索引名的默认生成规则为字段名加索引键值的排序方向，中间使用短下画线隔开。

多个字段的复合索引键值在 B-Tree 叶子节点上的排列样式如图 3-3 所示。

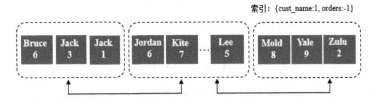

图 3-3　多个字段的复合索引键值在 B-Tree 叶子节点上的排列样式

复合索引包含两个键，即 cust_name 和 orders，B-Tree 叶子节点上的键值先按照 cust_name 对应的值进行升序排列，对于相同 cust_name 的键值再按照 orders 对应的值进行降序排列，如图 3-3 所示为 { cust_name: "Jack", orders: 3 } 与 { cust_name : "Jack", orders: 1 } 两条文档记录对应的索引排列样式。

创建另一个索引，仍包含 cust_name 和 orders 两个字段，但是改变索引的排序方式，语句如下：

```
> db.customers.createIndex({"cust_name":1,"orders":1})
```

创建成功后，会新增加一条如下名为 cust_name_1_orders_1 的索引：

```
{"v": 2, "key":{"cust_name": 1,"orders" : 1}, "name" : "cust_name_1_orders_1", "ns" : "crm.customers" }
```

此索引键值 B-Tree 叶子节点上先按照 cust_name 对应的值进行升序排列，对于相同 cust_name 的键值再按照 orders 对应的值进行升序排列。图 3-4 所示为两个键值为 Jack 在 B-Tree 叶子节点上的排列顺序。

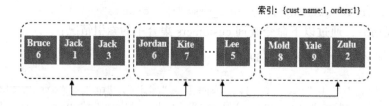

图 3-4　两个键值为 Jack 在 B-Tree 叶子节点上的排列样式

不同键值排列样式的索引，对排序类查询有影响。如果语句的排序条件与创建索引时指定的键值排序能匹配，则会使用索引，从而提高查询效率，否则不会使用索引。

如下所列的两种排序查询均能使用上面创建的名为 cust_name_1_orders_-1 的索引：

```
> db.customers.find({}).sort({"cust_name":1,"orders":-1})
> db.customers.find({}).sort({"cust_name":-1,"orders":1})
```

下面这种排序查询就不能匹配名为 cust_name_1_orders_-1 的索引，但可以使用名为 cust_name_1_orders_1 的索引：

```
> db.customers.find({}).sort({"cust_name":1,"orders":1})
```

所以，在创建多个字段复合索引时，键值的排序方向对 sort 类查询操作有较大影响，为了提高排序效率，我们应该根据具体的查询需求创建合适的复合索引，让查询操作能使用索引。

3.5 数组的多键索引

MongoDB 支持数组类型的字段，2.1.8 节介绍了数组支持的各种查询操作，如精确匹配数组中所有元素的查询、匹配其中任意元素的查询、匹配特定位置元素的查询、匹配嵌套文档的查询等。因此，为了提高这些场景下的查询性能，可以在数组类型的字段上创建索引，当 MongoDB 在构造索引的 B-Tree 时，将默认在 B-Tree 叶子节点上为数组中的每一个元素创建索引条目。

集合数据如下：

```
> db.DictGoodsAttribute.find({})
{ "_id": 1, "Goods" : "computer", "AttributeName" : "size", "price" : [ 7, 9, 11 ] }
{ "_id": 2, "Goods": "computer", "AttributeName" : "version", "price" : [ 3, 6, 10 ] }
{ "_id": 3, "Goods": "phone", "AttributeName" : "color", "price" : [ 1, 5, 8 ] }
```

price 字段为数组类型，在其上面创建一个索引，语句如下：

```
> db.DictGoodsAttribute.createIndex({"price":1})
```

生成 B-Tree 索引，其叶子节点排列样式如图 3-5 所示。

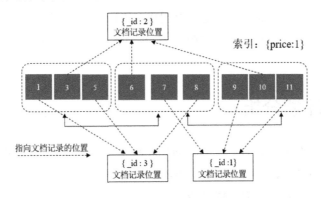

图 3-5 数组的多键索引在 B-Tree 叶子节点上的排列样式

可以看到，数组中的每一个元素都被当作一个独立的键值构建在 B-Tree 叶子节点中，如"price" : [1, 5, 8]被拆分成 1、5、8 共 3 个键值存储在索引条目中，且这 3 条索引记录都指向同一个文档{ _id : 3 }在数据文件中的位置。

如果数组元素不是字符串类型或数字类型，而是文档类型，如下 GoodsValue 集合数据：

```
{ "_id" : 1, "prices" : [ { "low" : 1, "middle" : 11, "high" : 13 }, { "low" :
1, "middle" : 8, "high" : 15 } ] }
```

根据 2.1.8 节介绍的当数组元素为文档类型时的查询方法，查询 "prices.low" : 11 的语句如下：

```
> db.GoodsValue.find({"prices.low":11})
```

返回数组 prices 中只有一个元素满足{"prices.middle":11}条件；如果没有索引，则这个查询语句将遍历整个集合。因此，为了提高查询效率，我们可以通过如下语句创建一个多键索引：

```
db.GoodsValue.createIndex({"prices.low":1})
```

创建成功后，当前集合中将新增加一条如下索引内容：

```
{
        "v" : 2,
        "key" : {
            "prices.low" : 1
        },
        "name" : "prices.low_1",
        "ns" : "crm.GoodsValue"
}
```

通过前文介绍，我们成功地在集合上创建了不同类型的索引，但是有了索引也并不能保证查询的执行计划能真正使用索引，因此，3.6 节将深入分析查询执行计划及索引对查询性能的影响。

3.6 查询计划分析

在集合上执行查询分析方法 db.collection.explain()，会返回查询相关的统计数据。通过对统计数据的分析，我们可以观察查询语句是否执行了期望的计划，还可以进一步判断查询性能是否高效、查询的耗时情况等。

假设有如下集合数据：

```
> db.customers.find({})
{ "_id" : 1, "cust_id" : 100, "cust_name" : "Jack", "orders" : 1 }
{ "_id" : 3, "cust_id" : 100, "cust_name" : "Jack", "orders" : 3 }
{ "_id" : 5, "cust_id" : 200, "cust_name" : "Lee", "orders" : 5 }
```

第 3 章 索引

```
{ "_id" : 6, "cust_id" : 300, "cust_name" : "Bruce", "orders" : 6 }
{ "_id" : 7, "cust_id" : 210, "cust_name" : "Kite", "orders" : 7 }
{ "_id" : 8, "cust_id" : 111, "cust_name" : "Mohd", "orders" : 8 }
{ "_id" : 9, "cust_id" : 112, "cust_name" : "Yelu", "orders" : 9 }
{ "_id" : 10, "cust_id" : 113, "cust_name" : "Zolu", "orders" : 2 }
{ "_id" : 2, "cust_id" : 115, "cust_name" : "Jordan", "orders" : 6 }
```

在此集合上创建一个 { "cust_name": 1 } 索引。

1. 没有使用索引的查询

执行如下查询分析语句：

```
> db.customers.explain().find({})
```

完整输出结果如下：

```
{
    "queryPlanner" : {
        "plannerVersion" : 1,
        "namespace" : "crm.customers",
        "indexFilterSet" : false,
        "parsedQuery" : {
        },
        "queryHash" : "8B3D4AB8",
        "planCacheKey" : "8B3D4AB8",
        "winningPlan" : {
            "stage" : "COLLSCAN",       ← 查询优化器最终选择的执行计划，"COLLSCAN"表示直接扫描集合返回结果，没有使用任何索引
            "direction" : "forward"
        },
        "rejectedPlans" : [ ]
    },
    "serverInfo" : {
        "host" : "master",              ← MongoDB 实例所在的主机信息、版本信息（非分片集群部署）
        "port" : 60002,
        "version" : "4.2.1",
        "gitVersion": "edf6d45851c0b9ee15548f0f847df141764a317e"
    },
    "ok" : 1,
    "$clusterTime" : {
        "clusterTime" : Timestamp(1584717071, 1),
        "signature" : {
            "hash" : BinData(0,"AAAAAAAAAAAAAAAAAAAAAAAAAAA="),
```

MongoDB 核心原理与实践

```
                "keyId" : NumberLong(0)
            }
        },
        "operationTime" : Timestamp(1584717071, 1)
}
```

2. 使用索引的查询

执行如下查询分析语句：

```
> db.customers.explain().find({"cust_name":"Bruce"})
```

部分输出结果如下：

```
"winningPlan" : {
        "stage" : "FETCH",
        "inputStage" : {
              "stage" : "IXSCAN",          ← 查询优化器最终选择的执
              "keyPattern" : {                行计划，"IXSCAN"表示查询使
                    "cust_name" : 1          用了索引
              },
              "indexName" : "cust_name_1",  ← 表示查询使用
              "isMultiKey" : false,            了哪个索引
              "multiKeyPaths" : {
                    "cust_name" : [ ]
              },
              "isUnique" : false,
              "isSparse" : false,
              "isPartial" : false,
              "indexVersion" : 2,
              "direction" : "forward",     ← 在 B-Tree 索引上扫描索引键
              "indexBounds" : {               值的边界，["最小值","最大值"]由
                    "cust_name" : [           查询优化器根据传入的查询条件
                          "[\"Bruce\",       计算得到
\"Bruce\"]"
                    ]
              }
        }
},
"rejectedPlans" : [ ]
```

我们通过对这两条查询语句的分析可以知道，当查询条件与索引字段完全映射时，执行计划会使用索引来查询。否则，执行计划选择全表扫描。

有时我们希望得到更详细的执行计划信息，如查询耗时多久、扫描了多少条文档记录、真正返回多少条文档记录、扫描了多少个索引键值等这些更能体现查询性能的指标，需要给 db.collections.explain()方法传递 executionStats 参数或 allPlansExecution 参数。

3. 传递 executionStats 参数，返回详细执行计划信息

执行如下语句：

```
> db.customers.explain("executionStats").find({"cust_name":"Bruce"})
```

返回结果新增如下统计信息（限于篇幅，已省略部分字段）：

```
"executionStats" : {
        "executionSuccess" : true,
        "nReturned" : 1,              ← 成功返回的文档记录数量

        "executionTimeMillis" : 1,
        "totalKeysExamined" : 1,      ← 在 B-Tree 索引中，检查的键
        "totalDocsExamined" : 1,          值数量
        "executionStages" : {
            "stage" : "FETCH",        ← 在集合中，检查的文档记录数量
            "nReturned" : 1,
            "executionTimeMillisEstimate" : 0,
            "needTime" : 0,
            "needYield" : 0,
            "saveState" : 0,
            "docsExamined" : 1,                查询执行步骤，"inputStage"
            "inputStage" : {                   表示可以嵌套，最终执行时"由
                "stage" : "IXSCAN",            里向外"依次执行。
                "nReturned" : 1,
                                                   这里表示，首先执行
"executionTimeMillisEstimate" : 0,             "IXSCAN"的索引扫描，然后执行
                "keyPattern" : {               父级的"FETCH",从集合中挑选
                    "cust_name" : 1            出找到的文档记录
                },
                "indexName" : "cust_name_1",
                "direction" : "forward",
                "indexBounds" : {
                    "cust_name" : [
                        "[\"Bruce\", \"Bruce\"]"
                    ]
                },
                "keysExamined" : 1,
```

```
        }
    }
}
```

上面的执行结果表示遍历索引时，只需比较一次键值就能找到需要返回的文档记录指针，这个从 3.3 节介绍的单个字段的索引 B-Tree 结构图和当前集合中的数据也能看出，因为键值为 Bruce 的索引记录只有 1 条且集合中的数据也只有 1 条，所以上面查询分析方法返回的 totalKeysExamined 字段和 totalDocsExamined 字段的值均为 1。

3.7 索引覆盖查询

从前文介绍索引的 B-Tree 结构图中可以看出，索引本身是包含一小部分集合数据的，如叶子节点上的键值。因此，当查询集合时，如果返回的数据字段只包含索引字段，则查询结果直接从索引的键值数据返回，这种查询模式效率是非常高的。

分析如下查询语句：

```
>db.customers.explain("executionStats").find({"cust_name":"Bruce"},{"cust_name":1,"_id":0})
```

通过查询投射选项，控制返回的字段，"_id":0 表示排除默认返回的_id 字段。

通过查询分析方法输出如下关键信息：

```
"executionStats" : {
    "executionSuccess" : true,
    "nReturned" : 1,
    "executionTimeMillis" : 0,
    "totalKeysExamined" : 1,
    "totalDocsExamined" : 0,          ← 值为 0 表示在查询执行过程中没
    "executionStages" : {                有扫描任何集合中的文档记录，直接
        "stage" : "PROJECTION_COVERED",  返回索引中的数据
        "nReturned" : 1,
        "executionTimeMillisEstimate" : 0,
        "transformBy" : {
            "cust_name" : 1,          ← 查询投射选项
            "_id" : 0
```

```
        },
        "inputStage" : {
            "stage" : "IXSCAN",
            "nReturned" : 1,
"executionTimeMillisEstimate" : 0,
            "keyPattern" : {
                "cust_name" : 1
            },
            "indexName" : "cust_name_1",
            "direction" : "forward",
            "indexBounds" : {
                "cust_name" : [
                    "[\"Bruce\", \"Bruce\"]"
                ]
            },
            "keysExamined" : 1,
        }
    }
}
```

在整个执行步骤中，第一步也是执行索引扫描，索引扫描完成后，执行父级别的查询步骤 "PROJECTION_COVERED"，说明没有继续扫描集合中的文档记录，直接返回索引中的数据

3.8 全文索引

全文索引创建在数据类型为字符串或字符串数组的字段上，支持按字符串匹配检索文档，集合上最多只能创建一个文本索引。

创建一个文本索引的语句如下：

```
> db.profiles.createIndex({comments:"text"})
```

在创建 B-Tree 索引的过程中，会将文本字符串按特定语言中的分隔符（如空格、破折号等）拆分成一个个的单词，然后为每个单词（除 a、an、and、the、in 等这样的语气停顿单词）生成一个"键-值"对的索引条目，插入 B-Tree 的叶子节点中。

假设 profiles 集合中有如下一条文档记录：

```
{ "_id" : 6, "cust_id" : 128, "comments" : "high value and address in china,beijing" }
```

则在创建的索引中包含 high、value、address、china、beijing 共 5 个关键词的索引条目，此时使用的分隔符是空格，依次类推，对集合中的每一条文档记录都应用此规则

来创建索引。

利用文本索引进行文本查询的各种操作可参考本书 2.1.5 节。

关于文本索引的使用，有以下几个注意事项。

- 由于在创建文本索引过程中会对每一个主干单词生成索引条目，因此，文本索引所需的存储空间可能是巨大的。
- 创建文本索引相当于创建多键值的索引，因此，在创建索引过程中将消耗较长的时间。
- 文本索引对插入操作的性能影响也较大。
- 目前，MongoDB 还不支持中文分词的文本索引。因此，如果想要创建中文全文索引，则最好的解决方法是结合 ElasticSearch 创建。

3.9 地理位置索引

在基于 LBS 的业务场景中，我们经常需要查询某个位置周边的情况，如查询距离停车场最近的加油站、查询距离当前位置最近的商场等，这些应用场景均可通过 MongoDB 支持的地理空间查询来实现，具体的查询操作可参考本书 2.1.9 节。

但支持地理空间查询的前提条件是，必须在相应字段上创建地理位置索引，这些字段的取值类型比较特殊，只能是地理位置坐标文档 GeoJSON 格式或直接由经纬度组成的数组格式，如下 location 字段的两种定义格式：

1. GeoJSON 格式

```
location: {
type: "Point",
coordinates: [23.356797, 30.578092]
}
```

其中，type 字段表示指定地理位置坐标的数据格式，取值 Point 表示 coordinates 字段代表的经纬度数据是地理空间中的一个点。type 取值还可以为 LineString（表示一条线）、Polygon（表示一个多边形）等。

2. 直接由经纬度组成的数组格式

```
location: [23.356797, 30.578092]
```

在 location 字段上创建地理位置索引时，MongoDB 支持两种类型的索引，一种是球面空间的索引类型 2dsphere，另一种是二维平面空间的索引类型 2d。

（1）2dsphere 索引。

创建 2dsphere 索引的语句如下：

```
> db.address.createIndex({"location":"2dsphere"})
```

查询时计算两个经纬度坐标点之间的球面距离（弧长）。因此，对于那些使用球面索引的查询操作，如$nearSphere、$centerSphere 等，将以弧长为距离进行计算。

弧长数学计算公式如下：

$$弧长 = 半径 \times 弧度$$

（2）2d 索引。

创建 2d 索引的语句如下：

```
> db.address.createIndex({"location":"2d"})
```

查询时计算两个经纬度坐标点之间的平面距离。

3.10 Hash索引

创建 Hash 索引时，利用 hash 函数计算字段的值，保证计算后的取值能更加均匀分布。

创建 Hash 索引的语句如下：

```
> db.collection.createIndex(
{ _id: "hashed" }
)
```

注意：Hash 索引只支持确定值的匹配查询，不支持按范围查询。

3.11 删除索引

删除集合中的指定索引，语法格式如下：

```
db.collection.dropIndex(index)
```

index 参数表示字符串类型的索引名称或创建索引时指定文档记录。

假如集合中有如下索引数据：

```
> db.address.getIndexes()
[
    {
        "v" : 2,
        "key" : {
            "_id" : 1
        },
        "name" : "_id_",
        "ns" : "crm.address"
    },
    {
        "v" : 2,
        "key" : {
            "location" : "2dsphere"
        },
        "name" : "location_2dsphere",
        "ns" : "crm.address",
        "2dsphereIndexVersion" : 3
    }
]
```

只删除一个索引，语句如下：

```
> db.address.dropIndex("location_2dsphere")
```

如果想要同时删除一个或多个索引，则语句如下：

```
> db.collection.dropIndexes( [ "索引名称1", "索引名称2", "索引名称3" ] )
```

传入的参数是一个数组，数组中的元素就是对应要删除的索引名称。

注意：不能删除主键_id中的索引。

3.12 TTL索引

在通常情况下，计算机生成的事件数据、日志和会话信息等只需要在数据库中保留有限的时间，超过设定的时间后希望数据库能将其自动删除，而MongoDB自带的TTL索引正好能满足这种需求。

TTL索引是一种特殊的单字段索引，MongoDB可以使用它在一定时间或特定时钟之后自动从集合中删除文档记录。

第 3 章　索引

创建 TTL 索引字段的值类型必须是一个日期类型或者包含日期属性的数组。集合数据如下：

```
> db.log_event.find()
{ "_id" : 1, "content" : "operation success!", "operationDate" : ISODate("2021-08-15T08:23:42.271Z") }
{ "_id" : 2, "content" : "operation fail!", "operationDate" : ISODate("2021-08-15T08:24:57.132Z") }
```

如果希望上面的数据 10 分钟之后被自动删除，则可以使用如下语句创建一个 TTL 索引：

```
> db.log_event.createIndex({"operationDate":1},{expireAfterSeconds:600})
```

创建成功后，我们可以看到如下索引数据：

```
mongos> db.log_event.getIndexes()
[
    …
    {
            "v" : 2,
            "key" : {
                    "operationDate" : 1
            },
            "name" : "operationDate_1",
            "ns" : "crm.log_event",
            "expireAfterSeconds" : 600
    }
]
```

这里与之前创建的索引区别在于添加了一个 expireAfterSeconds 参数，通过这个参数就可以控制文档记录过期被自动删除的时间。

除此之外，还有另一种控制文档记录过期被自动删除的方法，那就是插入文档记录时，在每一条文档记录中指定具体过期的时间，如下插入文档记录的语句：

```
>db.message_event.insert({_id:1, content:"operation success!", expireAt: new Date('August 16, 2021 08:00:00')})
```

创建一个 TTL 索引，语句如下：

```
> db.message_event.createIndex({ "expireAt": 1}, {expireAfterSeconds:0})
```

上面的语句表示到了 expireAt 字段指定的时间就会自动删除该文档记录。

创建成功后的索引内容如下：

```
> db.message_event.getIndexes()
[
    …
    {
            "v" : 2,
            "key" : {
                    "expireAt" : 1
            },
            "name" : "expireAt_1",
            "ns" : "crm.message_event",
            "expireAfterSeconds" : 0
    }
]
```

3.13 小结

本章主要介绍了 MongoDB 支持的各种索引类型，如单个字段的索引、多个字段的复合索引、数组的多键索引、全文索引、地理位置索引、Hash 索引、TTL 索引等。详细分析了查询执行计划的步骤，通过查询分析能够帮助用户优化查询语句及维护索引的结构，从而提高查询效率。

第 4 章
聚集操作

第 2 章主要介绍各种查询操作，但这些查询操作都是在单个集合上执行的，并不能满足更加复杂的查询需求场景，如关系型数据库中的 join 操作、group 分组操作，以及从多个集合中分别抽取所需字段构成一个新的集合并返回等操作。

如果想要实现这些功能，就需要使用 MongoDB 提供的高级查询框架，即聚集操作，本章将介绍 3 种聚集操作方式：单个集合中的基础聚集函数、管道聚集框架、MapReduce 编程。

4.1 单个集合中的基础聚集函数

当需要返回集合中文档记录的总条数或者返回集合中不重复的文档记录时，可以使用 MongoDB 提供的单个集合中的基础聚集函数。

4.1.1 count()函数

count()函数用于返回集合中的文档记录数量，其语法格式如下：

```
db.collection.count(query, options)
```

- query 参数：表示传入的查询过滤条件，为文档类型。
- options 参数：表示传入的可选项，为文档类型，控制被 count 的文档记录，如 limit（限制 count 的文档记录最大数）、skip（开始 count 前，跳过的文档记录数量），还有 hint、maxTimeMS 等选项。

集合数据如下：

```
> db.customers.find({})
{ "_id" : 1, "cust_id" : 100, "cust_name" : "Jack", "orders" : 1 }
```

```
{ "_id" : 3,  "cust_id" : 100, "cust_name" : "Jack",   "orders" : 3 }
{ "_id" : 5,  "cust_id" : 200, "cust_name" : "Lee",    "orders" : 5 }
{ "_id" : 6,  "cust_id" : 300, "cust_name" : "Bruce",  "orders" : 6 }
{ "_id" : 7,  "cust_id" : 210, "cust_name" : "Kite",   "orders" : 7 }
{ "_id" : 8,  "cust_id" : 111, "cust_name" : "Mohd",   "orders" : 8 }
{ "_id" : 9,  "cust_id" : 112, "cust_name" : "Yelu",   "orders" : 9 }
{ "_id" : 10, "cust_id" : 113, "cust_name" : "Zolu",   "orders" : 2 }
{ "_id" : 2,  "cust_id" : 115, "cust_name" : "Jordan", "orders" : 6 }
```

执行如下语句：

```
> db.customers.count({})
```

不传入任何过滤条件，返回全部文档记录数量为9。

执行如下语句：

```
> db.customers.count({"cust_name":"Jack"})
```

传入过滤条件，返回文档记录数量为2。

执行如下语句：

```
> db.customers.count({"cust_id":"100"})
```

传入过滤条件，返回文档记录数量为2。

如果在cust_name字段上创建索引，则通过执行查询分析语句db.customers. explain(). count({"cust_name":"Jack"})，输出关键执行计划如下：

```
"winningPlan" : {
    "stage" : "COUNT",
    "inputStage" : {
        "stage" : "COUNT_SCAN",
        "keyPattern" : {
            "cust_name" : 1
        },
        "indexName" : "cust_name_1",
    }
}
```

说明在执行count()函数时，直接通过count索引的键值获得最终统计数据。

与此相反，如果在没有索引的字段上执行count()函数：

```
> db.customers.explain().count({"cust_id":"100"})
```

则输出关键执行计划如下：

```
"winningPlan" : {
```

```
    "stage" : "COUNT",
    "inputStage" : {
        "stage" : "COLLSCAN",
        "filter" : {
            "cust_id" : {
                "$eq" : "100"
            }
        },
        "direction" : "forward"
    }
}
```

上面的输出结果表示使用 count() 函数进行了集合扫描。

因此，为了提高 count() 函数的性能，尽量在创建索引的字段上执行 count() 函数。

通过 limit 选项限制返回的文档记录数量，语句如下：

```
> db.customers.count({"cust_name":"Jack"},{limit:1})
```

本来集合中 cust_name 的属性值为 2（Jack 的文档记录数量），通过 limit 限制后只能返回 1。

通过 skip 跳过一定数量的文档记录后，再开始统计，语句如下：

```
> db.customers.count({"cust_name":"Jack"},{skip:2})
```

返回值为 0。

4.1.2　estimatedDocumentCount() 函数

estimatedDocumentCount() 函数用于统计集合中的文档记录数量，其语法格式如下：

```
db.collection.estimatedDocumentCount(options)
```

只有一个可选参数 options，为文档类型，取值可包含 maxTimeMS（表示执行统计时允许等待的最大时长）。

与 count() 函数的区别是，缺少查询过滤参数且在统计文档记录数量时使用的是集合中的元数据，并不是集合本身。

在正常情况下，estimatedDocumentCount() 函数返回的统计结果与 count() 函数返回的统计结果相同，语句如下：

```
> db.customers.estimatedDocumentCount()
```

返回值为 9。

如果 MongoDB 数据库实例是非正常关闭的，则从上一次 checkpoint 之后到发生故障这段时间内，可能有 insert、delete、update 等操作发生，导致部分修改的数据并没有持久化，因此集合中的文档记录和集合对应的元数据（保存在 sizeStorer.wt 文件中）处于不一致的状态，这样使用 estimatedDocumentCount() 函数统计的文档记录数量就会有所偏差，并不是正确的文档记录数量。

4.1.3　countDocuments() 函数

countDocuments() 函数用于统计集合中的文档记录数量，其语法格式如下：

```
db.collection.countDocuments( <query>, <options> )
```

其中，<query> 参数、<options> 参数与 count() 函数的参数的含义相同。

与 count() 函数不同的是，即使 MongoDB 数据库实例发生了意外故障，统计数据时也不会采用集合中的元数据，而是直接扫描集合本身的数据。因此在这种异常场景下，统计的文档记录数量也是正确的。

执行如下语句：

```
> db.customers.countDocuments({})
```

返回值也为 9。

注意：即使不传入任何查询条件，第 1 个参数也是必选项，需要传递 {}。

4.1.4　distinct() 函数

distinct() 函数用于获取指定字段的非重复值，其语法格式如下：

```
db.collection.distinct(field, query, options)
```

- field 参数：指定需要进行 distinct 的字段名，为字符串类型。
- query 参数：查询过滤条件，为文档类型。
- options 参数：可选参数，指定是否区分字母大小写、字符串比较规则等，为文档类型。

返回值为一个数组，包含所有指定字段的非重复值，如图 4-1 所示。

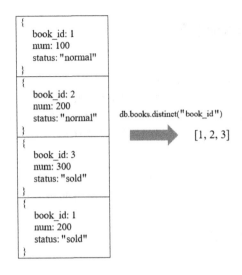

图 4-1 distinct()函数实例示意图

1. 单个字段中的 distinct()函数操作

在 customers 集合中执行如下语句：

```
> db.customers.distinct("cust_id")
```

返回值为[100, 200, 300, 210, 111, 112, 113, 115]。

distinct()函数操作与 count()函数操作一样，如果 field 参数有索引，则会直接从索引上返回 distinct()函数的值，这样能提升 distinct()函数操作的效率。

2. 嵌套字段中的 distinct()函数操作

集合数据如下：

```
> db.address.find({})
{ "cust_id" : 10, "location" : { "type" : "Point", "coordinates" : [ 23.36, 30.58 ] } }
{ "cust_id" : 123, "location" : { "type" : "Point", "coordinates" : [ 24.38, 33.28 ] } }
{ "cust_id" : 125, "location" : { "type" : "Point", "coordinates" : [ 33.58, 50.18 ] } }
```

执行如下语句：

```
> db.address.distinct("location.type")
```

返回值为["Point"]，通过嵌套的方式指定字段名。

3. 数组字段中的distinct()函数操作

集合数据如下：

```
> db.DictGoodsAttribute.find({})
{ "_id" : 2, "AttributeName" : "version", "price" : [ 3, 6, 10 ] }
{ "_id" : 3, "AttributeName" : "color", "price" : [ 1, 5, 8 ] }
{ "_id" : 1, "AttributeName" : "size", "price" : [ 7, 9, 11 ] }
```

执行如下语句：

```
> db.DictGoodsAttribute.distinct("price")
```

返回值为[1, 3, 5, 6, 7, 8, 9, 10, 11]，返回了所有非重复值的数组元素。

4.2 管道聚集框架

为了在多个集合上执行查询分析，MongoDB 提供了流水线式的管道聚集框架，这里所说的管道类似于 UNIX 上的管道命令，数据通过一个多步骤的管道依次进行处理，最后返回一个聚集结果。管道提供了高效的数据分析流程，是 MongoDB 首选的大数据分析方法，一个典型的管道聚集操作流程如图 4-2 所示。

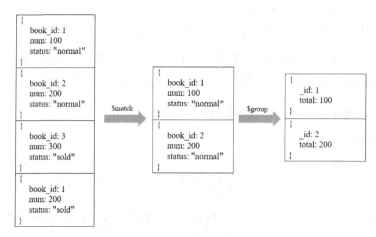

图 4-2 一个典型的管道聚集操作流程

上面的管道聚集操作流程对应的执行语句如下：

```
> db.books.aggregate
    ([
```

```
        {$match: { status: "normal"}},
        {$group: {_id: "$book_id", total:{ $sum: "$num"}}}
    ])
```

第一步：通过管道操作符$match过滤所有status属性值等于normal的文档记录，然后将这些文档记录传递给管道中的下一个步骤进行处理。

第二步：通过管道操作符$group进行分组，分组按照book_id进行，同时对具有相同book_id的文档记录按num字段求和，返回值中包含_id字段和total字段。

上面的操作相当于如下SQL语句：

```
Select book_id, sum(num) as total
from books
where status = "normal"
group by book_id;
```

总体来说，管道聚集的语法格式如下：

```
db.collection.aggregate(pipeline, options)
```

- pipeline 参数：为数组类型，包含一系列由管道操作符构成的数据处理步骤，语法格式为 db.collection.aggregate([{ <stage> }, ...])，其中，有些管道操作符可以出现多次，常用的管道操作符及其说明如下。

  ➢ $project：控制哪些字段返回，如_id:0, name:1 返回 name 字段值，过滤_id 字段值。

  ➢ $match：过滤文档记录，只将匹配的文档记录传递到管道中的下一个步骤。

  ➢ $limit：限制管道中文档记录的数量。

  ➢ $skip：跳过指定数量的文档记录，返回剩下的文档记录。

  ➢ $sort：对所有输入的文档记录进行排序。

  ➢ $group：对所有文档记录进行分组然后计算聚集结果。

  ➢ $lookup：实现集合之间的 join 操作。

  ➢ $addFields：向集合中添加新字段。

  ➢ $out：将管道中的文档记录输出到一个具体的集合中，这个必须是管道操作中的最后一步。

与$group 操作符一起使用的计算聚集值的操作符及其说明如下。

- $first：返回$group 操作后的第 1 值。
- $last：返回$group 操作后的最后一个值。
- $max：返回$group 操作后的最大值。
- $min：返回$group 操作后的最小值。
- $avg：返回$group 操作后的平均值。
- $sum：返回$group 操作后所有值的和。

• options 参数：表示可选参数，为文档类型，包含 allowDiskUse（当 allowDiskUse 的值为 true 时，在聚集过程中可以将数据写到 dbPath 路径下的临时目录）、maxTimeMS（设置该操作的最大超时时间）、readConcern（设置读关注）、writeConcern（设置写关注）等常用字段。

下面通过实例对常用的管道操作符进行详细说明。

4.2.1 $group 分组

集合数据有如下：

```
> db.books.find({})
{ "_id" : 1, "book_id" : 1, "num" : 100, "status" : "normal" }
{ "_id" : 2, "book_id" : 2, "num" : 200, "status" : "normal" }
{ "_id" : 3, "book_id" : 3, "num" : 300, "status" : "sold" }
{ "_id" : 4, "book_id" : 1, "num" : 200, "status" : "sold" }
{ "_id" : 5, "book_id" : 2, "num" : 100, "status" : "sold" }
{ "_id" : 6, "book_id" : 3, "num" : 500, "status" : "normal" }
{ "_id" : 7, "book_id" : 4, "num" : 600, "status" : "normal" }
{ "_id" : 8, "book_id" : 4, "num" : 300, "status" : "sold" }
```

需要按 book_id 进行分类，统计每种类型的图书（status 为 sold）的销售总数量，同时按数量进行降序排列，语句如下：

```
> db.books.aggregate([
    {$match:{"status":"sold"}},
    {$group:{_id:"$book_id",total:{$sum:"$num"}}},
    {$sort:{total:-1}}
])
```

输出结果如下：

```
{ "_id" : 4, "total" : 300 }
```

```
{ "_id" : 3, "total" : 300 }
{ "_id" : 1, "total" : 200 }
{ "_id" : 2, "total" : 100 }
```

集合文档记录传入管道后，依次通过$match（过滤）、$group（分组）、$sort（排序）3个步骤进行处理。

这里$group管道操作符的标准语法格式如下：

```
{
  $group:
    {
      _id: <expression>,
      <field1>: { <accumulator1> : <expression1> },
      ...
    }
}
```

- _id 作为结果集中的必填字段名，设置需要进行分组的字段或字段的组合。
- <field1>作为结果集中的返回字段名，取值通过<accumulator1>累计操作符（如$sum、$avg、$max 等）和表达式<expression1>（给<accumulator1>累计操作符传递参数变量）计算得到。

上面的操作相当于如下 SQL 语句：

```
Select book_id as _id, sum(num) as total
from books
where status = "sold"
group by book_id
order by total desc;
```

注意：$group 操作步骤在默认情况下，处理的文档记录总大小不能超过 100MB，否则会报错；为了避免这种错误，可以通过将 db.collection.aggregate(pipeline, options)中的可选参数 options 设置为{allowDiskUse:true}来解决，这样聚集操作将使用 dbPath 路径下的临时目录存储中间结果。

4.2.2 $addFields 添加新字段

当需要返回新的字段名时，可以通过$addFields 添加新字段来实现，语句如下：

```
> db.books.aggregate([
    {$match:{"status":"sold"}},
    {$group:{_id:"$book_id",total:{$sum:"$num"}}},
```

```
    {$addFields:{book_id:"$_id"}},
    {$sort:{total:-1}}
])
```

其中，管道步骤{$addFields:{book_id:"$_id"}}中的 book_id 为新字段的名称；$_id 变量为上一步骤，即$group 管道步骤输出的_id 字段。

输出结果如下：

```
{ "_id" : 4, "total" : 300, "book_id" : 4 }
{ "_id" : 3, "total" : 300, "book_id" : 3 }
{ "_id" : 1, "total" : 200, "book_id" : 1 }
{ "_id" : 2, "total" : 100, "book_id" : 2 }
```

上面的操作相当于如下 SQL 语句：

```
Select book_id as _id, sum(num) as total, book_id
from books
where status = "sold"
group by book_id
order by total desc;
```

4.2.3 $lookup 关联查询

从 MongoDB 3.2 版本开始，引入$lookup 关联查询操作，解决类似于关系型数据库下的 join 查询需求，其语法格式如下：

```
db.collection.aggregate([{
$lookup:
    {
      from: <被 join 的目标表>,
      localField: <源表中的字段>,
      foreignField: <被 join 的目标表中的字段>,
      as: <返回满足 join 条件下,被 join 的目标表中的文档记录>
    }
}])
```

集合数据如下：

```
> db.booksAttr.find({})
{ "_id" : 1, "type_id" : 1, "type_name" : "science" }
{ "_id" : 2, "type_id" : 2, "type_name" : "human" }
{ "_id" : 3, "type_id" : 3, "type_name" : "music" }
{ "_id" : 4, "type_id" : 4, "type_name" : "sports" }
```

其中，type_id 字段与前文 books 集合的 book_id 关联，4.2.1 节介绍的聚集操作语句是按 book_id 进行分类的，然后统计每种类型的图书（status 为 sold）的销量总数量，同时按数量进行降序排列，在此基础上我们希望进一步返回类别的详细信息，因此需要使用$lookup 管道操作符进行关联查询，语句如下：

```
> db.books.aggregate([
{$match:{status:"sold"}},
{$group:{_id:"$book_id",total:{$sum:"$num"}}},
{$lookup:{from:"booksAttr",localField:"_id",foreignField:"type_id",as:"booksAttr"}},
{$sort:{total:-1}}
])
```

这个管道中有 4 个步骤，其中，第 1 个步骤、第 2 个步骤、第 4 个步骤与 4.2.1 节中的步骤相同，关键是第 3 个步骤，通过$lookup 管道操作符实现关联查询操作。

需要注意的是，localField 字段的值为_id，而不是原来 books 集合中的 book_id 字段，这是因为通过$group 步骤操作后，向管道后面步骤输出的文档记录已发生改变，只包含_id 和 total 两个字段。

$lookup 管道操作符的执行流程如图 4-3 所示。

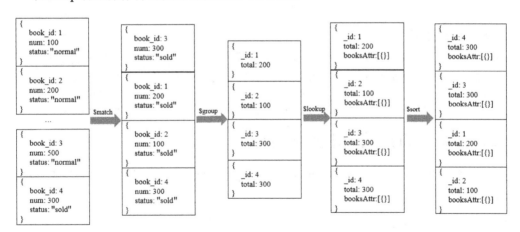

图 4-3 $lookup 管道操作符的执行流程

输出结果如下：

```
{ "_id":4, "total":300,"booksAttr":[ { "_id" : 4, "type_id" : 4, "type_name" : "sports" } ] },
{ "_id":3,"total":300,"booksAttr":[ { "_id" : 3, "type_id" : 3, "type_name" :
```

```
"music" } ] },
{ "_id":1,"total":200,"booksAttr":[{ "_id" : 1, "type_id" : 1, "type_name" : "science" } ] },
{"_id":2,"total":100,"booksAttr":[ { "_id" : 2, "type_id" : 2, "type_name" : "human" } ] }
```

可以看到，通过上述 4 个步骤后，默认将文档记录的所有字段都关联了，而且关联的所有文档记录构成一个数组，并将数组的值赋给 as 选项指定的字段名 booksAttr。

4.2.4 $project 投射

针对上面的实例，如果只返回关联的 type_name 字段，则可以添加一个 $project 管道操作符，语句如下：

```
> db.books.aggregate([
{$match:{status:"sold"}},
{$group:{_id:"$book_id",total:{$sum:"$num"}}},
{$lookup:{from:"booksAttr",localField:"_id",foreignField:"type_id",as:"booksAttr"}},
{$project:{"total":1,"booksAttr.type_name":1}},
{$sort:{total:-1}}
])
```

输出结果如下：

```
{ "_id" : 3, "total" : 300, "booksAttr" : [ { "type_name" : "music" } ] }
{ "_id" : 4, "total" : 300, "booksAttr" : [ { "type_name" : "sports" } ] }
{ "_id" : 1, "total" : 200, "booksAttr" : [ { "type_name" : "science" } ] }
{ "_id" : 2, "total" : 100, "booksAttr" : [ { "type_name" : "human" } ] }
```

4.2.5 $out 将结果输出到新集合

$out 管道操作符必须是管道中的最后一个操作步骤，对上面实例的输出结果继续执行如下语句：

```
> db.books.aggregate([
{$match:{status:"sold"}},
{$group:{_id:"$book_id",total:{$sum:"$num"}}},
{$lookup:{from:"booksAttr",localField:"_id",foreignField:"type_id",as:"booksAttr"}},
{$project:{"total":1,"booksAttr.type_name":1}},
{$sort:{total:-1}},
{$out:"bookSold"}
```

])

将结果输出到集合 bookSold，如果该集合不存在则创建一个，如果该集合存在则覆盖集合中的数据。

4.2.6 MongoDB 聚集操作语句与 SQL 语句的比较

前文介绍了由各种管道操作符构成的 MongoDB 聚集操作语句，现在与关系型数据库中常见的 SQL 语句进行比较，如表 4-1 所示。

表 4-1 MongoDB 聚集操作语句与 SQL 语句的比较

MongoDB 聚集操作语句	SQL 语句
db.books.aggregate([{$group:{_id:null,count:{$sum:1}}}])	Select count(*) as count from books
db.books.aggregate([{$group:{_id:null,total:{$sum:"$num"}}}])	Select sum(num) as total from books
db.books.aggregate([{$group:{_id:"$book_id",total:{$sum:"$num"}}}])	Select book_id, sum(num) as total from books group by book_id
db.books.aggregate([{$group:{_id:{book_id:"$book_id",status:"$status"},total:{$sum:"$num"}}}])	Select book_id, status, sum(num) as total from books group by book_id,status
db.books.aggregate([{$group:{_id:"$book_id",count:{$sum:1}}}, {$match:{count:{$gt:1}}}])	Select book_id count(*) from books group by book_id having count(*) >1

4.3 MapReduce编程

MongoDB 也提供了当前流行的 MapReduce 并行编程模型，为海量数据的查询分析提供了一种有效方法，利用 MongoDB 进行分布式存储，再利用 MapReduce 进行分析，MapReduce 操作流程如图 4-4 所示。

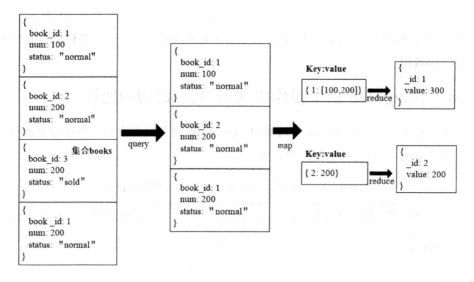

图 4-4 MapReduce 操作流程

语句如下：

```
db.books.mapReduce (
     function(){
emit ( this.boo_id,this.num) ;
},
     function(key, values){
         return Array.sum( values )
},
     {
         query: { status: "normal" },
         outresult: "books_totals"
}
)
```

上面的需求是要统计出每种类型的图书的销售总数量。

在传统关系型数据库中的 SQL 语句如下：

```
select sum(num) as value, book_id as _id
from books where status = "normal" group by book_id;
```

接下来看一看使用 MapReduce 方式是如何解决上述问题的。

首先定义一个 map() 函数，语句如下：

```
function(){
```

```
emit ( this.boo_id,this.num) ;
}
```

其次定义一个 reduce() 函数，语句如下：

```
function(key, values){
        return Array.sum( values )
},
```

最后在集合上执行 mapReduce() 函数，语句如下：

```
db.books.mapReduce (
    function(){
emit ( this.boo_id,this.num) ;
},
    function(key, values){
        return Array.sum( values )
},
    {
        query: { status: "normal" },
        outresult: "books_totals"
}
)
```

这里有一个查询过滤条件 query: { status: "normal" }，返回状态为 normal 的 book，同时定义了保存结果的集合名，最后的输出结果将保存在集合 books_totals 中。

执行如下语句：

```
> db.books_totals.find()
```

输出结果如下：

```
{ "_id" : 1, "value" : 300 }
{ "_id" : 2, "value" : 200 }
```

这里 map()、reduce() 函数都是利用 JavaScript 编写的函数，其中，map() 函数的关键部分是 emit(key, value) 函数，此函数的调用使集合中的 document 对象按照 key 值生成一个 value，形成一个"键-值"对。key 可以是单个 filed，也可以由多个 filed 组成。MongoDB 会按照 key 生成对应的 value 值，value 为一个数组。

reduce() 函数的定义中有参数 key 和 values，key 就是 map() 函数中指定的 key 值，values 就是对应 key 的值，Array.sum(values) 是对数组中的值求和，按照不同的业务需要，用户可以编写相应的 JavaScript 函数来处理。

与管道聚集框架相比，MapReduce 编程更加灵活，但编写相应的函数更复杂，因此在基于 MongoDB 的数据分析过程中还是优先推荐使用管道聚集框架。

4.4 小结

本章主要介绍 MongoDB 支持的更加复杂的聚集操作，包括单个集合中的基础聚集函数、管道聚集框架和 MapReduce 编程；描述了各种 MongoDB 聚集操作语句与常用的 SQL 语句的映射，在以 MongoDB 为大数据存储基础的实际大数据分析场景中，优先推荐使用强大且易用的管道聚集框架。

第 2 篇
深入理解 MongoDB

本篇主要介绍关于 MongoDB 的高阶内容。作为领先的 NoSQL，为了支撑更多的需求场景，MongoDB 的功能也在不断完善。

从早期支持大吞吐量读/写操作的 MMAPv1 存储引擎，到引入支持高并发操作的 WiredTiger 存储引擎，以及对事务功能的持续演进，MongoDB 不仅保留了最初的架构优势，同时又汲取了其他数据库的优点。

本篇包含的关键知识如下。

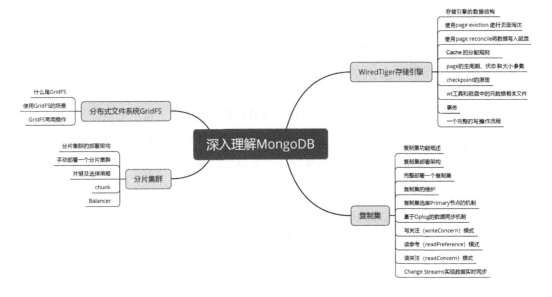

第 5 章
WiredTiger 存储引擎

从 MongoDB 3.0 版本开始采用插件式的接口模式以支持多种存储引擎，因此允许第三方开发自己的存储引擎，其中，最引人注意的是引入了 WiredTiger 存储引擎，并且从 MongoDB 3.2 版本开始，将 WiredTiger 作为默认的存储引擎启动，其架构如图 5-1 所示。

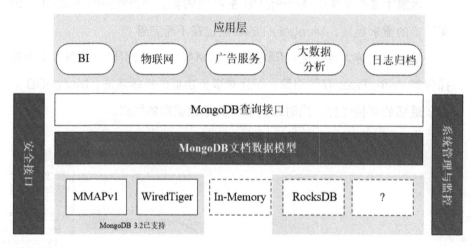

图 5-1　插件式存储引擎架构

插件式存储引擎架构的引入使 MongoDB 能够更加容易扩展新的特性，并针对不同的应用场景选择不同的存储引擎，最优化使用各种不同的硬件架构。

当用户需要高性能的内存数据库时可以选择 In-Memory 存储引擎，当用户需要类似关系型数据库那样支持更细粒度的锁，以及支持更高并发的查询时可以选择 WiredTiger 或 RocksDB 存储引擎。其中，RocksDB 是由 Facebook 基于 LevelDB 开发的开源 KV 存储引擎。

所有这些底层的存储引擎对应用程序来说都是透明的，应用程序开发者都将使用相同的文档模型和查询 API。

注意：从 Mongo DB 4.2 版本开始，早期自带的 MMAPv1 存储引擎将不再可用。

5.1 存储引擎的数据结构

存储引擎要做的事情是将磁盘上的数据读到内存并返回给应用，或者将由应用修改的数据从内存写入磁盘。如何设计一种高效的数据结构和算法是所有存储引擎要考虑的根本问题，目前大多数流行的存储引擎都是基于 B-Tree 或 LSM（Log Structured Merge）-Tree 这两种数据结构设计的。

Oracle、SQL Server、DB2、MySQL（InnoDB）和 PostgreSQL 等传统的关系型数据库依赖的底层存储引擎都是基于 B-Tree 开发的；而 Cassandra、ElasticSearch（Lucene）、Google Bigtable、Apache HBase、LevelDB 和 RocksDB 等当前比较流行的 NoSQL 数据库存储引擎都是基于 LSM-Tree 开发的。当然有些数据库采用了插件式的存储引擎架构，实现了 Server 层和存储引擎层的解耦，可以支持多种存储引擎，如 MySQL 既可以支持 B-Tree 数据结构的 InnoDB 存储引擎，又可以支持 LSM-Tree 数据结构的 RocksDB 存储引擎。

对于 MongoDB 来说，也采用了插件式存储引擎架构，底层的 WiredTiger 存储引擎还可以支持 B-Tree 和 LSM-Tree 两种数据结构组织数据，但 MongoDB 在使用 WiredTiger 作为存储引擎时，目前的默认配置是使用 B-Tree 数据结构。

本章将以 B-Tree 为核心，分析 MongoDB 是如何将文档数据在磁盘和内存之间进行调度的，以及 WiredTiger 存储引擎的其他高级特性。

5.1.1 典型的 B-Tree 数据结构

B-Tree 是为磁盘或其他辅助存储设备设计的一种数据结构，目的是在查找数据的过程中减少磁盘 I/O 的次数，一个典型的 B-Tree 数据结构如图 5-2 所示。

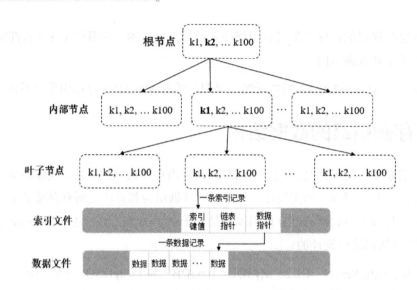

图 5-2　一个典型的 B-Tree 数据结构

在整个 B-Tree 中，从上往下依次为根节点（root page）、内部节点和叶子节点（leaf page），每个节点就是一个 page，数据以 page 为单位在内存和磁盘之间进行调度，每个 page 的大小决定了相应节点的分支数量，每条索引记录会包含一个数据指针，该指针指向一条数据记录所在文件的偏移量。

在图 5-2 中，假设每个节点有 100 个分支，那么所有叶子节点合起来可以包含 100 万个键值（100×100×100=1,000,000）。在通常情况下，根节点和内部节点的 page 会驻留在内存中，所以查找一条数据可能只需执行两次磁盘 I/O。但随着不断地插入和删除数据，会涉及 B-Tree 节点的分裂、位置提升及合并等操作，因此维护一个 B-Tree 的平衡也是比较耗时的。

5.1.2　磁盘中的基础数据结构

对于 WiredTiger 存储引擎来说，集合所在的数据文件和相应的索引文件都是按 B-Tree 数据结构来组织的，不同之处在于数据文件对应的 B-Tree 叶子节点上除了存储键名（key）外，还会存储真正的集合数据（value），所以数据文件的存储结构也可以被认为是一种 B+Tree 结构，其结构如图 5-3 所示。

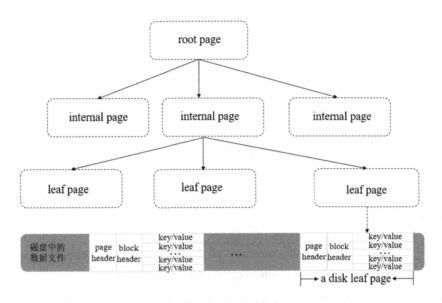

图 5-3 WiredTiger 数据文件在磁盘上的存储结构

从图 5-3 中可以看到，B+ Tree 结构中的 leaf page 包含一个页头（page header）、块头（block header）和真正的数据（key/value）。其中，页头定义了页的类型、页中实际载荷数据的大小、页中记录条数等信息；块头定义了此页的 checksum、块在磁盘上的寻址位置等信息。

WiredTiger 有一个块设备管理的模块，用来为 page 分配 block。如果想要定位某一行数据（key/value）的位置，则可以首先通过 block 的位置找到此 page（相对于文件起始位置的偏移量），再通过 page 找到行数据的相对位置，最后可以得到行数据相对于文件起始位置的偏移量（offset）。由于 offset 是一个 8 字节的变量，所以 WiredTiger 磁盘文件的最大值可以为 2^{64}bit。

5.1.3 内存中的基础数据结构

WiredTiger 会按需求将磁盘中的数据以 page 为单位加载到内存，同时在内存中会构造相应的 B-Tree 结构来存储这些数据。为了高效地支撑 CRUD 等操作及将内存中发生变化的数据持久化到磁盘上，WiredTiger 也会在内存中维护其他几种数据结构，如图 5-4 所示。

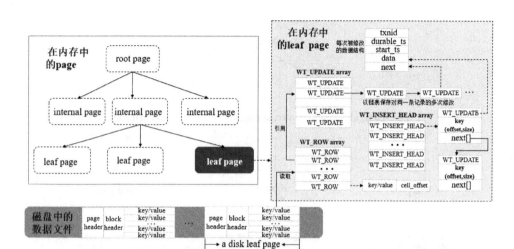

图 5-4　WiredTiger 在内存中的数据结构

图 5-4 是 WiredTiger 在内存中的数据结构，通过图 5-4 可以梳理清楚存储引擎是如何将数据加载到内存，然后通过相应数据结构支持查询、插入、修改操作的。

（1）内存中的 B-Tree 结构包含 3 种类型的 page，即 root page、internal page 和 leaf page。前两者包含指向其子页的 page index 指针，不包含集合中的真正数据（key/value），leaf page 包含集合中的真正数据（key/value）和指向父页的 home 指针。

（2）内存中的 leaf page 会维护一个 WT_ROW 结构的数组变量，将保存从磁盘 leaf page 读取的 key/value 值，每一条记录都有一个 cell_offset 变量，该变量表示这条记录在 page 上的偏移量。

（3）内存中的 leaf page 会维护一个 WT_UPDATE 结构的数组变量，每条被修改的记录都会有一个数组元素与之相对应，如果某条记录被多次修改，则会将所有修改值以链表形式保存。

（4）内存中的 leaf page 会维护一个 WT_INSERT_HEAD 结构的数组变量，具体插入的 data 会保存在 WT_INSERT_HEAD 结构的 WT_UPDATE 属性上，且通过 key 属性的 offset 和 size 可以计算出此条记录要插入的位置；同时，为了提高寻找插入位置的效率，每个 WT_INSERT_HEAD 结构的数组变量以跳转链表的形式构成。

图 5-5 所示为一个跳转链表的示意图。

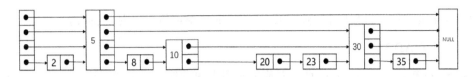

图 5-5　跳转链表的示意图

假设现在插入一个数据 16，插入后的示意图如图 5-6 所示。

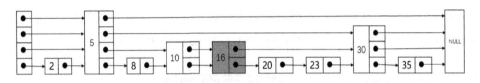

图 5-6　在跳转链表中插入一个数据 16 后的示意图

如果是一个普通的链表，则在寻找合适的插入位置时，需要经过"开始节点->2->5->8->10->20"的比较。对于跳转链表来说只需经过"开始节点->5->10->20"的比较。可以看到，利用跳转链表比在普通链表上寻找插入位置时需要的步骤少，所以，通过跳转链表的数据结构能够提高插入操作的效率。

5.1.4　page 的其他数据结构

对于一个面向行存储的 leaf page 来说，其包含的数据结构除了上文提到的 WT_ROW（key/value）、WT_UPDATE（修改数据）、WT_INSERT_HEAD（插入数据），还有以下几种重要的数据结构。

（1）WT_PAGE_MODIFY。

WT_PAGE_MODIFY 用于保存 page 上事务、脏数据字节大小等与 page 修改相关的信息。

（2）read_gen。

当 page 中的 read generation 值作为 evict page 使用时，对应 page 在 LRU 队列中的位置，决定 page 被 evict server 选中淘汰出去的先后顺序。

（3）WT_PAGE_LOOKASIDE。

page 关联的 lookaside table 数据。当对一个 page 进行 reconcile 时，如果系统中还有之前的读操作正在访问此 page 中修改的数据，则会将这些数据保存到 lookaside table；

当再次读 page 时，可以利用 lookaside table 中的数据重新构建内存 page。

（4）WT_ADDR。

当 page 被成功 reconciled 后，对应的磁盘上块的地址，会按照这个地址将 page 写入磁盘，块是磁盘上文件的最小分配单元，一个 page 可能有多个块。

（5）checksum。

page 的校验和，如果 page 从磁盘读到内存后没有任何修改，比较 checksum 可以得到相等结果，那么后续 reconcile 该 page 时不会将 page 再重新写入磁盘。

5.2 使用 page eviction 进行页面淘汰

当内存中的"脏页"（"脏"page）达到一定比例或内存使用量达到一定比例时，就会触发相应的 evict page 线程以将 page（包含"干净"的 page 和"脏"的 page）按一定的算法（LRU 队列）淘汰，以便有足够的内存空间，从而保障了后面新的插入或修改等操作。

触发 page eviction 的条件由以下几种参数控制，如表 5-1 所示。

表 5-1 触发 page eviction 条件的几种参数控制

参数名称	默认配置值	说明
eviction_target	80%	当内存使用量达到 80% 时，触发 work thread 淘汰 page
eviction_trigger	90%	当内存使用量达到 90% 时，触发 application thread 和 work thread 淘汰 page
eviction_dirty_target	5%	当"脏数据"所占内存比例达到 5% 时，触发 work thread 淘汰 page
eviction_dirty_trigger	20%	当"脏数据"所占内存比例达到 20% 时，触发 application thread 和 work thread 淘汰 page

第 1 种情况：当内存使用量达到 eviction_target 设定值时（默认配置值为 80%），会触发后台线程执行 page eviction；如果内存使用量继续增长，达到 eviction_trigger 设定值时（默认配置值为 90%），则应用线程支撑的读/写操作等请求被阻塞，应用线程也参与到页面的淘汰中，以加速淘汰内存中的 page。

第 2 种情况：当内存中的"脏数据"达到 eviction_dirty_target 设定值时（默认配置值为 5%），会触发后台线程执行 page eviction；如果"脏数据"继续增长，达到 eviction_dirty_trigger 设定值（默认配置值为 20%），则同时会触发应用线程来执行 page eviction。

还有一种特殊情况：当在 page 上不断进行插入或更新操作时，如果 page 中的内容占用内存的空间大于系统设定的最大值（memory_page_max），则会强制触发 page eviction。首先通过将大的 page 拆分为多个小的 page，再通过 reconcile 将这些小的 page 保存到磁盘上，一旦 reconcile 写入磁盘的操作完成，这些 page 就能从内存中淘汰出去，从而为后面更多的写入操作保留足够的内存空间。

在默认情况下，WiredTiger 只使用一个后台线程来完成 page eviction，为了提高 page eviction 的性能，可以通过 threads_min 和 threads_max 设定 evict server 启动的后台线程数量。通过设定合理值，加速页面淘汰，从而避免因淘汰不及时导致应用线程也被迫加入淘汰的任务中，造成应用线程对其他正常请求操作的阻塞。

在淘汰一个 page 时，会首先锁住这个 page，再检查这个 page 中是否有其他线程还在使用（判断是否有 hazard point 指针指向它），如果有则不会淘汰这个 page。

5.3 使用page reconcile将数据写入磁盘

数据从磁盘 page 加载到内存后被查询和修改，被修改的数据和新插入的数据也需要从内存写入磁盘以进行保存，WiredTiger 实现了一个 reconcile 模块来完成将内存中修改的数据生成相应磁盘映像（与磁盘中的 page 格式匹配），再将这些磁盘映像写入磁盘的操作。

本书 5.2 节介绍了系统触发 page eviction 的时机，其实在将页面淘汰之前，我们需要首先通过 reconcile 动作将内存中发生修改的 page 生成磁盘映像并写入磁盘。

evict 动作会触发对脏页的 reconclation，将内存 leaf page 中新插入和修改的数据写入磁盘的流程如图 5-7 所示。

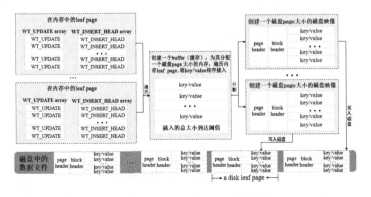

图 5-7　将内存 leaf page 中新插入和修改的数据写入磁盘的流程

首先，在内存中的 leaf page 中修改和新插入的数据会分别保存在 WT_UPDATE 和 WT_INSERT_HEAD 两个数组中。

然后，创建一个 buffer（缓存），为其分配一个磁盘 page 大小的内存，遍历内存 leaf page 中所有插入数组和修改数组上的 key/value，将这些数据依次复制到 buffer 中并进行排序。

如果所有复制的数据所占内存空间不超过一个磁盘 page 的大小，则会直接将这些数据写入一页磁盘映像 page 中，再写入磁盘。

如果在复制的过程中发现数据占用的内存空间会超过一个磁盘 page 的大小，则会将数据分割成多个磁盘映像，每个磁盘映像对应一个磁盘 page，复制完数据之后，将所有磁盘映像写入磁盘。

注意：磁盘映像可以理解为将内存中的 page 上的数据按磁盘 page 格式打包，并为其分配待写入的在磁盘文件上的位置。

5.4　Cache的分配规则

当 WiredTiger 启动时会向操作系统申请一部分内存以供自己使用，这部分内存被称为 Internal Cache。如果在主机上只运行 MongoDB 相关的服务进程，则剩余的内存可以作为文件系统的缓存（File System Cache）并由操作系统负责管理。整个内存的使用情况如图 5-8 所示。

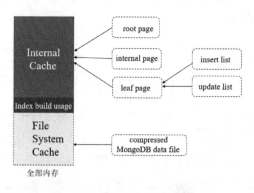

图 5-8　整个内存的使用情况

当 MongoDB 启动时，首先从整个主机内存中切出一大块来分给 WiredTiger 的

Internal Cache，以用于构建 B-Tree 中的各种 page，以及执行基于这些 page 的增加、删除、修改、查询等操作。

从 MongoDB 3.4 版本开始，Internal Cache 大小由以下规则决定：比较（RAM-1 GB）/2 和 256MB 的大小，取其中较大的值。例如，假设主机内存为 10GB，则 Internal Cache 取值为 4.5GB[（10GB-1GB）/2=4.5GB]；如果主机内存为 1.2GB，则 Internal Cache 取值为 256MB。

然后，从主机内存中再额外划分出一部分内存容量以供 MongoDB 创建索引专用，默认最大值为 500MB，这个规则适用于所有索引的创建，包括多个索引同时创建时。

最后，将主机剩余的内存容量（排除其他进程的使用）作为文件系统缓存，供 MongoDB 使用，这样 MongoDB 可以将压缩的磁盘文件也缓存到内存中，从而减少磁盘 I/O 次数。

为了节省磁盘空间，集合和索引在磁盘中的数据是被压缩的。在默认情况下，集合采取的是块压缩算法，索引采取的是前缀压缩算法。因此，同一份数据在磁盘、文件系统缓存和 Internal Cache 这 3 个位置的格式是不同的，如下描述。

（1）所有数据在文件系统缓存中的格式和在磁盘中的格式是相同的。将数据先加载到文件系统缓存，不但可以减少磁盘 I/O 次数，还能减少内存的占用。

（2）索引数据加载到 WiredTiger 的 Internal Cache 后，其格式与磁盘中的索引数据格式不同，但仍能利用其前缀压缩的特性（去掉索引字段上重复的前缀）减少对内存的占用。

（3）集合数据加载到 WiredTiger 的 Internal Cache 后，其数据必须解压后才能被各种操作使用，因此 Internal Cache 中的集合数据格式与磁盘和文件系统缓存中的集合数据格式不同。

5.5 page 的生命周期、状态和大小参数

通过前文介绍，我们了解到数据以 page 为单位加载到内存，内存中的数据又会生成各种不同类型的 page，并且为不同类型的 page 分配不同大小的内存，eviction 触发机制和 reconcile 动作都发生在 page 上，当 page 大小持续增加时会被分割成多个小的 page，

所有这些操作都是围绕一个 page 来完成的。

因此，系统要分析一页 page 的生命周期、状态及相关参数的配置，这对后续 MongoDB 的性能调优和故障问题的定位及解决有帮助。

5.5.1 page 的生命周期

page 的生命周期如图 5-9 所示。

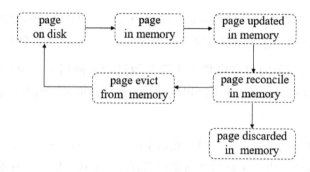

图 5-9 page 的生命周期

第一步：将 page 从磁盘读到内存。

第二步：在内存中修改 page。

第三步：被修改的"脏"page 在内存被 reconcile，完成后淘汰这些 page。

第四步：选中 page，将其加入淘汰队列，等待被 evict 线程淘汰出内存。

第五步：evict 线程会将"干净"的 page 直接从内存丢弃（因为相对于磁盘 page 来说没做任何修改），将经过 reconcile 处理后的磁盘映像写入磁盘再丢弃"脏"page。

page 的状态是在不断变化的，因此对于读操作来说，它首先会检查 page 的状态是否为 WT_REF_MEM，然后设置一个 hazard 指针指向要读的 page，如果刷新后，page 的状态仍为 WT_REF_MEM，则读操作才能继续处理。

与此同时，当 evict 线程想要淘汰 page 时，它会先锁住 page，即将 page 的状态设置为 WT_REF_LOCKED，然后检查 page 中是否有读操作设置的 hazard 指针。如果有该指针则说明还有线程正在读这个 page，停止 evict，并重新将 page 的状态设置为 WT_REF_MEM；如果没有该指针则 page 被淘汰。

5.5.2 page 的各种状态

针对一页 page 的每一种状态，详细说明如下。

（1）WT_REF_DISK：初始状态，page 在磁盘中的状态，必须被读到内存后才能使用，当 page 被 evict 后，状态也被设置为 WT_REF_DISK。

（2）WT_REF_DELETED：虽然 page 在磁盘中，但是已经被从内存 B-Tree 中删除。当不再需要读某个 leaf page 时，可以将其删除。

（3）WT_REF_LIMBO：page 的映像已经被加载到内存，但 page 上还有额外的修改数据在 lookaside table 上并没有被加载到内存。

（4）WT_REF_LOOKASIDE：虽然 page 在磁盘中，但是在 lookaside table 也有与此 page 相关的修改内容。在读 page 之前，也需要加载这部分内容。当对一个 page 进行 reconcile 时，如果系统中还有之前的读操作正在访问此 page 中修改的数据，则会将这些数据保存到 lookaside table；当再次读 page 时，可以利用 lookaside table 中的数据重新构建内存 page。

（5）WT_REF_LOCKED：当 page 被 evict 时，会将 page 锁住，使其他线程不可访问。

（6）WT_REF_MEM：page 已经从磁盘被读到内存，并且能正常访问。

（7）WT_REF_READING：page 正在被某个线程从磁盘读到内存，其他的读线程等待 page 被读完，不需要重复去读。

（8）WT_REF_SPLIT：当 page 变得过大时，会被 split，将 page 的状态设置为 WT_REF_SPLIT 后，原来指向的 page 不再被使用。

5.5.3 page 的大小参数

无论是将数据从磁盘读到内存，还是从内存写入磁盘，都是以 page 为单位调度的，但是在磁盘上一个 page 到底多大？是否是最小分割单元？内存中的各种 page 的大小对存储引擎的性能是否有影响？本节将围绕这些问题,分析与 page 大小相关的参数是如何影响存储引擎性能的。表 5-2 所示为 page 的参数名称及其说明。

表 5-2 page 的参数名称及其说明

参数名称	默认值	说明
allocation_size	4KB	磁盘中最小分配单元
memory_page_max	5MB	内存中允许的最大 page 值
internal_page_max	4KB	磁盘中允许的最大 internal page 值
leaf_page_max	32KB	磁盘中允许的最大 leaf page 值
internal_key_max	1/10×internal_page	internal page 中允许的最大 key 值
leaf_key_max	1/10×leaf_page	leaf page 中允许的最大 key 值
leaf_value_max	1/2×leaf_page	leaf page 中允许的最大 value 值
split_pct	75%	reconciled 的 page 的分割百分比

详细说明如下。

（1）allocation_size。

MongoDB 磁盘文件的最小分配单元（由 WiredTiger 自带的块管理模块来分配），一个 page 可以由一个或多个这样的单元组成；默认值是 4KB，与主机操作系统虚拟内存页的大小相等，在大多数场景下不需要修改这个值。

（2）memory_page_max。

WiredTiger 内存中的一个内存 page 随着不断执行插入、修改等操作，允许达到的最大值，默认值为 5MB。当一个内存 page 达到这个最大值时，将会被 split 成较小的内存 page 且通过 reconcile 将这些 page 写入磁盘 page，一旦完成写入磁盘，这些内存 page 将从内存中删除。

需要注意的是，split 和 reconcile 这两个动作都需要获得 page 的排他锁，使应用程序在此 page 中的其他写操作等待。因此，设置一个合理的最大值，对系统的性能也很关键。

如果值太大，虽然减小了 spilt 和 reconcile 发生的概率，但一旦发生这样的动作，持有排他锁的时间会较长，导致应用程序的插入或修改操作延迟增大。

如果值太小，虽然单次持有排他锁的时间会较短，但是会增加 spilt 和 reconcile 发生的概率。

（3）internal_page_max。

磁盘中运行的最大 internal page 值，默认值为 4KB。随着不断进行 reconcile，当 internal page 超过这个值时，会被 split 成多个 page。

这个值的大小会影响磁盘中 B-Tree 的深度和 internal page 中 key 的数量，如果值太大，则会增加 internal page 中 key 的数量，也会增加定位到正确 leaf page 的时间；如果值太小，则会增加 B-Tree 的深度，也会影响定位到正确 leaf page 的时间。

（4）leaf_page_max。

磁盘中允许的最大 leaf page 值，默认值为 32KB。随着不断进行 reconcile，当 leaf page 超过这个值时，会被 split 成多个 page。

这个值的大小会影响磁盘的 I/O 性能，因为从磁盘读取数据时，总是期望一次 I/O 能多读取一些数据，所以想把这个值调大；但是这个值太大，又会造成读/写放大，因为读出来的很多数据可能后续都用不上。

（5）internal_key_max。

internal page 中允许的最大 key 值，默认值为 internal page 初始值的 1/10。如果超过这个值，则会额外存储，导致读取 key 时需要额外的磁盘 I/O 次数。

（6）leaf_key_max。

leaf page 中允许的最大 key 值，默认值为 leaf page 初始值的 1/10。如果超过这个值，则会额外存储，从而导致读取 key 时需要额外的磁盘 I/O 次数。

（7）leaf_value_max。

leaf page 中允许的最大 value 值（保存真正的集合数据），默认值为 leaf page 初始值的 1/2。如果超过这个值，则会额外存储，从而导致读取 value 时需要额外的磁盘 I/O 次数。

（8）split_pct。

reconciled 的 page 的百分比，默认值为 75%。如果内存中 reconciled 的 page 能够写入一个单独的磁盘 page，则不会发生 spilt 动作，否则按照"该百分比值×最大允许的 page 值"分割 page。

5.6 checkpoint的原理

checkpoint 主要有两个目的：一个是将内存中发生修改的数据写入数据文件进行持久化保存，以确保数据一致性；另一个是实现数据库在某个时刻意外发生故障，从而在再次启动时,缩短数据库的恢复时间。WiredTiger 存储引擎中的 checkpoint 模块就是来实现这个功能的。

5.6.1　checkpoint 包含的关键信息

从本质上来说,checkpoint 相当于一个日志,记录了上次 checkpoint 后相关数据文件的变化。

一个 checkpoint 包含的关键信息如图 5-10 所示。

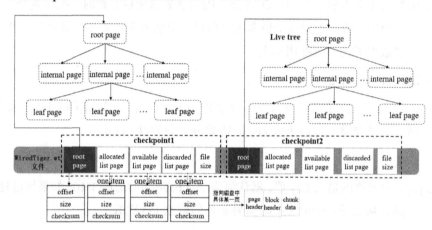

图 5-10　一个 checkpoint 包含的关键信息

每个 checkpoint 包含 1 个 root page、3 个列表(列表元素为位置指针,表示每一个 page 在磁盘中的具体位置)及磁盘文件的大小。

可以通过 WiredTiger 提供的 wt 工具(wt 工具需要单独编译,请参考本书 5.7 节 wt 工具的编译安装)查看每个 checkpoint 的具体信息。

例如,在 dbPath 指定的 data 目录下执行如下命令:

```
wt list -c
```

输出集合对应数据文件和索引文件的 checkpoint 信息,如数据文件 file:collection-7-16963667508695721.wt 的 checkpoint 信息:

```
WiredTigerCheckpoint.1: Sat Apr 11 08:35:59 2020 (size 8 KB)
     file-size: 16 KB, checkpoint-size: 4 KB
         offset, size, checksum
     root    : 8192, 4096, 3824871989 (0xe3faea35)
```

```
        alloc   : 12288, 4096, 4074814944 (0xf2e0bde0)
        discard : 0, 0, 0 (0)
        avail   : 0, 0, 0 (0)
```

如索引文件 file:index-8-16963667508695721.wt 的 checkpoint 信息：

```
WiredTigerCheckpoint.1: Sat Apr 11 08:35:59 2020 (size 8 KB)
    file-size: 16 KB, checkpoint-size: 4 KB
            offset, size, checksum
    root    : 8192, 4096, 997122142 (0x3b6ee05e)
    alloc   : 12288, 4096, 4074814944 (0xf2e0bde0)
    discard : 0, 0, 0 (0)
    avail   : 0, 0, 0 (0)
```

详细字段信息说明如下。

（1）root page：包含 root page 的大小（size）、在文件中的位置（offset）、校验和（checksum），当创建一个 checkpoint 时，会生成一个新 root page。

（2）allocated list page：用于记录最后一次 checkpoint 之后，在这次 checkpoint 执行时，由 WiredTiger 块管理器新分配的 page 记录每个新分配 page 的 size、offset 和 checksum。

（3）available list page：在执行这次 checkpoint 时，所有由 WiredTiger 块管理器分配的 page 还没有被使用；当删除一个之前创建的 checkpoint 时，它所附带的可用 page 将被合并到最新的 checkpoint 的可用列表上，也会记录每个可用 page 的 size、offset 和 checksum。

（4）discarded list page：用于记录最后一次 checkpoint 之后，在这次 checkpoint 执行时，丢弃不再使用的 page，并会记录每个丢弃 page 的 size、offset 和 checksum。

（5）file size：在这次 checkpoint 执行后，用于记录磁盘中数据文件的大小。

5.6.2 checkpoint 执行流程与触发时机

checkpoint 是数据库中一个比较消耗资源的操作，何时触发执行，以及以什么样的流程执行是本节主要介绍的内容。

1．执行流程

checkpoint 的执行流程如图 5-11 所示。

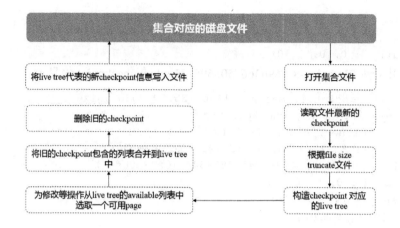

图 5-11　checkpoint 的执行流程

checkpoint 的执行流程说明如下。

（1）当查询集合数据时，会打开集合对应的文件并读取最新的 checkpoint 数据。

（2）按照 checkpoint 信息指定的大小（file size）truncate 文件，所以一旦系统发生意外故障，则在恢复时可能会丢失 checkpoint 之后的数据（如果没有开启 Journal）。

（3）在内存中构造一棵包含 root page 的 live tree，表示这是当前可以修改的 checkpoint 结构，用来跟踪后面写操作引起的文件变化；其他历史的 checkpoint 信息只能读且可以被删除。

（4）内存中的 page 随着执行增加、删除、修改、查询等操作之后，写入并需要分配新的磁盘 page 时，将会从 live tree 的 available 列表中选取可用的 page 供其使用。随后，这个新的 page 被加入 checkpoint 的 allocated 列表中。

（5）如果一个 checkpoint 被删除时，则它所包含的 allocated 和 discarded 两个列表信息会被合并到最新 checkpoint 对应的列表上；任何不再需要的磁盘 page，也会被引用添加到 live tree 的 available 列表中。

（6）当新的 checkpoint 生成时，会重新刷新 allocated、available、discard 共 3 个列表中的信息，并计算此时集合文件的大小，以及 root page 的位置、大小、checksum 等信息，将这些信息作为 checkpoint 元信息写入文件。

（7）生成的 checkpoint 默认名称为 WiredTigerCheckpoint，如果不明确指定其他名

称，则新的 checkpoint 会自动取代上一次生成的 checkpoint。

2．触发时机

通常有以下几种情况触发 checkpoint 执行。

（1）按一定时间周期：默认 60s 执行一次 checkpoint。

（2）按一定日志文件大小：当 Journal 日志文件大小达到 2GB（如果已开启）时，执行一次 checkpoint。

（3）任何打开的数据文件被修改后，在关闭时将自动执行一次 checkpoint。

注意：checkpoint 是一个相当重量级的操作，当对集合文件执行 checkpoint 时，会在文件上获得一个排他锁，其他需要等待此锁的操作，可能会出现 EBUSY 的错误。

5.7 wt工具和磁盘中的元数据相关文件

自从 MongoDB 切换到 WiredTiger 存储引擎后，默认生成的文件名称、格式及空间分配规则等与早期 MMAPv1 存储引擎有了很大不同。

为了更好地实施数据迁移、备份恢复及数据修复等工作，我们需要了解 WiredTiger 存储引擎在磁盘中生成的文件及其内容。

5.7.1 wt 工具

WiredTiger 生成的磁盘文件基本是二进制格式的，用户并不能直接使用编辑工具打开阅读，如果想要查看相关元数据（如 WiredTiger.wt 文件保存的 checkpoint 信息），则可以使用 WiredTiger 提供的 wt 工具来完成。

由于 MongoDB 发布时没有将此工具编译进来，所以用户需要自行下载 WiredTiger 的源码将 wt 工具编译出来，操作步骤如下。

（1）准备编译环境。

源码是基于 C 语言的，在主机上（ubuntu server）安装编译相关的包和工具，命令如下：

```
apt-get install autoconf automake libtool
```

（2）从 github 上下载源码。

源码是基于 C 语言的，在主机上安装编译相关的包和工具，命令如下：

```
cd /usr/local
git clone git://github.com/wiredtiger/wiredtiger.git
```

（3）运行 autogen.sh 生成自动编译的配置文件，命令如下：

```
cd wiredtiger
sh autogen.sh
```

（4）编译，命令如下：

```
cd wiredtiger
./configure && make
```

在编译过程中会使用 autoconf、automake、libtool 这 3 个标准工具，并确保前面步骤已经完成。

（5）安装命令如下：

```
make install
```

成功安装后，默认在/usr/local/bin 目录下生成一个 wt 工具，同时在/usr/local/lib 目录下有一个 libwiredtiger-3.2.1.so 动态链接库，运行 wt 工具时需要依赖这个库，所以需将这个库所在目录添加到环境变量中。

打开.bashrc 文件，执行如下命令：

```
vim .bashrc
```

添加如下命令：

```
export LD_LIBRARY_PATH=$LD_LIBRARY_PATH:/usr/local/lib
```

确保运行 wt 工具时能找到这个库。

wt 工具提供了非常丰富的命令，不仅包含 MongoDB 中的创建表、删除表、查询数据、性能统计及 dump 数据等命令，还提供了 MongoDB 没有的命令（如 salvage 命令，从损坏的表中恢复数据）。

5.7.2 元数据相关文件

当 WiredTiger 启动时，会生成数据文件、索引文件、存储 checkpoint 等信息的元文件、实现数据持久化和数据库恢复的事务日志文件及用于诊断分析的数据库运行日志文件。

下面将重点分析 daPath 参数指定的 data 目录下的文件和文件夹，这些文件是 MongoDB 启动运行时必需的核心文件，了解这些文件包含的内容有助用户更好地完成数据库迁移、修复及备份恢复等工作。

下面先看一下磁盘中生成的文件，如图 5-12 所示。

```
16384 Apr 11 10:09 collection-0-16963667508695721.wt
16384 Apr 11 10:09 collection-2-16963667508695721.wt
24576 Apr 11 10:09 collection-4-16963667508695721.wt
16384 Apr 11 10:09 collection-7-16963667508695721.wt
 4096 Apr 11 10:09 diagnostic.data/
16384 Apr 11 10:09 index-1-16963667508695721.wt
16384 Apr 11 10:09 index-3-16963667508695721.wt
24576 Apr 11 10:09 index-5-16963667508695721.wt
24576 Apr 11 10:09 index-6-16963667508695721.wt
16384 Apr 11 10:09 index-8-16963667508695721.wt
 4096 Apr 11 08:28 journal/
32768 Apr 11 10:09 _mdb_catalog.wt
    0 Apr 11 10:09 mongod.lock
36864 Apr 11 10:09 sizeStorer.wt
  114 Apr 11 08:28 storage.bson
   45 Apr 11 08:28 WiredTiger
 4096 Apr 11 11:22 WiredTigerLAS.wt
   21 Apr 11 08:28 WiredTiger.lock
 1179 Apr 11 11:22 WiredTiger.turtle
45056 Apr 11 11:22 WiredTiger.wt
```

图 5-12　磁盘中生成的文件

文件信息说明如下。

（1）collection-x--xxx.wt 和 index-x--xxx.wt 文件：这是数据库中集合所对应的数据文件和索引文件。

可以通过如下命令查看集合在磁盘中对应的索引文件和数据文件：

```
> db.account.stats({"indexDetails":true})
```

因输出的统计信息较多，现提取关键信息如下：

```
//对应磁盘上 account 集合的数据文件名称
"uri" : "statistics:table:collection-7-16963667508695721"
//对应磁盘上 account 集合的索引文件名称
"uri" : "statistics:table:index-8-16963667508695721"
```

注意：如果集合包含多个索引，则会有多个索引文件在磁盘中与之对应。

（2）WiredTiger.lock 文件：这是 WiredTiger 运行实例的锁文件，防止多个进程同时连接同一个 WiredTiger 实例。

例如，MongoDB 启动后，WiredTiger.lock 文件默认被当作一个应用连接到 WiredTiger（表示文件锁已被占用），当想执行其他 wt 命令时会报如下错误：

MongoDB 核心原理与实践

```
wiredtiger_open: __posix_file_lock, 391: ./WiredTiger.lock: handle-lock:
fcntl: Resource temporarily unavailable
wiredtiger_open: __conn_single, 1682: WiredTiger database is already being
managed by another process: Device or resource busy
```

（3）mongod.lock 文件：这是 MongoDB 启动后在磁盘中创建的一个与守护进程 mongod 相关的锁文件，这个文件会记录 mongod 在运行过程中的一些状态信息，当正常关闭 mongod 时，将清除 mongod.lock 文件中的内容。

如果 mongod.lock 文件的内容没有被清除，则说明 mongod 是非正常关闭的，可以通过 repair 命令进行修复，如下修复语句：

```
mongod --dbpath /data/db --repair
```

（4）storage.bson 文件：这是一个 BSON 格式的二进制文件，其内容与 WiredTiger 存储引擎的配置有关，可以通过 MongoDB 提供的 bsondump 命令查看其内容。

执行如下命令：

```
./bin/bsondump storage.bson
```

输出信息如下：

```
{"storage":{"engine":"wiredTiger","options":{"directoryPerDB":false,"dir
ectoryForIndexes":false,"groupCollections":false}}}
```

（5）sizeStorer.wt 文件：该文件中存储所有集合的容量信息，如集合中包含的文档记录数量、总数据大小。

注意：如果 MongoDB 数据库实例是非正常关闭的，则可能有插入、删除等操作修改的数据并没有持久化，因此集合中文档记录的数量和元数据文件 sizeStorer.wt 保存的记录数量可能不一致。

（6）_mdb_catalog.wt 文件：该文件中存储的是集合表名与磁盘中数据文件和索引文件之间的对应关系。这个映射关系也可以通过 db.account.stats({"indexDetails":true})命令获得。

（7）WiredTigerLAS.wt 文件：该文件中存储的是内存中 lookaside table 的持久化的数据。

当对一个 page 进行 reconcile 时，如果系统中还有之前的读操作正在访问此 page 上的修改数据，则会将这些数据保存到 lookaside table；当 page 再次被读时，可以利用此 lookaside table 中的数据重新构建内存 page。

（8）WiredTiger.wt 文件：该文件中存储的是所有集合（包含系统自带的集合）相关数据文件和索引文件的 checkpoint 信息。

（9）WiredTiger 文件：该文件中存储的是 WiredTiger 存储引擎的版本号、编译时间等信息。

（10）WiredTiger.turtle 文件：该文件中存储的是 WiredTiger.wt 文件的 checkpoint 信息，相当于对保存所有集合 checkpoint 信息的文件 WiredTiger.wt 又执行了一次 checkpoint。

（11）diagnostic.data 文件夹：该文件夹中存储的是 MongoDB 启动运行时的诊断数据。

（12）journal 文件夹：开启 Journal 日志功能后，该文件夹中存储的是 WAL（Write Ahead Log）事务日志，当数据库意外崩溃时，可以通过 log 命令恢复数据。

5.8 事务

自从 MongoDB 3.0 版本引入 WiredTiger 存储引擎之后开始支持事务，MongoDB 3.6 之前的版本只能支持单文档的事务，从 MongoDB 4.0 版本开始支持复制集部署模式下的事务，从 MongoDB 4.2 版本开始支持分片集群中的事务。MongoDB 事务的发展历程如图 5-13 所示。

图 5-13　MongoDB 事务的发展历程

事务是实现并发读/写操作的基本封装单元，MongoDB 的所有事务都在一个 session 中，且一个 session 可以包含多个事务，具体的读/写操作在开始事务和提交事务之间执行。

如下代码为一个典型的事务流程：

```
session = client.start_session()          //开启一个 session
session.start_transaction()               //在 session 内部，开启一个事务
inventory.insert_one({'_id': 4, 'model':'switch', 'count': 200},
session=session)
session.commit_transaction()              //提交事务
session.end_session()                     //结束 session
```

5.8.1 事务的基本原理

与关系型数据库一样，MongoDB 事务同样具有 ACID 特性，说明如下。

- 原子性（Automicity）：一个事务要么完全执行成功，要么不做任何改变。
- 一致性（Consistency）：当多个事务并行执行时，元素的属性在每个事务中保持一致。
- 隔离性（Isolation）：当多个事务同时执行时，互不影响。WiredTiger本身支持多种不同类型的隔离级别，如读-未提交（read-uncommitted）、读-已提交（read-committed）和快照（snapshot）隔离。MongoDB默认选择的是快照隔离。
- 持久性（Durability）：一旦提交事务，数据的更改就不会丢失。

在不同隔离级别下，一个事务的生命周期内，允许数据范围不一样，可能出现脏读、不可重复读、幻读等现象。

下面介绍这3种现象出现的场景与含义。

1. 脏读现象

例如，某款手机在数据库中的库存还有1部，客户A发起一个查询手机库存的事务，同时，客户B发起了一个购买手机的事务（但未提交事务），此时客户A读到手机库存为0部，认为售完了。但客户B突然不想购买这款手机了，于是回滚了此事务，手机库存又变为1部，客户A读到的手机库存为0部就是一个脏读数据，如图5-14所示。

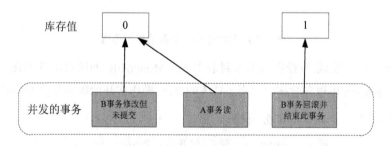

图 5-14　A事务脏读现象

2. 不可重复读现象

例如，某款手机在数据库中的库存还有1部，客户A发起一个查询手机库存的事务（事务还未完成），读到其值为1。同时，客户B发起了一个购买手机的事务（提交了事务），此时客户A再次查询手机库存，读到其值为0。客户A在同一个事务中读到的同一条记录的取值不一样，这种现象就是不可重复读，如图5-15所示。

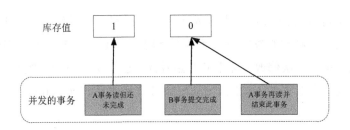

图 5-15　A 事务不可重复读现象

3. 幻读现象

例如，某款手机在数据库中的库存还有 1 部，客户 A 发起一个购买手机的事务（事务还未完成），读到其值为 1。同时，管理员 B 发起了一个增加 1 部手机的事务（提交了事务），此时客户 A 再次查询手机库存，读到其值为 1（有新增数据）。客户 A 在同一个事务中本来应该读到的库存值为 0，认为手机已经售完，但发现库存中还有 1 部手机，客户 A 两次读到的数据集不一样，这种现象就是幻读，如图 5-16 所示。

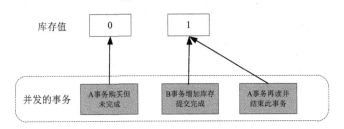

图 5-16　A 事务幻读现象

注意：幻读现象和不可重复读现象比较类似，都是两次读到不一样的值。区别是前者再次读取时发现数据集不一样（集合中多了一条记录），后者是指同一条记录的相同字段的两次读取不一样。

数据库在每种隔离级别下可能出现的上述 3 种现象的分析如下。

（1）读-未提交（read-uncommitted）隔离：表示 A 事务运行过程中能看到被 B 事务修改但 B 事务还未提交的数据，因此可能出现脏读、不可重复读、幻读 3 种现象。

（2）读-已提交（read-committed）隔离：表示 A 事务运行过程中能看到被 B 事务修改但 B 事务已提交的数据，这种隔离级别下的事务可以避免出现脏读，但是可能出现不可重复读现象和幻读现象。

（3）快照（snapshot）隔离：表示 A 事务运行过程中能看到在 A 事务开始之前且已完成提交的其他事务修改的数据和 A 事务开始时其他还未提交的事务修改的数据（行版本标识同一条数据的多次修改，A 事务开始时读取已提交事务的行版本号，A 事务运行过程中能读取同一条数据的不同版本），A 事务开始之后其他事务再提交的修改数据是看不到的。

因此，快照隔离不会出现脏读现象和不可重复读现象，但可能出现幻读现象。

5.8.2 与事务相关的数据结构

事务在内存中也会维护相应的数据结构以支撑事务的并发、回滚、持久化等操作，与事务相关的数据结构如图 5-17 所示。

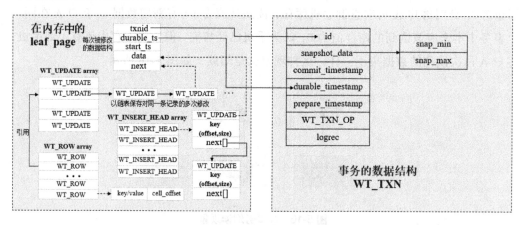

图 5-17 与事务相关的数据结构

图 5-17 中的左则是一个 leaf page 在内存的数据结构，放在这是为了更好地看到内存中的修改操作与事务的关系，关于这个 leaf page 数据结构的详细说明可参考本书 5.1.3 节，本节主要介绍事务的数据结构，即 WT_TXN，详细说明如下。

（1）id 字段：这是事务的全局唯一标识，通过分析它与具体的操作关联，就能够知道一个事务包含哪些操作。

（2）snapshot_data 字段：MongoDB 使用的是快照隔离级别的事务，这个字段用于保存事务的快照信息，具体来说它会有 snap_min 和 snap_max 两个属性，通过这两个属性能够计算一个事务开始时的数据范围，每个事务开始时都会构造一个这样的快照。

（3）commit_timestamp 字段：表示事务提交的时间。

（4）durable_timestamp 字段：表示事务修改的数据已持久化的时间，与具体操作中的 durable_ts 字段关联。

（5）prepare_timestamp 字段：表示事务开始准备的时间。

（6）WT_TXN_OP 字段：包含事务的修改操作，用于事务回滚和生成事务日志（Journal）。

（7）logrec 字段：表示事务日志的缓存，用于在内存中保存事务日志（对于 MongoDB 来说 Journal 日志就是事务日志）。

5.8.3 事务的 snapshot 隔离

WiredTiger 存储引擎本身是可以支持 read-uncommitted、read-committed 和 snapshot 共 3 种事务隔离级别的，每种隔离级别对数据库都会产生影响（参考本书 5.8.1 节），MongoDB 启动时默认选择的是 snapshot 隔离。

事务开始时，系统会创建一个快照，从已提交的事务中获取行版本数据，如果行版本数据标识的事务尚未提交，则从更早的事务中获取已提交的行版本数据作为其事务开始时的值。

通过事务可以看到其他还未提交的事务修改的行版本数据，但不会看到事务 id 大于 snap_max 的事务修改的数据。

快照数据的获取流程如图 5-18 所示。

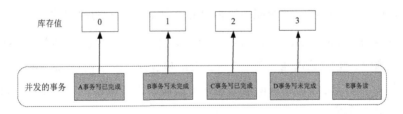

图 5-18　快照数据的获取流程

假设图 5-18 中的 5 个事务对同一条记录进行操作，E 事务开始时，生成的快照数据包含 B、D 两个未完成的事务，同时获取离它最近且完成了的 C 事务修改后的值作为事务开始时的取值，即 2。

如果 E 事务为写事务，对库存值进行修改，则会进行冲突检测，以防止对过期数据的修改，保证数据的一致性（如 D 事务在 E 事务提交之前完成，行版本已发生变化，若 E 事务还要进行修改，则提交时会产生冲突）。

下面通过一段代码加深对快照隔离级别事务的认识：

```
session1 = client.start_session()         //开启一个session
session1.start_transaction()              //在 session 内部，开启一个事务
inventory.insert_one({'_id': 4, 'model':'switch', 'count': 200}, session=session)
doc1 = inventory.find_one({'_id': 4}, session=session1)
pprint.pprint(doc1)
doc2 = inventory.find_one({'_id': 4})
pprint.pprint(doc2)
session1.commit_transaction()             //提交事务
doc3 = inventory.find_one({'_id': 4})
pprint.pprint(doc3)
session1.end_session()                    //结束 session
```

任何事务都是封装在一个 session 中进行的。

- doc1=inventory.find_one({'_id': 4}, session=session1)语句：通过参数显示指定在 session1 内部查询，和前面的插入操作在同一个事务中，因此可以访问前面插入的数据。

- doc2 = inventory.find_one({'_id': 4})语句：没有指定 session 参数，不在 session1 的范围内，会隐式地开启另一个 session 和事务，由于前面 session1 中的事务还没有提交，所以在它的快照范围内是看不到前面插入的数据的。

- doc3 = inventory.find_one({'_id': 4})语句：没有指定 session 参数，不在 session1 的范围内，也会隐式地开启一个 session 和事务，由于前面 session1 中的事务已经提交，所以它的快照数据范围包含了前面插入的数据，从而可以看到最新插入已提交的数据。

5.8.4　MVCC 并发控制机制

要实现事务之间的并发操作，可以使用锁机制或 MVCC 控制等。对于 WiredTiger 来说，使用 MVCC 控制来实现并发操作，相较于其他锁机制的并发，MVCC 实现的是

一种乐观并发机制，因此它较轻量级。

MVCC 是在内存中维护一个多版本的行数据的（参考本书 5.1.3 节 leaf page 上的 WT_UPDATE 结构），也就是说它会将多个写操作，针对同一行记录的修改以不同行版本号的形式保存下来，从而实现事务的并发操作。

图 5-19 所示为 MVCC 并发控制机制。

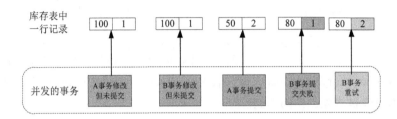

图 5-19　MVCC 并发控制机制

详细说明如下。

（1）A 事务首先从表中读取要修改的行数据，读取的库存值为 100，行记录的版本号为 1。

（2）B 事务也从中读取要修改的相同行数据，读取的库存值为 100，行记录的版本号为 1。

（3）A 事务修改库存值后提交，同时行记录版本号加 1，变为 2，大于 A 事物一开始读取行记录版本号 1，A 事务可以提交。

（4）但 B 事务提交时发现此时行记录版本号已经变为 2，产生冲突，B 事务提交失败。

（5）B 事务尝试重新提交，此时再次读取的版本号为 2，加 1 后版本号变为 3，不会产生冲突，正常提交 B 事务。

下面再通过一段代码来分析事务的并发与冲突。

```
session1 = client.start_session()         //开启一个 session1
session1.start_transaction()              //在 session1 中开启一个事务 1
inventory.delete_one({'_id':4}, session=session1)
doc1 = inventory.find_one({'_id': 4},session=session1)
pprint.pprint(doc1)                       //输出 none，说明在事务中已经删除
```

```
session2 = client.start_session()        //开启一个 session2
session2.start_transaction()             //在 session2 中开启一个事务 2
inventory.delete_one({'_id':4}, session=session2)   //执行产生事务冲突

session1.abort_transaction()                        //终止事务 1
session1.end_session()                              //结束 session1
session2.abort_transaction()                        //终止事务 2
session2.end_session()                              //结束 session2

doc2 = inventory.find_one({'_id': 4})    //隐式开启第 3 个 session 和事务
pprint.pprint(doc2)                      //在事务外可以找到,说明事务 1 被终止后回滚了
```

- doc1 = inventory.find_one({'_id': 4},session=session1)语句:在 session1 内部查询,数据已经被删除,访问不到。
- inventory.delete_one({'_id':4}, session=session2)语句:两个未提交的事务(session1 和 session2 中的删除操作),同时修改相同的文档记录会产生冲突。

5.8.5 事务日志(Journal)

Journal 是一种 WAL(Write Ahead Log)事务日志,目的是实现事务提交层面的数据持久化,与前文介绍的 checkpoint 实现持久化的机制不同。

checkpoint 针对的是内存中已经发生修改的数据,将其先通过 reconciliation 操作(参考本书 5.3 节)写入磁盘文件,实现修改数据的落盘后,再将数据文件发生的变化保存到 checkpoint 元数据文件(WiredTiger.wt 文件)。

Journal 持久化的对象不是修改的数据,而是修改的动作,以日志形式先保存到事务日志缓存中,再根据相应的配置按一定的周期,将缓存中的日志数据写入日志文件中。

事务日志落盘的规则如下。

(1)按时间周期落盘。

在默认情况下,以 50 毫秒为周期,将内存中的事务日志同步到磁盘中的日志文件。

(2)提交写操作时强制同步落盘。

当设置写操作的写关注为 j:true 时,强制将此写操作的事务日志同步到磁盘中的日志文件。

（3）事务日志文件的大小达到 100MB。

由于 Journal 日志文件的大小默认限制为 100MB，当达到 100MB 时，会创建一个新的 Journal 日志文件，同时，WiredTiger 也会将内存中的事务日志强制写入磁盘中的日志文件。

如果不开启 Journal 日志功能，只通过 checkpoint 实现数据持久化，则可能会出现两次 checkpoint 间的修改数据丢失。因为当数据库意外故障恢复时，首先查找最近的 checkpoint 信息，根据 checkpoint 信息中指定的文件大小将数据文件删除，这样文件中就有一部分数据会丢失。

如果开启了 Journal 日志功能，则由于这部分数据的修改操作已经记录在日志文件中，即使在数据文件中被删除，当完成 checkpoint 操作的恢复后，可以再利用 Journal 日志文件中记录的操作来完成剩下的数据恢复。如果 Journal 日志还在内存中没有写入磁盘（即上面 3 种条件下的日志同步都没有发生），则数据库发生意外故障时，这部分写操作的数据可能会丢失。

5.9　一个完整的写操作流程

通过前文介绍，我们知道了 WiredTiger 存储引擎内部的数据结构、checkpoint 的执行流程及事务的关键特性，结合这些认识，再介绍一个完整的写操作流程。

一个完整的写操作流程如图 5-20 所示。

第一步：在一个 session 中开启一个事务，同时构造一个 snapshot 的结构，作为本次事务执行过程中能够看到的快照数据。

第二步：将写操相关的事务日志

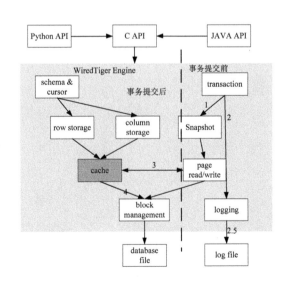

图 5-20　一个完整的写操作流程

写入日志缓存（cache）中，再提交事务，如果发生错误则回滚事务；事务日志按照设定的规则持续从内存刷到磁盘，图 5-20 中的 log file 就是事务日志文件。

第三步：写操作修改的数据在缓存中以特定的数据结构被保存起来。

第四步：当缓存中的内存使用量或脏数据的比例达到一定条件时，会触发页面淘汰动作，从淘汰队列中按优先级选取包含修改数据的内存 page 写入相应的磁盘 page 中。同时，在这个过程中，会先通过 reconcile 线程将修改的数据构造成磁盘映像格式，再写入磁盘，然后，删除内存脏页以释放占用的内存。

第五步：当真正将数据 page 从内存写入磁盘上时，会调用 WiredTiger 的 block management 模块提供的接口完成，同时压缩数据。

5.10 小结

本章主要介绍 WiredTiger 存储引擎，本着知其然必知其所以然的原则，通过分析源代码，介绍了存储引擎的数据结构、使用 page eviction 进行页面淘汰、使用 page reconcile 将数据写入磁盘等。希望通过以点带面的介绍方式，使读者形成一个完整的知识体系，有助其处理 MongoDB 的开发、调优和故障。

第 6 章
复制集

复制集或副本集通过多份冗余的数据，实现数据库的高可用性。任何生产环境中的部署都需要考虑数据库的故障自动恢复、异地多数据中心的数据同步、数据一致性、读/写分离和实时同步等功能。

复制集既是实现这些功能的基础，也是将数据库的部署从单节点扩展到集群部署的桥梁。

6.1 复制集功能概述

MongoDB 原生支持复制集，它通过内部的 Oplog 操作日志实现节点之间的数据同步功能，如图 6-1 所示。

图 6-1 通过 Oplog 操作日志实现节点之间的数据同步

数据库总会遇到各种失败的场景，如网络连接断开、断电等情况，本书第 5 章介绍的 Journal 和 checkpoint 功能实现了数据持久化和数据库故障恢复。

MongoDB 复制集包含多个节点，复制集的每个节点除了保障自身数据一致、可靠，复制集还能通过自动选举 Primary 节点的机制保障集群的故障自动恢复和数据库的高可用性。

MongoDB 复制集通过"读参考"实现读/写分离，可以就近读取数据中心的副本数据；通过"写关注"确保客户端发起的写操作能在多个副本节点上成功写入；通过"读关注"确保客户端读取最新版本的数据。

MongoDB 复制集是通过 Oplog 操作日志实现不同节点之间数据同步的，但由于这种同步是异步的，因此会出现延迟。为了满足实时数据同步的需求场景，MongoDB 额外提供了一种 Change Streams 功能。

MongoDB 复制集是组成更大分片集群的基础单元，在一个海量数据存储的分片集群中，每一个分片都是一个独立的复制集。

以上是 MongoDB 复制集具备的核心功能，后面小节将详细介绍这些功能的工作原理。

6.2 复制集部署架构

MongoDB 复制集包含多个节点，最多可达到 50 个节点，每个节点在复制集中扮演不同角色。有的节点可被选举为 Primary 节点，支持读/写操作；有的节点不参与选举，只保留一份数据的副本，专门用来支持读请求、数据备份和报表统计等操作；有的节点不保留任何副本数据，只在选举时起作用，参与从其他节点中选举出一个 Primary 节点。

6.2.1 典型的三节点复制集部署架构

在实际生产环境中，一个典型的 MongoDB 复制集最少包含 3 个节点，如图 6-2 所示。

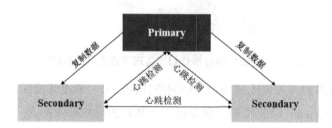

图 6-2 MongoDB 中的复制集节点

MongoDB 复制集中包含两种类型的节点，即 1 个 Primary 节点和 2 个 Secondary 节点，每个节点运行一个完整的 mongod 实例，该实例具有关于 MongoDB 的所有功能和存储引擎特性。

Secondary 节点从 Primary 节点异步复制数据，因此 Secondary 节点中保存的数据相较于 Primary 节点中保存的数据可能有延迟。

所有节点之间每隔 2 秒发送一个 ping 命令进行心跳检测，如果超过 10 秒不能获取对方节点的响应消息，则认为对方节点在复制集中已掉线，成为不可访问的节点。

如果 Primary 节点掉线，则会触发复制集内部的选举，至于选举哪个节点成为新的 Primary 节点，以及怎么选举将在本书后面章节中详细介绍。

针对上面部署架构的复制集，在默认情况下所有客户端发起的读/写操作都只发生在 Primary 节点上，如图 6-3 所示。

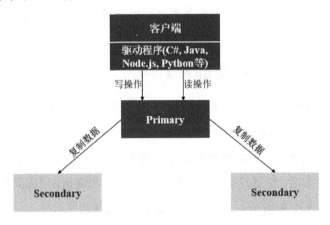

图 6-3　在默认情况下读/写操作都只发生在 Primary 节点上

如果 Primary 节点上的 mongod 实例发生故障或因网络连接等问题，导致客户端不能访问 Primary 节点，则驱动程序将等待一定时间后（默认是 30 秒）再重试一次由客户端发起的读/写操作。

如果 Primary 节点发生故障，则复制集必须在这个时间内选举出新的 Primary 节点。在默认情况下，通过心跳检测一旦发现 Primary 节点超过 10 秒不能访问，就会触发选举。

在某些部署场景下，为了节省主机的存储空间，并不需要所有的节点都保留一份副本数据，有些节点存在的目的只是完成选举的使命，我们称这种节点为 Arbiter 节点。图 6-4 所示为 Primary-Secondary-Arbiter 三节点复制集部署架构。

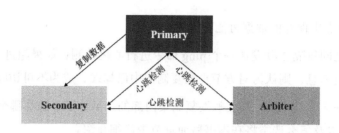

图 6-4　Primary-Secondary-Arbiter 三节点复制集部署架构

从图 6-4 中我们可以看到，Arbiter 节点并不会从 Primary 节点复制数据，它只参与所有节点之间的心跳检测。因此，实际部署时可以选择配置不是很高的主机作为 Arbiter 节点。

6.2.2　多数据中心复制集部署架构

在部署 MongoDB 复制集时，如果所有的节点都在一个数据中心，则当这个数据中心出现故障时，所有的节点都将不可访问。

为了避免出现这种情况，可以将节点分散部署在不同地理位置的数据中心；同时，我们还可以配置读参考，使客户端从就近的数据中心读取数据，以提高数据获取的速度。

图 6-5 所示为 3 个数据中心三节点的复制集部署架构。

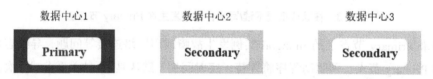

图 6-5　3 个数据中心三节点的复制集部署架构

其中，任何一个数据中心出现故障，其他两个数据中心仍然能支持客户端的读/写操作；如果同时两个数据中心出现故障，则系统不再支持写操作，只支持读操作。

每个数据中心还可以部署多个节点，那么当某个数据中心的节点出现故障后，恢复时能从相同数据中心的其他节点同步数据，这样就能避免从其他异地数据中心同步数据，从而可以加快节点的恢复速度。

图 6-6 所示为 3 个数据中心五节点的复制集部署架构。

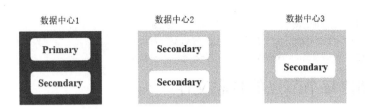

图 6-6　3 个数据中心五节点的复制集部署架构

在图 6-6 中，如果数据中心 1 中的 Secondary 节点发生故障，则待它重新加入复制集时，会从相同数据中心的 Primary 节点同步数据。

其中，任何一个数据中心出现故障，其他两个数据中心仍然能支持客户端的读/写操作；考虑到主机成本，可以将数据中心 2 中的某个 Secondary 节点替换为 Arbiter 节点。

6.3　完整部署一个复制集

为了更加深入地了解复制集中选举机制、节点添加和删除、数据异步和实时同步等方面的内容，下面首先部署一个由 1 个 Primary 节点和 2 个 Secondary 节点组成的复制集，然后在此复制集基础上进行相关介绍，部署架构如图 6-7 所示。

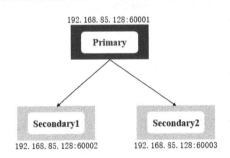

图 6-7　1 个 Primary 节点和 2 个 Secondary 节点组成的复制集部署架构

3 个节点都部署在同一台主机上，通过不同的端口进行区分。

6.3.1　创建每个节点上存储数据的目录

下载 MongoDB 二进制压缩包，分别解压到 /usr/local/mongodb-4.2-primary、/usr/local/mongodb-4.2-secondary1 和 /usr/local/mongodb-4.2-secondary2 共 3 个目录下，然后分别创建如下 3 个 data 目录：

```
mkdir /usr/local/mongodb-4.2-primary/data
mkdir /usr/local/mongodb-4.2-secondary1/data
mkdir /usr/local/mongodb-4.2-secondary2/data
```

6.3.2 创建每个节点的日志文件

在相应目录下，分别创建如下 3 个日志文件：

```
vim /usr/local/mongodb-4.2-primary/logs/123.log
vim /usr/local/mongodb-4.2- secondary1 /logs/123.log
vim /usr/local/mongodb-4.2- secondary2 /logs/123.log
```

6.3.3 创建每个节点启动时的配置文件

首先，创建 Primary 节点启动配置文件/usr/local/mongodb-4.2-primary /start.conf，内容如下：

```
storage:
   dbPath: /usr/local/mongodb-4.2-primary/data
   journal:
      enabled: true
systemLog:
   path: /usr/local/mongodb-4.2-primary/logs/123.log
   destination: file
net:
   port: 60001
   bindIp: localhost,192.168.85.128
replication:
   replSetName: rs0
```

其中，大部分参数配置与启动单实例时的 MongoDB 配置相同，唯一区别是 replication 参数的配置，这个参数是设置复制集的名称，用于标识该节点属于哪个复制集。

然后，创建 Secondary1 节点启动配置文件/usr/local/mongodb-4.2-secondary1/start.conf，内容如下：

```
storage:
   dbPath: /usr/local/mongodb-4.2-secondary1/data
   journal:
      enabled: true
systemLog:
```

```
    path: /usr/local/mongodb-4.2-secondary1/logs/123.log
    destination: file
net:
    port: 60002
    bindIp: localhost,192.168.85.128
replication:
    replSetName: rs0
```

Secondary1 与 Primary 节点的区别是监听端口不同。

最后，创建 Secondary2 节点启动配置文件/usr/local/mongodb-4.2-secondary2 /start.conf，内容如下：

```
storage:
    dbPath: /usr/local/mongodb-4.2-secondary2/data
    journal:
        enabled: true
systemLog:
    path: /usr/local/mongodb-4.2-secondary2/logs/123.log
    destination: file
net:
    port: 60003
    bindIp: localhost,192.168.85.128
replication:
    replSetName: rs0
```

Secondary2 节点监听 60003 端口。

6.3.4 启动每个节点上的 mongod 实例

切换到/usr/local 目录下依次执行如下命令，启动复制集中 3 个节点对应的 mongod 实例：

```
./mongodb-4.2-primary/bin/mongod --config ./mongodb-4.2-primary/start.conf
./mongodb-4.2-secondary1/bin/mongod  --config  ./mongodb-4.2-secondary1/start.conf
./mongodb-4.2-secondary2/bin/mongod  --config  ./mongodb-4.2-secondary2/start.conf
```

6.3.5 初始化复制集

通过 mongo 客户端，连接 Primary 节点中的 mongod 实例，执行如下命令：

```
>/usr/local/mongodb-4.2-primary/bin/mongo --port 60001
```

执行如下命令初始化复制集：

```
>rs.initiate ()
```

这时复制集还只有刚才这个初始化的节点，按照 MongoDB 的默认设置，刚才执行初始化命令的 mongod 实例将成为复制集中的 Primary 节点。

6.3.6 将其他节点添加到复制集

向复制集中添加 Secondary1 节点和 Secondary2 节点，继续连接 Primary 节点，执行如下命令：

```
rs0:PRIMARY> rs.add("192.168.85.128:60002")
{ "ok" : 1 }
rs0:PRIMARY> rs.add ("192.168.85.128:60003")
{ "ok" : 1 }
```

注意：此时命令的前缀变成 rs0:PRIMARY，说明当前执行命令的节点是复制集中的 Primary 节点，成功执行上述命令后，就会生成一个如图 6-7 所示的复制集。

6.3.7 观察复制集的运行状态

成功部署复制集后，在 Primary 节点上执行如下命令：

```
rs0:PRIMARY> rs.status()
```

输出当前时间点下复制集的状态信息，通过观察和分析相关字段的取值，可以深入了解复制集的运行状态，如节点之间的数据延迟、有哪些节点正常在线或哪些节点已经下线、每个节点在复制集中的状态身份、谁是 Primary 节点等信息，详细说明如下。

1. 基础信息

```
"set" : "rs0",         //复制集的名称
//在执行此命令时，当前 server 中的时间格式为"年-月-日 小时:分钟:秒.毫秒"
"date" : ISODate("2020-04-27T16:37:42.394Z"),
//当前节点的状态取值。0 表示 STARTUP 状态，节点还没有在复制集中激活，1 表示为 Primary
节点，2 表示为 Secondary 节点，3 表示 RECOVERING 状态，节点可能正在发生 rollback 或
resync，5 表示 STARTUP2 状态，节点已经加入复制集，正在运行初始化同步；6 表示 UNKNOWN
状态,节点的状态未知;7表示为Arbiter节点,8表示DOWN状态,节点不能被访问,9表示ROLLBACK
状态，节点正在执行 rollback；10 表示 REMOVED 状态，节点曾经是复制集中的成员，后来被删除
"myState" : 1,             "term" : NumberLong(42),    //选举发生的次数
"syncingTo" : "",
//表示同步数据时，如果源节点所在的主机本身为 Primary 节点，则取值为空
```

```
"syncSourceHost" : "",
```
//表示同步数据时,源节点的 ID 值对应后面输出结果中的 members[n]._id 字段,如果本身为 Primary 节点,则取值为-1
```
"syncSourceId" : -1,
```
//表示发送心跳检测的频率,时间间隔为 2000 毫秒
```
"heartbeatIntervalMillis" : NumberLong(2000),
```
//为了能够选举出一个新的 Primary 节点,需要大多数投票节点的具体数量
```
"majorityVoteCount" : 2,
```
//当设置写关注为 majority 时,等待写操作成功返回前,需要写入的大多数投票节点的具体数量
```
"writeMajorityCount" : 2,
```

2. 与操作日志相关的时间

```
"optimes" : {
        "lastCommittedOpTime" : {
```
            //从当前节点的角度来看,最近的且确认已写入 majority 个节点中的写操作时间戳
```
            "ts" : Timestamp(1588005459, 1),
            "t" : NumberLong(42) //含义同 term
        },
```
//含义同 lastCommittedOpTime,以"年-月-日 小时:分钟:秒.毫秒"格式显示时间
```
   "lastCommittedWallTime" : ISODate("2020-04-27T16:37:39.158Z"),
        "readConcernMajorityOpTime" : {
```
            //从当前节点的角度来看,将"读关注"设置为 majority,满足此读操作的最近写操作时间戳
```
            "ts" : Timestamp(1588005459, 1),
            "t" : NumberLong(42)
        },
```
//含义同 readConcernMajorityOpTime,以"年-月-日 小时:分钟:秒.毫秒"格式显示时间
```
"readConcernMajorityWallTime" : ISODate("2020-04-27T16:37:39.158Z"),
        "appliedOpTime" : {
```
            //从当前节点的角度来看,最近的且已提交的写操作时间戳
```
            "ts" : Timestamp(1588005459, 1),
            "t" : NumberLong(42)
        },
```
//从当前节点的角度来看,最近的且已将事务日志写入 Journal 的写操作时间戳
```
        "durableOpTime" : {
            "ts" : Timestamp(1588005459, 1),
            "t" : NumberLong(42)
        },
```
//含义同 appliedOpTime,以"年-月-日 小时:分钟:秒.毫秒"格式显示时间
```
        "lastAppliedWallTime" : ISODate("2020-04-27T16:37:39.158Z"),
```

```
            //含义同 durableOpTime,以"年-月-日 小时:分钟:秒.毫秒"格式显示时间
            "lastDurableWallTime" : ISODate("2020-04-27T16:37:39.158Z")
    },
    "lastStableRecoveryTimestamp" : Timestamp(1588005399, 1),
    //最近的且已持久化到磁盘文件中稳定的 checkpoint 时间戳
    "lastStableCheckpointTimestamp" : Timestamp(1588005399, 1),
```

3. 与选举相关的信息只在 Primary 节点中显示

```
"electionCandidateMetrics" : {   //与选举相关的信息,只在 Primary 节点中显示
        "lastElectionReason" : "electionTimeout",       //选举原因
        //选举日期和时间
        "lastElectionDate" : ISODate("2020-04-27T13:54:47.134Z"),
        "termAtElection" : NumberLong(42),               //选举次数
         //最近已提交到 majority 个节点的时间戳,在这个时间点调用选举动作
        "lastCommittedOpTimeAtElection" : {
                "ts" : Timestamp(1587570992, 1),
                "t" : NumberLong(41)
        },
        //节点中最近的已提交的写操作的时间戳,在这个时间点调用选举动作
        "lastSeenOpTimeAtElection" : {
                "ts" : Timestamp(1587995676, 1),
                "t" : NumberLong(41)
        },
        "numVotesNeeded" : 2,           //成功选举需要的投票数量
        "priorityAtElection" : 1,    //调用选举时节点的优先级
        //设置 Primary 节点不能被访问长达多少毫秒后触发选举,默认值是 10000 毫秒
        "electionTimeoutMillis" : NumberLong(10000),
        "numCatchUpOps" : NumberLong(91881232),
        "newTermStartDate" : ISODate("2020-04-27T13:54:47.190Z"),
        "wMajorityWriteAvailabilityDate" : ISODate("2020-04-27T13:54:47.
942Z")
},
```

4. 复制集中的节点信息

```
"members" : [
        {
                "_id" : 0,                              //节点的标识
                "name" : "192.168.85.128:60001",        //节点的名称
                "ip" : "192.168.85.128",                //节点的 IP 地址
                "health" : 1,     //节点是否在线,1 表示在线,0 表示下线
                "state" : 2,      //节点的状态值,含义同 myState 字段
```

```
            "stateStr" : "SECONDARY",  //状态值对应的字符串
            "uptime" : 9784,  //节点加入复制集的运行时长,单位为秒
            //在Oplog操作日志中,已应用且最新写操作对应的日志条目中的时间戳
            "optime" : {
                    "ts" : Timestamp(1588005459, 1),
                    "t" : NumberLong(42)
            },
//在Oplog操作日志中,已应用最新写操作且已将此写操作相关的事务日志写入Journal,
显示此写操作对应日志条目中的时间戳
            "optimeDurable" : {
                    "ts" : Timestamp(1588005459, 1),
                    "t" : NumberLong(42)
            },
"optimeDate" : ISODate("2020-04-27T16:37:39Z"),
"optimeDurableDate" : ISODate("2020-04-27T16:37:39Z"),
//执行rs.status()命令的节点向某个节点发送心跳检测后,收到此节点反馈的响应时间
"lastHeartbeat": ISODate("2020-04-27T16:37:41.715Z"),
//执行rs.status()命令的节点,收到由某个节点发送过来的最新心跳检测请求时间
"lastHeartbeatRecv" : ISODate("2020-04-27T16:37:41.535Z"),
      "pingMs" : NumberLong(0),
      "lastHeartbeatMessage" : "",
      "syncingTo" : "192.168.85.128:60003",
      //表示从哪个节点同步数据,即Primary节点的地址
      "syncSourceHost" : "192.168.85.128:60003",
      "syncSourceId" : 2,   //表示Primary节点的_id值
      "infoMessage" : "",
      "configVersion" : 3
    },
    {
            "_id" : 1,        //节点的标识
            "name" : "192.168.85.128:60002",
            "ip" : "192.168.85.128",
            "health" : 1,
            "state" : 2,
            "stateStr" : "SECONDARY",
            "uptime" : 9784,
            "optime" : {
                    "ts" : Timestamp(1588005459, 1),
                    "t" : NumberLong(42)
            },
            "optimeDurable" : {
```

```
            "ts" : Timestamp(1588005459, 1),
            "t" : NumberLong(42)
        },
        "optimeDate" : ISODate("2020-04-27T16:37:39Z"),
        "optimeDurableDate" : ISODate("2020-04-27T16:37:39Z"),
        "lastHeartbeat" : ISODate("2020-04-27T16:37:41.715Z"),
        "lastHeartbeatRecv" : ISODate("2020-04-27T16:37:41.778Z"),
        "pingMs" : NumberLong(0),
        "lastHeartbeatMessage" : "",
        "syncingTo" : "192.168.85.128:60003",
        "syncSourceHost" : "192.168.85.128:60003",
        "syncSourceId" : 2,
        "infoMessage" : "",
        "configVersion" : 3
    },
    {
        "_id" : 2,
        "name" : "192.168.85.128:60003",
        "ip" : "192.168.85.128",
        "health" : 1,
        "state" : 1,
        "stateStr" : "PRIMARY",
        "uptime" : 4331956,
        "optime" : {
            "ts" : Timestamp(1588005459, 1),
            "t" : NumberLong(42)
        },
        "optimeDate" : ISODate("2020-04-27T16:37:39Z"),
        "syncingTo" : "",
        //Primary 节点不需要指定同步数据的主机
        "syncSourceHost" : "",
        "syncSourceId" : -1, //对于 Primary 节点来说，默认值为-1
        "infoMessage" : "",
        //对于 Primary 节点来说，最近发生选举的时间戳
        "electionTime" : Timestamp(1587995687,1),
        "electionDate" : ISODate("2020-04-27T13:54:47Z"),
        "configVersion" : 3,
        "self" : true,    //表示执行当前 rs.status()命令所在的节点
        "lastHeartbeatMessage" : ""
    }
],
```

```
    "ok" : 1,                         //表示成功执行 rs.status()命令
    "$clusterTime" : {
        "clusterTime" : Timestamp(1588005459, 1),
        "signature" : {
            "hash" : BinData(0,"AAAAAAAAAAAAAAAAAAAAAAAAAAA="),
            "keyId" : NumberLong(0)
        }
    },
    //如果是写操作,则返回写操作对应的 Oplog 操作日志中的时间戳;如果是读操作且读关注设置
为"local",则取 Oplog 操作日志中最新日志条目的时间戳;如果是读操作且读关注设置为
"majority",则取 Oplog 操作日志中最新的写操作且写操作已经得到 majority 个节点确认后,
对应写操作日志条目在 Oplog 操作日志中的时间戳
    "operationTime" : Timestamp(1588005459, 1)
}
```

6.4 复制集的维护

复制集在运行的过程中,部署架构并非一成不变的。例如,为了提升复制集的读性能,可能需要添加新的节点;当复制集中大多数节点异常下线导致无法选举新的 Primary 节点时,可能需要重新配置复制集。

下面介绍复制集中常用的维护操作。

6.4.1 删除节点

首先,登录复制集中的 Primary 节点(删除命令默认只能在 Primary 节点中运行)。

然后,执行如下命令:

```
rs0:PRIMARY> rs.remove("192.168.85.128:60003")
```

成功执行上述命令后,再观察复制集中的节点信息,执行如下命令:

```
rs0:PRIMARY> rs.status().members
```

输出如下部分关键信息:

```
[
    {
        "_id" : 0,
        "name" : "192.168.85.128:60001",
        "health" : 1,
        "stateStr" : "SECONDARY",
```

```
        "optimeDate" : ISODate("2020-05-12T03:55:42Z"),
        "lastHeartbeat" : ISODate("2020-05-12T03:55:49.655Z"),
        "syncSourceHost" : "192.168.85.128:60002"
    },
    {
        "_id" : 1,
        "name" : "192.168.85.128:60002",
        "health" : 1,
        "stateStr" : "PRIMARY",

        "optimeDate" : ISODate("2020-05-12T03:55:42Z"),
        "electionTime" : Timestamp(1589254501, 1),
        "electionDate" : ISODate("2020-05-12T03:35:01Z")
    }
]
```

可以看到，节点"192.168.85.128:60003"已被从复制集中删除，其他节点正常工作，也没有重新选举 Primary 节点。

注意：从复制集中删除的节点，其所对应的 mongod 实例进程并没有中止，只是与复制集脱钩，暂时无法从 Primary 节点同步数据。

6.4.2 添加 Secondary 节点

在添加节点之前，可以先向集合中插入一条记录，执行如下命令：

```
rs0:PRIMARY>db.books.insert({"_id":9,    "book_id":    5,    "num":200,
"status":"normal"})
```

当添加节点后，观察数据是否自动同步。

将上面删除的节点重新添加到复制集，执行如下命令：

```
rs0:PRIMARY> rs.add("192.168.85.128:60003")
```

或

```
rs0:PRIMARY> rs.add({host:"192.168.85.128:60003"})
```

注意：上面添加的节点"192.168.85.128:60003"是已经在运行的 mongod 实例，如果没有运行，则首先启动它。

执行成功后，将添加包含如下信息的节点：

```
{
    "_id" : 2,
```

```
    "name" : "192.168.85.128:60003",
    "ip" : "192.168.85.128",
    "health" : 1,
    "state" : 2,
    "stateStr" : "SECONDARY",
    "uptime" : 2,
    "optimeDate" : ISODate("2020-05-12T04:48:31Z"),
    "syncSourceHost" : "192.168.85.128:60002"
}
```

通过与 Primary 节点上的 optimeDate 字段值进行比较,可以判断"192.168.85.128:60003"节点中的数据是否与 Primary 节点中的数据一致。

单独连接"192.168.85.128:60003"节点,检查前面插入的数据是否已自动同步过来。

首先,执行如下连接命令:

```
./mongodb-4.2-primary/bin/mongo --port 60003
```

然后,执行如下查询命令:

```
rs0:SECONDARY> db.books.find({"_id":9}).readPref("secondary")
```

输出结果如下,可以看到数据正确同步过来了:

```
{ "_id" : 9, "book_id" : 5, "num" : 200, "status" : "normal" }
```

复制集数据同步流程如图 6-8 所示。

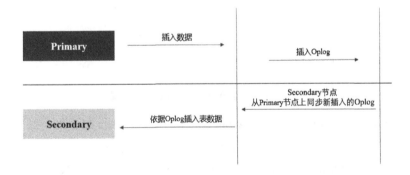

图 6-8　复制集数据同步流程

注意:由于在默认情况下,只能在 Primary 节点上进行读/写操作,所以上面的查询命令显示指定了读参考模式;添加的节点按照相应的启动配置文件正在运行,具体配置文件的内容参考本书 6.3.3 节。

6.4.3 添加 Arbiter 节点

在某些场景下，复制集中已经有了 1 个 Primary 节点和 1 个 Secondary 节点，如图 6-9 所示。

图 6-9　由 1 个 Primary 节点与 1 个 Secondary 节点构成的复制集

如果 Primary 节点出现故障，则不会将正常工作的 Secondary 节点选举为新的 Primary 节点。为了确保复制集在异常情况下能选举出新的 Primary 节点，复制集最少需要两个正常工作的投票节点（满足投票节点数占总节点数的比例为 majority 条件）。

同时，考虑到添加一个 Secondary 类型的节点，会占用额外的存储资源，因此可以向复制集中添加一个 Arbiter 类型的节点，该节点只参与选举，不会与 Primary 节点同步数据，如图 6-10 所示。

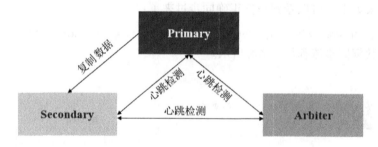

图 6-10　添加 Arbiter 节点后的复制集

首先连接 Primary 节点，再添加 Arbiter 类型的节点，执行如下命令：

```
rs0:PRIMARY> rs.addArb({host:"192.168.85.128:60005"})
```

注意：Arbiter 类型的节点也是一个独立运行的 mongod 实例，其启动配置文件的方法与启动普通 mongod 实例配置文件的方法相同，可以参考本书 6.3.3 节。

6.4.4 复制集的配置信息

本书 6.3 节部署的复制集，关于某个节点选举为 Primary 节点的优先级、是否参与投票、是否作为隐藏节点等信息使用的是默认配置，在复制集 Primary 节点中执行如下命令，可得到这些配置信息：

```
rs0:PRIMARY> rs.conf()
```

输出结果如下：

```
{
 "_id" : "rs0", //复制集的名称
 "version" : 6, //复制集配置信息的版本号，修改配置信息后，增加版本号
 "protocolVersion" : NumberLong(1), //复制集使用的协议版本号
 //表示当写关注设置为majority时，对写操作的确认需要考虑写操作对应的事务日志是否已经写
入Journal文件。默认值为true，true表示写操作的确认只需确保已经写入大多数投票节点中的
Journal文件；false表示写操作的确认只需确保已经完成写入大数据投票节点的内存
 "writeConcernMajorityJournalDefault" : true,
 "members" : [   //复制集节点的配置信息
        {
            "_id" : 0,      //节点的标识
            "host" : "192.168.85.128:60001", //节点对应的主机标识
            "arbiterOnly" : false,    //表示是否为Arbiter类型的节点
            //表示是否在此节点上创建索引，如果此节点只作为数据备份考虑，不需要支持
查询操作，则可以设置为false
            "buildIndexes" : true,
            //表示是否隐藏此节点，true表示隐藏节点，节点不再支持客户端的查询请求，
但可以用作备份或报表制作的数据源；隐藏的节点可以参与投票选举复制集的Primary节点
            "hidden" : false,
            //表示节点被选举为Primary节点的优先级，取值越大，就越有可能被选中，当
取值为0时，表示该节点不能被选举为Primary节点
            "priority" : 1,
            //给节点设置标签，从复制集中读取数据时，可以为读参考传入标签值，表示从特
定的节点读取数据
            "tags" : {
            },
            //设置节点中的数据相对于Primary节点的延迟秒数，延迟节点可用作过去一
段时间的数据备份
            "slaveDelay" : NumberLong(0),
            //在选举Primary节点时，节点的投票数取值为1或0，默认值为1。因为一
个复制集最多只能有7个投票节点，所以剩下的节点votes值可以设置为0，表示不参与投票选举
            "votes" : 1
        },
        {
            "_id" : 1,
            "host" : "192.168.85.128:60002",
            "arbiterOnly" : false,
```

```
                "buildIndexes" : true,
                "hidden" : false,
                "priority" : 1,
                "tags" : {

                },
                "slaveDelay" : NumberLong(0),
                "votes" : 1
        },
        {
                "_id" : 2,
                "host" : "192.168.85.128:60003",
                "arbiterOnly" : false,
                "buildIndexes" : true,
                "hidden" : false,
                "priority" : 1,
                "tags" : {

                },
                "slaveDelay" : NumberLong(0),
                "votes" : 1
        }
],
"settings" : {
        //当值为 true 时，表示允许从其他 Secondary 节点同步数据；当值为 false 时，表示只能从 Primary 节点同步数据
        "chainingAllowed" : true,
        //心跳检测发送的频率，默认为 2000 毫秒发送一次
        "heartbeatIntervalMillis" : 2000,
        //节点之间等待彼此发送心跳的时间，最长等待时间是 10 秒。如果超过 10 秒还没有发送心跳过来的节点，则认为此节点已下线
        "heartbeatTimeoutSecs" : 10,
        //允许复制集中 Primary 节点不可被访问的最大时长，超过 10000 毫秒将触发新的 Primary 节点的选举
        "electionTimeoutMillis" : 10000,
        //限制新选出来的 Primary 节点从其他节点同步数据所耗费的时长，默认值为-1，表示不受限制。如果在限定的时间内还没有同步完数据，则其他节点可能会发生回滚，即保证数据一致性。如果设置较大的追赶时间，则会导致故障恢复过程的持续时间较长
        "catchUpTimeoutMillis" : -1,
        //当 Primary 节点需要追赶某个节点中的数据时，等待了 30000 毫秒后还没有追赶上，则此节点会触发一个新的选举，使其成为新的 Primary 节点
        "catchUpTakeoverDelayMillis" : 30000,
        "getLastErrorModes" : { //配置自定义的写关注
```

```
        },
        "getLastErrorDefaults" : {
        //设置复制集的写关注，默认值为 1，表示写操作只需 Primary 节点确认即可
                "w" : 1,
                "wtimeout" : 0
        },
        //复制集在初始化时系统自动创建 ObjectId 标识
        "replicaSetId" : ObjectId("5dc1384441fc928a85140d24")
 }
}
```

6.4.5 重新配置复制集

上一节详细介绍了复制集的默认配置信息，对于正在运行的复制集，可以传入配置参数，重新配置复制集。

例如，修改节点的选举优先级、修改节点的 votes 值、设置节点的 tags 标签（实现读分离或就近读）、删除不再需要的节点，以及当复制集中大部分节点下线时（包括 Primary 节点），恢复复制集正常工作等需求，均可通过重新配置复制集来实现。

重新配置复制集的语法格式如下：

```
rs.reconfig(configuration, force)
```

- configuration 参数：文档类型，包含复制集的具体配置信息。
- force 参数：可选参数，文档类型，是否强制重新配置复制集，用于大多数节点不可访问时，重新使复制集恢复运行。

（1）通过 rs.reconfig() 命令修改节点优先级，强制将其变为 Primary 节点。

首先，连接复制集中的 Primary 节点。

其次，通过 rs.conf() 命令获取当前的配置并赋给变量 cfg，执行如下命令：

```
cfg = rs.conf();  //cfg 是文档类型
```

再次，基于当前配置信息，将第 2 个节点的 priority 的值修改为 2，执行如下命令：

```
cfg.members[1].priority = 2;
```

最后，将修改后的变量 cfg 重新提交，执行如下命令：

```
rs.reconfig(cfg);
```

重新执行 rs.conf().members[1] 命令，观察新的配置输出信息：

```
rs0:PRIMARY> rs.conf().members[1]
{
    "_id" : 1,
    "host" : "192.168.85.128:60002",
    "arbiterOnly" : false,
    "buildIndexes" : true,
    "hidden" : false,
    //优先级由默认的 1 变成了 2，触发选举，当前节点会变为新的 Primary 节点
    "priority" : 2,
    "tags" : {
    },
    "slaveDelay" : NumberLong(0),
    "votes" : 1
}
```

（2）通过 rs.reconfig() 命令强制重新配置，使复制集恢复正常。

在某些场景下，如果大多数节点都下线，则复制集无法自动选举新的 Primary 节点，如图 6-11 所示。

图 6-11　复制集中的大多数节点已下线

分布在 3 个数据中心的 9 个节点组成的复制集，有 6 个节点已经下线，还剩 1 个 Primary 节点、1 个 Secondary 节点和 1 个 Arbiter 节点，一旦 Primary 节点再发生故障，由于大多数投票节点都已经下线，系统将无法选出新的 Primary 节点，因此，也无法继续响应客户端的写操作。

可以通过如下步骤，强制重新配置复制集，使其恢复工作。

首先，连接任何仍在线的节点（可以不是 Primary 节点）。

其次，保存当前配置信息，执行如下命令：

```
cfg = rs.conf();
```

再次,从当前配置信息中挑选出仍在线的节点,执行如下命令:

```
cfg.members = [cfg.members[0] , cfg.members[1], cfg.members[2]] ;
```

最后,强制执行重新配置,命令如下:

```
rs.reconfig(cfg, {force : true});
```

执行成功后,复制集将从这些仍在线的节点中选举出一个新的 Primary 节点。

6.4.6 故障转移 Failover 分析

复制集故障转移的本质是,当 Primary 节点因为意外故障下线,导致其他节点连接超过 10 秒(由 electionTimeoutMillis 参数配置)都不能访问它时,系统就会触发选举以选举出一个新的 Primary 节点,如图 6-12 所示。

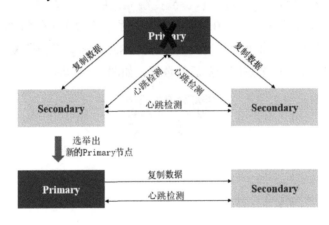

图 6-12 发生故障后系统自动选举出一个新的 Primary 节点

在选举过程中,复制集不能响应客户端的写操作请求,但如果配置了读参考,则 Secondary 节点还是能够继续服务客户端的查询操作的。

在通常情况下,从发现 Primary 节点下线到选举出新的 Primary 节点,耗时约为 12 秒。可以调整 electionTimeoutMillis 参数标记 Primary 节点下线的时间点,此参数的取值越小,就能越早发现并标记 Primary 节点下线,从而越早触发选举。

注意:有时可能因为网络延迟,尽管 Primary 节点在设定的时间内不能被访问,但它并没有真正下线,所以 electionTimeoutMillis 参数设置得越小,就越会频繁触发选举,反而影响性能(因为切换 Primary 节点可能会导致写操作回滚)。

从 MongoDB 3.6 版本开始，客户端应用的驱动检测到 Primary 节点连接丢失后，首先让客户端的请求等待一定时间（默认是 30 秒），设置 serverSelectionTimeoutMS 的参数，再重新尝试执行之前客户端发起的写操作。

由于复制集通常会在 12 秒左右选举出新的 Primary 节点，所以客户端并不会感知到数据库发生了 Primary 节点切换或下线，这种故障转移的机制对客户端应用来说是透明的。

MongoDB 4.2 版本驱动默认开启了 retryable 写操作设置，不需要额外配置。

MongoDB 4.0 版本和 MongoDB 3.6 版本需要在客户端连接到复制集的连接字符串上显示指定，如下使用 Python 驱动构造客户端 Client 对象时的连接字符串：

```
Client =MongoClient ('mongodb://192.168.85.128:60001,192.168.85.128:60002,192.168.85.128:60003/?replicaSet=rs0&retryWrites=true')
```

如果 Secondary 节点下线，则在这种场景下，系统不会选举新的 Primary 节点，原来的读/写操作流程仍然正常进行。当发生故障的 Secondary 节点恢复后，会自动通过 Oplog 操作日志从 Primary 节点同步落后的数据，如图 6-13 所示。

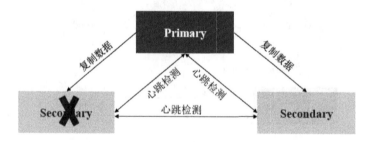

图 6-13　发生故障后系统不会发生选举

下面通过一段包含插入操作的 Python 脚本，模拟向复制集写入数据，当 Primary 节点发生故障后，观察插入的结果。

（1）当前正在运行的复制集节点信息如下：

```
> rs.status().members
[
    {
        "_id" : 0,
        "name" : "192.168.85.128:60001",
        "ip" : "192.168.85.128",
        "health" : 1,
```

```
            "state" : 1,
            "stateStr" : "PRIMARY",
                    ...
    },
    {
            "_id" : 1,
            "name" : "192.168.85.128:60002",
            "ip" : "192.168.85.128",
            "health" : 1,
            "state" : 2,
            "stateStr" : "SECONDARY",
                    ...
    },
    {
            "_id" : 2,
            "name" : "192.168.85.128:60003",
            "ip" : "192.168.85.128",
            "health" : 1,
            "state" : 2,
            "stateStr" : "SECONDARY",
                    ...
    }
]
```

可以看到，复制集中有 1 个 Primary 节点，2 个 Secondary 节点。

（2）客户端模拟插入的 Python 脚本，命令如下：

```
from pymongo import MongoClient
import pprint
client = MongoClient('mongodb://192.168.85.128:60001,192.168.85.128:60002,192.168.85.128:60003/?replicaSet=rs0')
db = client.crm
inventory = db.inventory
inventory.insert_one({'_id': 15, 'model':'switch', 'count': 500})
```

注意：Pymongo 是 Python 版本的 Mongo 驱动，可以使用 pip 命令安装。

（3）直接 kill 复制集中的 Primary 节点进程，模拟 Primary 节点下线，命令如下：

```
kill -9 1176
```

使用 ps -ef | grep mongo 命令查到当前 Primary 进程的 id 为 1176。

（4）运行上面的 Python 脚本，命令如下：

MongoDB 核心原理与实践

```
python3 testFailover.py
```

脚本正常运行,说明原来的 Primary 节点下线并没影响写入操作。

(5)通过 mongo 连接新的 Primary 节点:

```
./mongodb-4.2-primary/bin/mongo --port 60002
```

观察当前复制集中节点的状态信息,命令如下:

```
rs0:PRIMARY> rs.status().members
[
    {
        "_id" : 0,
        "name" : "192.168.85.128:60001",
        "ip" : "192.168.85.128",
        "health" : 0,
        "state" : 8,                          //表示节点不能被访问
        "stateStr" : "(not reachable/healthy)",
            ...
    },
    {
        "_id" : 1,
        "name" : "192.168.85.128:60002",
        "ip" : "192.168.85.128",
        "health" : 1,
        "state" : 1,
        "stateStr" : "PRIMARY",    //新的 Primary 节点
            ...
    },
    {
        "_id" : 2,
        "name" : "192.168.85.128:60003",
        "ip" : "192.168.85.128",
        "health" : 1,
        "state" : 2,
        "stateStr" : "SECONDARY",
            ...
    }
]
```

执行如下查询命令,验证数据是否插入成功:

```
> db.inventory.find({})
{ "_id" : 1, "model" : "SIM", "count" : 100 }
```

```
{ "_id" : 2, "model" : "Handset", "count" : 200 }
{ "_id" : 3, "model" : "phone", "count" : 219 }
{ "_id" : 4, "count" : 219, "model" : "phone" }
{ "_id" : 5, "model" : "phone", "count" : 319 }
{ "_id" : 15, "count" : 500, "model" : "switch" }
```

可以看到，返回的结果中有使用 Python 脚本插入的那条记录。

（6）恢复旧 Primary 节点，使其重新加入复制集，命令如下：

```
./mongodb-4.2-primary/bin/mongod --config ./mongodb-4.2-primary/start.conf &
```

再次观察当前复制集中节点的状态信息，命令如下：

```
rs0:PRIMARY> rs.status().members
```

可以看到，旧 Primary 节点的状态变为 SECONDARY，上面插入的那条记录也会同步过来。

因此，MongoDB 复制集中的这种故障转移机制是所有分布式系统都需要考虑的一种设计模式，我们不能完全保证系统或数据库在任何时候都在线运行，但通过副本冗余及自动切换，能保证系统或数据库的故障对客户端应用是透明的。

6.5 复制集选举Primary节点的机制

复制集选举的目的是从所有投票节点中选举出一个 Primary 节点，再由此 Primary 节点响应客户端的读/写操作。

并不是所有的节点都有机会成为 Primary 节点，选举的时机除了初始化复制集时会发生，也会在其他条件下触发。在某些极端情况下，复制集可能无法选出 Primary 节点，因此用户需要手动重新配置复制集。

6.5.1 复制集中的投票节点和非投票节点

由复制集节点的配置信息 members[n].votes 和复制集节点的状态信息 members[n].state 来决定一个节点是否为投票节点。图 6-14 所示为复制集节点，该复制集节点中包含 7 个投票节点和 2 个非投票节点。

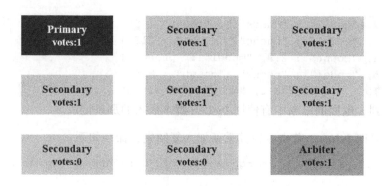

图 6-14　复制集节点

当节点的 members[n].votes 配置属性值为 1 且节点的状态 members[n].state 为下面所列状态对应的数值时才能参与投票，即为投票节点。

- PRIMARY：对应 state 值为 1。
- SECONDARY：对应 state 值为 2。
- STARTUP2：对应 state 值为 5，节点已经加入复制集，正运行初始化同步。
- RECOVERING：对应 state 值为 3，节点可能正在发生 rollback 或 resync。
- ARBITER：对应 state 值为 7。
- ROLLBACK：对应 state 值为 9。

当节点的 members[n].votes 配置属性值为 0 时，即为非投票节点。非投票节点不参与投票选举，它只是保存一份数据的备份，可供客户端读取。

注意：对于一个复制集来说，最多只能有 7 个投票节点，其他均为非投票节点，非投票节点除 members[n].votes 配置属性值设置为 0 外，其 members[n]. priority 配置属性值也需要设置为 0。

6.5.2　选举触发条件和选举为 Primary 节点的因素

触发复制集选举的 4 种条件如下。

- 将一个新节点添加到复制集。
- 初始化复制集。

- 重新配置复制集。
- 当 Primary 节点发生故障时。

影响 Secondary 节点被选举为 Primary 节点的主要因素是，节点的 priority 属性值取值越大，就越有可能被中；当取值为 0 时，表示该节点永远不会被选为 Primary 节点。

当前复制集的节点配置信息如下：

```
rs0:PRIMARY> rs.conf().members
[
  {
      "_id" : 0,
      "host" : "192.168.85.128:60001",
      "priority" : 2,
      "votes" : 1
          ...
  },
  {
      "_id" : 1,
      "host" : "192.168.85.128:60002",
      "priority" : 1,
      "votes" : 1
          ...
  },
  {
      "_id" : 2,
      "host" : "192.168.85.128:60003",
      "priority" : 3,
      "votes" : 1
          ...
  }
]
```

当前 Primary 节点为"_id" : 2，其 priority 属性值为 3。下面模拟此 Primary 节点下线，触发复制集的选举，观察其他哪个 Secondary 节点将成为新的 Primary 节点。

直接 kill 当前 Primary 节点对应的进程，模拟当前 Primary 节点下线，命令如下：

```
kill -9 1369
```

再次查看复制集节点的状态，命令如下：

```
rs0:PRIMARY> rs.status().members
[
```

```
{
    "_id" : 0,
    "name" : "192.168.85.128:60001",
    "ip" : "192.168.85.128",
    "health" : 1,
    "state" : 1,
    //它的优先级配置为2，高于"_id" : 1节点的优先级为1，所以被选举为新的Primary
节点
    "stateStr" : "PRIMARY",
        ...
},
{
    "_id" : 1,
    "name" : "192.168.85.128:60002",
    "ip" : "192.168.85.128",
    "health" : 1,
    "state" : 2,
    "stateStr" : "SECONDARY",
        ...
},
{
    "_id" : 2,
    "name" : "192.168.85.128:60003",
    "ip" : "192.168.85.128",
    "health" : 0,
    "state" : 8,
    "stateStr" : "(not reachable/healthy)",
        ...
}
]
```

6.5.3 复制集能正常完成选举的条件

在部署复制集时不仅要考虑集群的存储容量，还要考虑当某个节点或多个节点发生故障后，系统是否仍能支持客户端的读/写请求，也就是要考虑复制集架构的容错能力。

总体来说，为了保证复制集能正常选举，有以下几点需要注意。

（1）节点总数量和投票节点数量。

复制集中的节点总数量不能超过50个（在实际情况下，没有必要保存50份副本数据），具有投票资格的节点数量不能超过 7 个（太多反而影响选举 Primary 节点时的效率），如果已经有 7 个投票节点，则其他节点只能以非投票节点的身份加入复制集，非投票节点可以保留一份副本数据，专供客户端进行读请求，以从某种程度上缓解复制集读操作压力。

（2）确保大多数投票节点可用。

复制集具备故障容错能力的前提是，任何发生故障的时刻，数据库系统必须要有大多数投票节点存在，这样才能保证选举出新的 Primary 节点，否则数据库系统将无法继续响应客户端的写操作请求。

图 6-15 所示为 2 个数据中心 4 个节点的复制集部署架构。

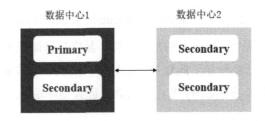

图 6-15　2 个数据中心 4 个节点的复制集部署架构

4 个节点都是投票节点，任何一个节点损坏（包括 Primary 节点），复制集还有 3 个节点可以互相访问，符合大多数投票节点在线的条件，因此能够选举出新的 Primary 节点继续为客户端的读/写请求服务。

如果 4 个节点中有 2 个节点损坏，如数据中心 1 和数据中心 2 之间的网络断开，则复制集中最多只能有 2 个节点可以互相访问，不满足大多数投票节点在线的条件，因此无法选举出新的 Primary 节点，数据库系统也就无法响应客户端的写操作请求，只能响应读操作请求。

为了避免出现上述这种无法选举的情况，可以在任意一个数据中心上添加 1 个 Arbiter 节点（只参与投票，不保存副本数据），如图 6-16 所示。

在图 6-16 中，如果数据中心 1 和数据中心 2 之间的网络断开，则仍有 3 个投票节点可

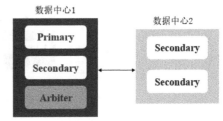

图 6-16　在数据中心 1 添加 1 个 Arbiter 节点

以互相访问，选举的结果还是原来数据中心 1 中的 Primary 节点。

我们也可以在数据中心 2 上添加 1 个 Arbiter 节点，如图 6-17 所示。

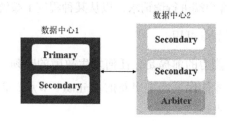

图 6-17　在数据中心 2 上添加 1 个 Arbiter 节点

选举的结果是，将数据中心 2 中的某个 Secondary 节点变为 Primary 节点。

总体来说，不管是几个数据中心的部署架构，都应该保证整个复制集中投票节点的数量尽量为奇数。如果已经添加了偶数个投票节点，则额外再添加 1 个 Arbiter 节点即可，这样能确保选举出新的 Primary 节点，从而保证数据库系统的容错能力。

6.6　基于Oplog的数据同步机制

复制集中的 Secondary 节点首先异步复制 Primary 节点中的 Oplog 操作日志，其次提取 Oplog 操作日志中的具体操作，然后将这些操作重新在 Secondary 节点上执行一遍。

MongoDB 通过这种 Oplog 操作日志同步模式，最终保证 Secondary 节点与 Primary 节点中的数据一致性。

复制节点之间通过 Oplog 复制实现数据同步的流程如图 6-18 所示。

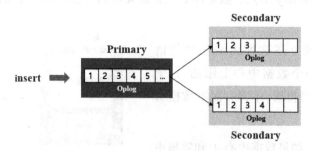

图 6-18　复制节点之间通过 Oplog 复制实现数据同步的流程

在图 6-18 中，当 insert 操作完成时，会首先在 Primary 节点上生成一条日志条目，Secondary 节点将该日志条目进行复制，然后基于此日志条目解析出相同的 insert 操作并执行。

注意：由于日志条目的复制会有延迟，节点之间的数据并不是实时同步的。

6.6.1 Oplog 集合包含的内容分析

Oplog 操作日志是实现复制集节点之间数据异步/同步的关键，MongoDB 利用一个名为 local.oplog.rs 的集合保存这些 Oplog 操作日志，承载数据的每个复制集节点都会有一个这样的集合。

local.oplog.rs 是一个在 local 数据库下固定大小的集合。也就是说，当分配给该集合的存储空间填满后，继续写入的日志条目会覆盖之前写入的日志条目。

下面向 inventory 集合中插入一条记录，观察 local.oplog.rs 集合中的记录变化并分析每一个字段的含义。

插入记录的语句如下：

```
> db.inventory.insertOne({ "_id" : 16, "count" : 600, "model" : "Computer"})
```

查询 local.oplog.rs 集合中的日志条目，获取最新日志条目的语句如下：

```
> db.oplog.rs.find({}).sort({ts:-1}).limit(10)
```

因为日志条目可能有很多，这里按时间戳字段降序排列并挑选出前 10 条记录，输出结果中会包含以下这条记录——表示上面向 inventory 集合中插入记录的操作日志，其相关字段的说明如下。

```
{
//通过日志条目中的 ts 字段，记录节点每一次写操作提交时间戳，与通过 rs.status().members
命令输出的节点状态信息中 optime 字段包含的 ts 含义相同，只不过节点上的 optime 展示的是最
新写操作提交的时间戳
//含义同 term，表示写操作发生时复制集累计发生的选举次数
  "ts": Timestamp(1589796241, 1),
  "t": NumberLong(62),
  "h": NumberLong(0),
  "v": 2,
//表示操作类型的取值，i 表示 insert 操作，其他取值，如 u 表示 update 操作，d 表示 delete
操作，n 表示不会引起数据变化的操作
  "op": "i",
```

MongoDB 核心原理与实践

```
//表示 op 字段所代表的操作发生在哪个数据库及哪个集合上
"ns": "crm.inventory",
"ui": UUID("0cbc8551-dc06-4d74-b3bf-cd35faf2377d"),
//含义同 ts 字段,以"年-月-日 小时:分钟:秒.毫秒"格式显示写操作发生的时间
"wall": ISODate("2020-05-18T10:04:01.901Z"),
//表示具体的操作动作,与 op 字段结合就可以构造出一个完整的写操作语句,通过执行该语句,
就能在其他节点上实现数据同步,保证数据的一致性
"o": {
    "_id": 16,
    "count": 600,
    "model": "Computer"
  }
}
```

6.6.2 Oplog 的默认大小及性能影响

复制集节点在启动时均会创建一个保存操作日志的集合 local.oplog.rs,由于此集合是一个固定大小类型的集合,因此系统会默认为其分配一定大小的存储空间。

对于运行在 Windows 或 UNIX 中的 WiredTiger 存储引擎,默认的 Oplog 大小等于"空闲的磁盘空间×5%",最小不能低于 990MB,最大不能超过 50GB。

为了查看 Oplog 的大小和相关信息,可以通过 mongo 实例连接复制集节点,然后执行如下命令:

```
> rs.printReplicationInfo()
```

输出信息如下:

```
configured oplog size:    990MB
log length start to end:  20458834secs (5683.01hrs)
oplog first event time:   Tue Nov 05 2019 00:54:46 GMT-0800 (PST)
oplog last event time:    Sun Jun 28 2020 20:55:20 GMT-0700 (PDT)
now:                      Sun Jun 28 2020 20:55:23 GMT-0700 (PDT)
```

查看当前实例所在主机的磁盘空间情况,执行如下命令:

```
df -h
```

输出信息如下:

```
Filesystem      Size    Used    Avail   Use%    Mounted on
udev            728MB   0       728MB   0%      /dev
tmpfs           150MB   16MB    134MB   11%     /run
/dev/sda1       14GB    9.0GB   4.1GB   69%     /
```

当节点实例初始启动时,"空闲的磁盘空间×5%"小于 990MB,所以 Oplog 的默认大小被设置为最小值 990MB。

此外,"log length start to end"表示 Oplog 能够承载多长时间范围内的操作日志,如上面实例 Oplog 可以承载时长为 5683.01 小时的操作日志。

在大多数情况下,采用系统默认分配的 Oplog 大小即可,Oplog 能够容纳所有写操作日志并确保及时复制到其他节点上(不会出现来不及复制的日志条目被后面写操作产生的日志覆盖的情况)。

有些写操作可能不会增加数据占用的实际磁盘空间,但会导致 Oplog 的快速增大,如以下 3 种写操作场景。

(1)一次 update 操作,涉及多条记录。

在将这个 update 的操作日志保存到 Oplog 集合之前,MongoDB 会为每一条涉及修改的记录生成一条日志条目,再将这些日志条目保存到 Oplog 中。

如下修改语句,会将 book_id 属性值等于 1 的所有记录进行修改:

```
> db.books.updateMany({"book_id":1},{$set:{"num":1000}})
```

成功执行修改操作后,通过以下语句查询生成的日志条目:

```
> db.oplog.rs.find({}).sort({ts:-1}).limit(5)
```

输出信息中包含如下日志条目:

```
{ "ts" : Timestamp(1593417312, 2), "t" : NumberLong(63), "h" : NumberLong(0),
"v" : 2, "op" : "u", "ns" : "crm.books", "ui" :
UUID("24ce8734-cabc-44c0-aa19-c494cd3b0d2b"), "o2" : { "_id" : 4 }, "wall" :
ISODate("2020-06-29T07:55:12.384Z"), "o" : { "$v" : 1, "$set" : { "num" :
1000 } } }

{ "ts" : Timestamp(1593417312, 1), "t" : NumberLong(63), "h" : NumberLong(0),
"v" : 2, "op" : "u", "ns" : "crm.books", "ui" :
UUID("24ce8734-cabc-44c0-aa19-c494cd3b0d2b"), "o2" : { "_id" : 1 }, "wall" :
ISODate("2020-06-29T07:55:12.384Z"), "o" : { "$v" : 1, "$set" : { "num" :
1000 } } }
```

可以看到,满足修改条件 book_id 属性值等于 1 的记录有两条,所以最终会拆分成两条修改操作日志写入 Oplog 集合中。

因此,如果一次 update 操作涉及多条记录,则会额外占用 Oplog 的存储空间。

（2）删除记录的数量约等于插入记录的数量。

在这种场景下，数据库占用的磁盘空间不会明显增加，但会产生大量的删除操作日志并被插入 Oplog 集合中，因此会导致 Oplog 空间被快速占用。

（3）大量的 In-Place 修改操作。

在这种场景下，不会改变记录的占用空间的大小，数据库占用的磁盘空间也不会改变，但会产生大量的修改操作日志并插入 Oplog 集合中，因此会导致 Oplog 占用的空间快速增加。

6.6.3 Oplog 集合大小的修改

当数据库处于高负载的插入、删除、修改等写操作场景下时，Oplog 日志条目会快速增加，如果 A 节点中日志数据的数量少于 Primary 节点中日志数据的数量，可能出现 Primary 节点上的操作日志还未被复制过去，就被新写入的操作日志覆盖，最终导致 A 节点中的数据与 Primary 节点中的数据不一致。

当出现以上情况时，可以适当修改 Oplog 集合的大小，使固定大小的 Oplog 集合能够一次性容纳更多写操作日志，以便 A 节点有足够的时间来完成操作日志同步。

关于 Oplog 集合大小的重新设置，需要遵循以下先后规则。

先完成 Secondary 节点中的 Oplog 集合大小修改，再完成 Primary 节点上的修改，具体修改步骤如下。

首先，通过 mongo 连接 Secondary 节点，命令如下：

```
./bin/mongo --port 60002
```

然后，查询当前 Secondary 节点中的 Oplog 集合大小（可选步骤），命令如下：

```
> use local
> db.oplog.rs.stats().maxSize
```

输出结果如下：

```
1038090240  //单位是字节，约等于 990MB
```

最后，切换到 admin 数据库，执行 replSetResizeOplog 命令完成修改：

```
> use admin
> db.adminCommand({replSetResizeOplog:1,size:1000})
```

注意：执行 replSetResizeOplog 命令需要切换到 admin 数据库下，size 的单位是 MB，成功执行该命令后只会修改当前 Secondary 节点中的 Oplog 集合大小，其他节点和 Primary 节点中的 Oplog 集合大小不变。

重复以上步骤，完成对其他节点和 Primary 节点中 Oplog 集合大小的修改。

6.6.4 使用 initial sync 解决 Oplog 严重落后的问题

虽然，可以增加 Oplog 集合大小，让复制集节点拥有充足的时间、磁盘空间同步操作日志，最终实现数据一致性。

但是，由于网络故障或节点本身的故障，当节点长时间不在线时，节点中的 Oplog 集合数据将远落后于 Primary 节点中的 Oplog 集合数据，即使网络或节点恢复正常，也可能出现 Primary 节点中的写操作日志还未被复制过去就被覆盖了。也就是说，出现故障的节点不可能追赶上 Primary 节点中最新修改的数据。

当出现这种现象时，用户只能手动干预，可以通过初始化数据同步（initial sync）模式完整地执行一遍数据同步。

MongoDB 支持以下两种模式的初始化数据同步。

- 第 1 种模式：手动清空 MongoDB 数据目录，重启 mongod 进程，让 MongoDB 自动执行 initial sync，这种模式操作简单，如果同步的数据量较大，则需要消耗较长的时间。

- 第 2 种模式：手动清空 MongoDB 数据目录，从拥有最新数据的某个节点上，将数据目录下的所有子文件或子文件夹先复制过来，再启动 mongod 进程，这种模式需要较多的手动操作，但会更快地完成数据同步。

下面通过实际操作介绍这两种 initial sync 模式。

假设当前复制集的运行状态如下：

```
> rs.status().members
[
    {
        "_id" : 0,
        "name" : "192.168.85.128:60001",
        "ip" : "192.168.85.128",
        "health" : 1,
        "state" : 1,
```

```
            "stateStr" : "PRIMARY",
            "optimeDate" : ISODate("2020-06-29T15:07:45Z")
                    ...
    },
    {
            "_id" : 1,
            "name" : "192.168.85.128:60002",
            "ip" : "192.168.85.128",
            "health" : 1,
            "state" : 2,
            "stateStr" : "SECONDARY",
            "optimeDate" : ISODate("2020-06-29T15:07:45Z"),
            "syncSourceHost" : "192.168.85.128:60003",
                    ...
    },
    {
            "_id" : 2,
            "name" : "192.168.85.128:60003",
            "ip" : "192.168.85.128",
            "health" : 1,
            "state" : 2,
            "stateStr" : "SECONDARY",
            "optimeDate" : ISODate("2020-06-29T15:07:45Z"),
            "syncSourceHost" : "192.168.85.128:60001",
                    ...
    }
]
```

基于由 1 个 Primary 节点和 2 个 Secondary 节点组成的复制集，分别对这两种 initial sync 模式进行测试。

第 1 种模式的测试步骤如下。

首先，通过 mongo 连接 Secondary 节点，中止 mongod 进程，命令如下：

```
./bin/mongo --port 60002
rs0:SECONDARY> use admin
rs0:SECONDARY> db.shutdownServer()
```

注意：需要切换到 admin 数据库下，才能执行 shutdownServer 命令。

然后，删除此节点数据目录下的所有文件和子目录，命令如下：

```
cd /usr/local/mongodb-4.2-secondary1/data
```

```
rm -rf *
```

最后，重新启动该实例对应的 mongod 进程，命令如下：

```
./mongodb-4.2-secondary1/bin/mongod
--config ./mongodb-4.2-secondary1/start.conf &
```

MongoDB 会自动执行初始化数据同步，数据也会自动同步过来，且复制集状态信息中各节点的 optimeDate 字段值最终会保持一致。

这种模式下的初始化数据同步，其实就相当于向复制集中添加一个新节点，MongoDB 自动完成新节点中的数据和 Oplog 日志条目的同步。

第 2 种模式的测试步骤如下。

首先，通过 mongo 连接 Secondary 节点，中止 mongod 进程，命令如下：

```
./bin/mongo --port 60002
rs0:SECONDARY> use admin
rs0:SECONDARY> db.shutdownServer()
```

其次，删除此节点数据目录下的所有文件和子目录，命令如下：

```
cd /usr/local/mongodb-4.2-secondary1/data
rm -rf *
```

再次，从拥有最新数据的节点上复制数据目录下的所有文件和子目录，命令如下：

```
./bin/mongo --port 60003
rs0:SECONDARY> use admin
rs0:SECONDARY> db.shutdownServer()
```

需要注意的是，从一个节点手动复制数据文件时先要中止该节点实例的进程，命令如下：

```
cd /usr/local/mongodb-4.2-secondary1/data
cp -rf ../../mongodb-4.2-secondary2/data/* ./
```

最后，重新启动该实例对应的 mongod 进程，命令如下：

```
./mongodb-4.2-secondary1/bin/mongod
--config ./mongodb-4.2-secondary1/start.conf &
```

节点将利用操作日志执行最近的写操作，最终追赶上 Primary 节点，与 Primary 节点中的数据保持一致。

在这种模式下，因为不需要从头开始全部重新同步数据，只需要先同步 Oplog 中的操作日志，再利用 Oplog 日志条目实现新修改的数据同步，所以可以节省重新同步的时间。

6.7 写关注（writeConcern）模式

对于复制集来说，客户端发起的写操作请求，默认会指向 Primary 节点，然后其他节点依赖同步过来的 Oplog 日志在各自节点上提交写操作请求。

但是，客户端应用程序所处的运行环境是复杂的，客户端发起的写操作需要确认哪些成功写入了，哪些失败了，对于失败的写操作，Mongo 驱动还要将错误信息返回客户端，由客户端决定怎么处理。

因此，MongoDB 提供了写关注模式，当写操作满足配置的写关注条件时，数据库会明确告知客户端，其发起的写操作已成功写入。

6.7.1 默认的"写关注"场景

图 6-19 所示为复制集中默认的"写关注"场景。

可以看到，针对复制集中默认配置的写关注，客户端发起的写操作，只需要在 Primary 节点上完成写入，数据库就可以返回信息，告诉 Mongo 驱动该写操作已被确认写成功。

注意：写关注只需要完成数据在内存的修改即可确认返回，不需要等该写操作对应的操作日志写入磁盘。

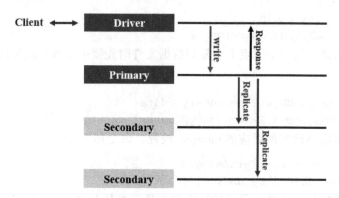

图 6-19 复制集中默认的"写关注"场景

6.7.2 配置写关注

配置写关注涉及以下 3 个字段。

```
{ w: <value>, j: <boolean>, wtimeout: <number> }
```

在具体编程语言下（如 C#、Java、Python 等），利用相应编程语言的 Mongo 驱动，构造连接数据库的客户端实例时（如 MongoClient），可以将上述 3 个写关注字段作为连接字符串的参数传入。

例如，连接复制集 rs0，设置写关注参数 w=2，语句如下：

```
client=MongoClient('mongodb://host1:port,host2:port,host3:port/?replicaSet=rs0 &w=2')
```

关于这 3 个写关注字段的含义说明如下。

1．w 参数

w 参数表示当客户端收到写操作确认写成功的消息时，需要等待复制集中多少个承载数据的节点已完成该写操作，其取值有以下 4 种。

（1）w=1：默认值，只需要等待 Primary 节点完成写操作就可以返回确认写成功的消息，如图 6-19 所示。

（2）w 等于确定数值 n：如果设置 w=3，则需要等待 Primary 节点和另外两个 Secondary 节点完成写操作后，才能返回确认写成功的消息，如图 6-20 所示。

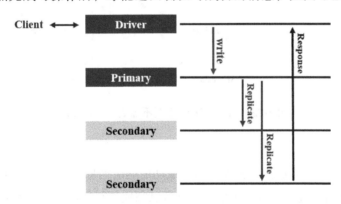

图 6-20　当写关注 w=3 时写操作确认

（3）w=majority：具体取值取决于复制集中大多数投票节点的数量。例如，如果复制集由 1 个 Primary 节点和 2 个 Secondary 节点组成，则 majority=2。因此，该写关注只需要 1 个 Primary 节点和 1 个 Secondary 节点完成写操作就可以返回确认写成功的消息，如图 6-21 所示。

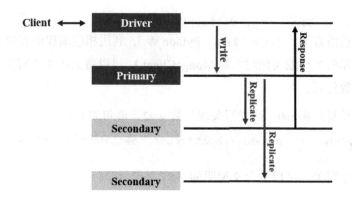

图 6-21　当写关注 w=majority 时写操作确认

（4）w=0：表示不使用写关注，不需要等待任何写操作确认写成功的消息就返回，如图 6-22 所示。

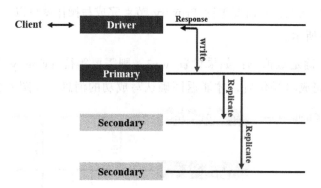

图 6-22　当写关注 w=0 时不需要写操作确认

2．j 参数

j 参数表示当客户端收到写操作确认写成功的响应消息时，除了要满足 w 设置的节点数量限制，还需要进一步等待每个节点是否已完成该写操作相关的事务日志写入磁盘文件。

其取值有以下两种。

（1）j=false：默认值，表示写操作写入成功的确认消息，只需要满足 w 设置的写关注条件，每个节点只需要完成数据在内存的写入，不需要等待每个节点将事务日志写入磁盘。

（2）j=true：表示写操作写入成功的确认消息，除了要满足 w 设置的写关注条件，每个节点完成数据在内存的写入，还需要等待每个节点将写操作相关的事务日志写入磁盘。

3．wtimeout 参数

wtimeout 参数指定写关注应该在多长时间内返回，如果没有指定这个参数，则复制集可能因为不确定因素导致客户端的写操作一直阻塞。

即使写操作最终会成功写入，但写操作达到这个时间限制时还没完成，也会将相应错误返回客户端。

注意：即使写操作最终超时，MongoDB 也不会撤销在时间限制之前已完成的写操作引起的数据变化。

6.8　读参考（readPreference）模式

读参考是指 MongoDB 如何将客户端发起的读操作路由到复制集中的某个节点上。在默认情况下，MongoDB 会将读操作请求路由到复制集中的 Primary 节点上，然后由 Primary 节点返回查询结果，响应客户端的读请求，如图 6-23 所示。

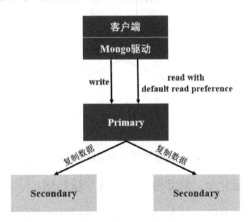

图 6-23　默认读参考

可以看到，在默认情况下，读参考模式即为 Primary 节点，客户端的读请求直接路由到复制集中的 Primary 节点上，再由 Primary 节点返回数据。

当然，根据不同应用场景的读需求，我们可以将读参考设置为其他模式，以便能从

Secondary 节点读取数据，提高整个复制集的读性能。

与写关注模式类似，在编写客户端应用程序时，可以通过传递包含读参考的参数值来指定客户端发起的读参考模式，语句如下：

```
client=MongoClient('mongodb://host1:port,host2:port,host3:port?replicaSet=rs0&readPreference=secondary')
```

6.8.1 读参考常见的应用场景

在介绍读参考的几种模式之前，下面先介绍几种读操作的应用场景。

（1）为了缓解 Primary 节点的压力，需要提高读性能。

在默认情况下，所有的读/写操作都是指向 Primary 节点的，这会给 Primary 节点带来较大的负载。为了缓解 Primary 节点的压力，同时提高读操作的性能，可以设置相应的读参考模式，将读请求路由到 Secondary 节点上，如图 6-24 所示。

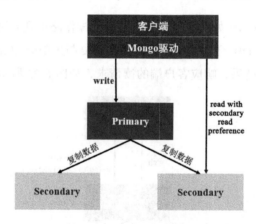

图 6-24　读参考模式为 Secondary 节点

（2）复制集节点异地分布，需要考虑"就近"读原则。

考虑到数据库的高可靠性，通常会将复制集中的节点部署到异地数据中心，同时，来自客户端的读/写请求也是分散在各地的，为了提高读取的速率，需要将客户端发起的读请求路由到"就近"的复制集节点上，如图 6-25 所示。

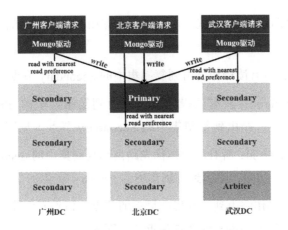

图 6-25 读参考模式为"就近"读

（3）在 Primary 节点发生故障后，复制集仍能由 Secondary 节点提供读服务。

在 Primary 节点正常运行下，从 Primary 节点读取数据。一旦 Primary 节点发生故障，由 Secondary 节点继续支持客户端的读操作，如图 6-26 所示。

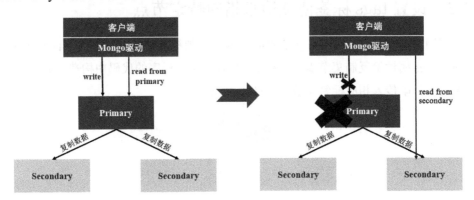

图 6-26 Primary 节点出现故障后从 Secondary 节点读取数据

注意：在这种场景下，当 Primary 节点发生故障后，客户端发起的所有写操作会抛出异常而中止。

6.8.2 读参考的几种模式分析

除了上面描述的 3 种场景下的读参考模式，MongoDB 还提供了其他几种读参考模式。

（1）Primary：默认读参考模式，所有读操作路由到复制集中的 Primary 节点（见图 6-23）。

（2）Secondary：所有读操作路由到复制集中的 Secondary 节点。

（3）PrimaryPrefered：所有读操作优先路由到复制集中的 Primary 节点。一旦 Primary 节点不可访问，路由到复制集中的 Secondary 节点（见图 6-26）。

（4）SecondaryPrefered：所有读操作优先路由到复制集中的 Secondary 节点。一旦所有 Secondary 节点不可访问，路由到复制集中的 Primary 节点。

（5）Nearest：读操作路由到复制集中最近的节点。如果客户端与某个节点之间的网络延迟最小，则认为该客户端与此节点最近（见图 6-25）。

关于读参考需要注意的是，所有读操作除从 Primary 节点读取数据外，从其他节点读取的数据可能会有一定的延迟，因为复制集节点本身从 Primary 节点同步数据就会有延迟。

6.8.3　设置 tags 标签使读请求指向特定节点

当复制集中有多个 Secondary 节点时，为了更加精准地控制读操作指向某个节点，可以利用 tags 属性给复制集节点设置标签，然后在应用程序的代码中构造 Client 实例时，通过连接字符串传入相应标签参数，如图 6-27 所示。

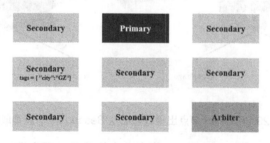

图 6-27　给复制集节点设置标签

可以利用复制集的重新配置命令 rs.reconfig 给节点设置标签，语句如下：

```
conf = rs.conf()
conf.members[1].tags = { "city":"GZ"}
rs.reconfig(conf)
```

再通过连接字符串指定 readPreferenceTags 参数的值匹配特定节点。

Client 实例构造语句如下：

```
client=MongoClient('mongodb://host1:port,host2:port,host3:port?replicaSet=rs0&readPreference =secondary&readPreferenceTags=city:GZ')
```

当通过对 Client 实例进行查询时，会从图 6-27 中标有 tags = { "city":"GZ"}的 Secondary 节点返回数据。

注意：tags 标签属性与 Primary 节点读参考模式不兼容，tags 标签属性只适合将读操作路由到 Secondary 节点上。

6.8.4　如何从多个匹配的节点中选择一个目标

对于设置了读参考模式和 tags 标签的读操作来说，可能仍有多个节点满足匹配条件，如图 6-28 所示。

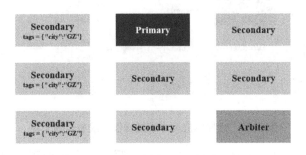

图 6-28　多个节点满足读参考和 tags 标签条件

在图 6-28 中有 3 个节点满足读参考模式为 Secondary 且 tags={ "city":"GZ"}的复制集，但复制集中只能有一个节点响应客户端的查询请求。因此，MongoDB 有一套机制选择最终由哪个节点支持客户端的读操作。

针对不同的读参考模式具有不同的选择流程，如下所述。

（1）当为 Primary 模式的读参考时。

只能选择复制集中的 Primary 节点响应客户端的查询请求。

（2）当为 Secondary 模式的读参考时。

第一步：根据传入的参数 readPreference（等价于 Secondary）、readPreferenceTags（可选）和 maxStalenessSeconds（可选）过滤出满足条件的 Secondary 节点。其中，maxStalenessSeconds 参数表示复制集中 Secondary 节点上最新写操作发生时间与 Primary

节点上最新写操作发生时间之间允许的最大间隔,如果实际间隔小于或等于这个参数设定的值,则认为此 Secondary 节点可以响应客户端读操作。

第二步：如果上面过滤出来的 Secondary 节点数不为零,则针对每个节点计算出客户端读操作请求与响应的往返时间间隔,取其中最小值。并利用此最小时间间隔值和 localThresholdMS 参数值（默认为 15 毫秒）构成一个"延迟窗口"。客户端读操作请求与响应时间落在这个窗口中的 Secondary 节点作为响应客户端读操作的备选节点。

第三步：Mongo 驱动会从上面备选节点中随机选择一个节点作为最终响应客户端读操作的节点。

当读参考为 Secondary 模式时,选择响应客户端读操作请求节点的流程如图 6-29 所示。

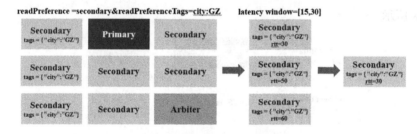

图 6-29　选择响应客户端读操作请求节点的流程

注意：在图 6-29 中,rtt 为 round-trip-time 缩写,表示一次读操作从发起请求到获取响应经历的时长。

（3）当为 Nearest 模式的读参考时。

Nearest 模式的步骤与 Secondary 模式的步骤类似,只有一点区别：第一步传入的过滤参数 readPreference 等于 nearest。因此,可供挑选的节点范围除了 Secondary 节点,还包含 Primary 节点。

（4）当为 PrimaryPrefered 模式的读参考时。

如果 Primary 节点可用,则 Mongo 驱动会直接选择 Primary 作为读操作的请求目标；否则,按照读参考为 Secondary 模式时的步骤选择一个节点作为请求目标。

（5）当为 SecondaryPrefered 模式的读参考时。

先按照读参考为 Secondary 模式时的步骤选择一个节点作为请求目标。如果找不到任何 Secondary 节点，则选择 Primary 节点作为读操作请求目标。

6.9 读关注（readConcern）模式

"写关注"确保了写操作引起的数据变化能写到复制集中大多数节点上，即使发生 Primary 节点切换也能保证数据的一致性。

"读参考"将读操作路由到 Secondary 节点上，分担了一部分 Primary 节点的读操作压力，提高了复制集读操作性能。同时，也是实现读/写分离的基础。

但是在有些读操作场景下，由于 Primary 节点的切换，当旧的 Primary 节点重新以 Secondary 节点身份加入复制集中时，可能会导致旧的 Primary 节点中的数据回滚，因此，读操作可能读到不一致的数据。针对这种场景，设定相应"读关注"模式可以解决。

6.9.1 Primary 节点切换可能导致数据回滚

Primary 节点切换引发的数据回滚，本质来说还是因为复制集之间通过 Oplog 操作日志实现数据异步/同步时所引发的，如图 6-30 所示。

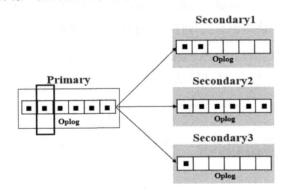

图 6-30 Primary 节点切换引发的数据回滚

在图 6-30 中，旧的 Primary 节点执行了 6 次写操作并将相关日志条目写入 Oplog 操作日志中，通过异步复制，Secondary1 节点同步了 2 条操作日志并提交了相关写操作，Secondary2 节点同步了 6 条操作日志并提交了相关写操作，Secondary3 节点同步了 1 条操作日志并提交了相关写操作，因此在这个时间点上，从每个复制集节点上看到的数据是不一致的。

如果 Primary 节点发生故障，则选举新的 Primary 节点，MongoDB 只会保留在大多数节点上都能看到的 Oplog 操作日志及相应提交的数据（见图 6-30），在大多数节点上能看到的 Oplog 操作日志只有 2 条。

同时，对于旧的 Primary 节点来说，当它重新加入复制集时，其 Oplog 操作日志将被截取，相应的数据也被回滚，如图 6-31 所示。

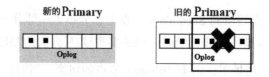

图 6-31　Oplog 操作日志被截取及相应数据被回滚

所以，在旧的 Primary 节点上，如果读到了这部分被回滚的数据，则会导致"脏读"现象发生。

6.9.2　设置读关注以避免读到的数据被回滚

默认的"读关注"为"local"模式，表示读操作返回什么样的数据，取决于读操作被路由到的节点实例在读操作发生的时刻拥有什么样的数据。

由 1 个 Primary 节点和 2 个 Secondary 节点组成的复制集，当"写关注"模式设置为"majority"时，相关写入及数据复制顺序如图 6-32 所示。

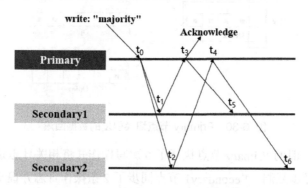

图 6-32　复制集的写入及数据复制顺序

为了便于后面分析，假设此复制集满足以下前置条件。

(1)在 t_0 时刻之前所有写操作已被复制到所有节点。

(2)$Write_{prev}$ 表示 t_0 时刻之前的最近一次写操作。

(3)t_0 时刻写入的数据表示为 $Write_0$,t_0 时刻之后没有其他写操作发生。

不同时刻写入不同节点中的数据如表 6-1 所示。

表 6-1 不同时刻写入不同节点中的数据

时间点	写操作	最新写入的数据	最新写入的 "majority" 数据
t_0	Primary 写入 $Write_0$	Primary: $Write_0$ Secondary1: $Write_{prev}$ Secondary2: $Write_{prev}$	Primary: $Write_{prev}$ Secondary1: $Write_{prev}$ Secondary2: $Write_{prev}$
t_1	Secondary1 写入 $Write_0$	Primary: $Write_0$ Secondary1: $Write_0$ Secondary2: $Write_{prev}$	Primary: $Write_{prev}$ Secondary1: $Write_{prev}$ Secondary2: $Write_{prev}$
t_2	Secondary2 写入 $Write_0$	Primary: $Write_0$ Secondary1: $Write_0$ Secondary2: $Write_0$	Primary: $Write_{prev}$ Secondary1: $Write_{prev}$ Secondary2: $Write_{prev}$
t_3	确认数据写入 Secondary1	Primary: $Write_0$ Secondary1: $Write_0$ Secondary2: $Write_0$	Primary: $Write_0$ Secondary1: $Write_{prev}$ Secondary2: $Write_{prev}$
t_4	确认数据写入 Secondary2	Primary: $Write_0$ Secondary1: $Write_0$ Secondary2: $Write_0$	Primary: $Write_0$ Secondary1: $Write_{prev}$ Secondary2: $Write_{prev}$
t_5	Secondary1 根据 majority 写入的数据刷新它的快照	Primary: $Write_0$ Secondary1: $Write_0$ Secondary2: $Write_0$	Primary: $Write_0$ Secondary1: $Write_0$ Secondary2: $Write_{prev}$
t_6	Secondary2 根据 majority 写入的数据刷新它的快照	Primary: $Write_0$ Secondary1: $Write_0$ Secondary2: $Write_0$	Primary: $Write_0$ Secondary1: $Write_0$ Secondary2: $Write_0$

从表 6-1 中可看到,针对写入的数据,复制集节点在不同时刻对外呈现的数据是不一样的,因此选择不同的"读关注"模式,查询得到的数据可能也会不一样。

例如,关于默认"local"模式的读关注,在不同时刻,读操作返回的数据不一样,如表 6-2 所示。

表 6-2 在不同时刻,读操作所返回的数据

读操作路由到的目标	时间 T	读到的数据
Primary	t_0 时刻之后	$Write_0$
Secondary1	t_1 时刻之前	$Write_{prev}$

续表

读操作路由到的目标	时间 T	读到的数据
Secondary1	t_1 时刻之后	$Write_0$
Secondary2	t_2 时刻之前	$Write_{prev}$
Secondary2	t_2 时刻之后	$Write_0$

注意：读操作路由到哪个目标是由设置的"读参考"模式决定的。

对于"local"模式的"读关注"来说，读请求发生时不会判断数据是否已经写到 majority 个节点（即使配置了 majority 的"写关注"）。

假如在 t_0~t_1 时刻发生 Primary 节点切换，如图 6-33 所示。

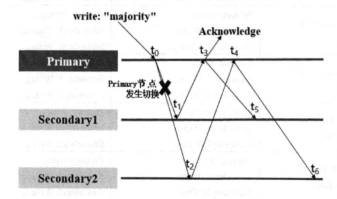

图 6-33　在 t_0~t_1 时刻发生 Primary 节点切换

本来在 t_0 时刻之后，Primary 节点发生故障之前，从 Primary 节点读取的数据是 $Write_0$，但发生 Primary 节点切换时，数据 $Write_0$ 还没有被复制到 Secondary1 节点上。

因此，当旧的 Primary 节点重现以新身份加入复制集后，其上写入的数据 $Write_0$ 会被回滚，当再次从新的 Primary 节点上读取数据时，也读不到数据 $Write_0$。

上面这种现象出现了两次读取数据不一致的问题，前面一次读到的数据可认为是"脏数据"。

为了解决这种可能出现"脏读"的现象，我们可以将"读关注"设置为"majority"模式，确保读到的数据已经被写到复制集中大多数节点上，即使发生 Primary 节点切换，这部分数据也不会出现回滚。

当"读关注"设置为"majority"模式且"写关注"设置为"majority"模式时，其写入及数据被复制到其他节点的顺序与"读关注"为"local"模式时写入及数据被复制到其他节点的顺序相同，如图 6-34 所示。

同时，不同时刻写入不同节点上的数据也与 local 模式一致（因为将"写关注"都设置为"majority"模式）。

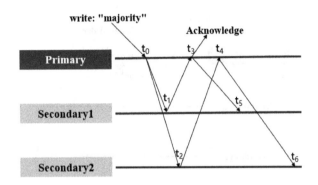

图 6-34　将"读关注""写关注"都设置为"majority"模式时的数据写入及数据复制顺序

不同之处在于，客户端发起的读操作，在不同时刻复制集返回客户端的数据不一样，针对图 6-34，在不同时刻，将"读关注"设置为"majority"模式时，读操作返回的具体数据如表 6-3 所示。

表 6-3　不同时刻，读操作返回的具体数据

读操作路由到的目标	时间 T	读到的数据
Primary	t_3 时刻之前	$Write_{prev}$
Primary	t_3 时刻之后	$Write_0$
Secondary1	t_5 时刻之前	$Write_{prev}$
Secondary1	t_5 时刻之后	$Write_0$
Secondary2	t_6 时刻之前	$Write_{prev}$
Secondary2	t_6 时刻之后	$Write_0$

注意：读操作路由到哪个目标是由设置的"读参考"模式决定的。

最后，分析一下将"读关注"设置为"majority"模式，当 Primary 节点在不同时刻发生切换时，是否还会出现"脏读"及数据回滚的现象。

当节点切换发生在 $t_0 \sim t_1$ 时刻时，由于写入的数据 $Write_0$ 还未复制到大多数节点上，因此，对于客户端的读操作来说，切换节点之前读到的数据是 $Write_{prev}$，切换节点之后

读到数据仍是 $Write_{prev}$，两次读到的数据一致，也不会出现数据回滚。

总体来说，如果读操作请求被路由到 Primary 节点，则从 Primary 节点读取的数据，与在 t_3 之前的任何时刻读到的数据是一样的，都是 $Write_{prev}$。

当节点切换发生在 t_3 时刻之后，如图 6-35 所示。

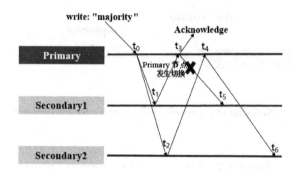

图 6-35 在 t_3 时刻之后发生 Primary 节点切换

由于节点切换发生在 t_3 时刻之后，数据 $Write_0$ 已经确认被写入 Primary 节点和 Secondary1 节点，所以不管是否发生 Primary 节点切换，从 Primary 节点读到的数据都是 $Write_0$，数据 $Write_0$ 也不会在旧的 Primary 节点重新以新身份加入复制集后被回滚。

6.10 Change Streams实现数据实时同步

对于 MongoDB 复制集来说，节点之间通过 Oplog 实现的数据同步是有延迟的，为了实现数据的实时同步，且能将数据同步到异构系统中，从 MongoDB 3.6 版本开始便提供了 Change Steams 功能，允许用户将实时变更的数据流同步到下游系统进行处理。

在 MongoDB 3.6 版本之前，如果想要实现这种实时同步，则开发者也可以通过实时解析复制集 Oplog 中的日志条目来完成，只不过这种方式需要额外开发代码，实现起来较复杂。

6.10.1 实现原理

在客户端应用程序中，开启数据库或集合中的监听，一旦捕获数据变更事件，就会产生变更数据流（文档类型），变更数据流中包含具体的动作（如 insert、delete、update

等)和变更的文档,客户端应用程序可以将此变更数据流发送到下游系统,由下游系统进一步处理(例如,完成下游系统相应数据变更,实现数据实时同步)。

从本质上来说,Change Streams 可以实现与 Kafka 或 RabbitMQ 等消息组件类似的功能,这样,当需要将 MongoDB 集群中的数据向下游系统实时同步时,用户就不需要额外再部署一套类似于 Kafka 等消息处理的集群。

Change Streams 整体流程如图 6-36 所示。

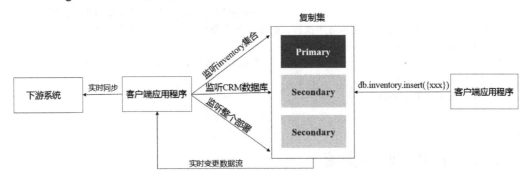

图 6-36 Change Streams 整体流程

可以看到,直接打开 MongoDB 中的 Change Streams 功能变更流监听,就可以实现向下游系统实时同步数据。

6.10.2 实时数据流的格式

复制集与下游系统之间的数据同步依赖于实时生成的变更数据流,其格式为文档类型,包含如下字段:

```
{
    //已打开的变更流标识,可以作为值赋给 resumeAfter,参数用来后续恢复此变更流
    _id : { <BSON Object> },
    //发生的变更操作类型,如 insert、delete、update 等
    "operationType" : "<operation>",
    //变更操作所涉及的完整文档数据,删除操作中没有这个字段
    "fullDocument" : { <document> },
    "ns" : {
        "db" : "<database>",            //变更操作发生在哪个数据库中
        "coll" : "<collection>"         //变更操作发生在哪个集合中
    },
```

```
"to" : {               //当操作类型为rename时,才显示这几个字段
    "db" : "<database>",            //变更操作后的新数据库名称
    "coll" : "<collection>"         //变更操作后的新集合名称
},
"documentKey" : { "_id" : <value> },        //变更操作所涉文档的_id字段值
"updateDescription" : {                     //修改操作描述
    "updatedFields" : { <document> },       //修改操作修改了哪个字段及值
    "removedFields" : [ "<field>", ... ]    //修改操作删除了哪个字段及值
}
"clusterTime" : <Timestamp>,    //变更操作对应的Oplog日志条目上的时间
//如果变更操作在一个多文档事务中执行,则显示此字段及值,表示事务的编号
"txnNumber" : <NumberLong>,
"lsid" : {                      //表示事务所在的session相关信息
    "id" : <UUID>,
    "uid" : <BinData>
}
}
```

6.10.3 打开实时数据流

打开一个实时数据流会返回一个cursor,变更的数据可以通过循环遍历cursor获得。相当于打开一个水龙头,水会源源不断地流过来。

针对不同编程语言的驱动,MongoDB提供了相应的API打开实时数据流。下面以Python为例进行说明:

```
from pymongo import MongoClient
import pprint
client=MongoClient('mongodb://192.168.85.128:60001,192.168.85.128:60002,
192.168.85.128:60003/?replicaSet=rs0')
db = client.crm
cursor = db.inventory.watch()
for doc in cursor:
    print(doc)
```

其中,db.inventory.watch()语句表示打开一个实时变更数据流,监听集合inventory中的任何数据变化。

for循环语句对游标循环遍历,实时打印变更数据流中的文档。

先运行上面的代码,再通过mongo连接复制集,模拟向inventory集合插入数据、修改数据、删除数据,观察通过上面的代码是否能实时输出数据流。

插入数据语句如下:

```
rs0:PRIMARY> db.inventory.insert({ "_id" : 20, "model" : "SIM", "count" : 1000})
```

如果实时输出如下数据流,则说明打开的实时数据流是正确的:

```
{'operationType': 'insert', 'clusterTime': Timestamp(1594645788, 1), 'ns': {'coll': 'inventory', 'db': 'crm'}, 'documentKey': {'_id': 20.0}, 'fullDocument': {'model': 'SIM', '_id': 20.0, 'count': 1000.0}, '_id': {'_typeBits': b'@', '_data': '825F0C5D1C000000012B022C0100296E5A10040CBC8551DC064D74B3BFCD35FAF2377D461E5F6964002B280004'}}
```

同理,测试删除数据,语句如下:

```
rs0:PRIMARY> db.inventory.deleteOne({"_id":20})
```

也能实时输出如下信息:

```
{'operationType': 'delete', '_id': {'_typeBits': b'@', '_data': '825F0C5E3A000000012B022C0100296E5A10040CBC8551DC064D74B3BFCD35FAF2377D461E5F6964002B280004'}, 'clusterTime': Timestamp(1594646074, 1), 'ns': {'coll': 'inventory', 'db': 'crm'}, 'documentKey': {'_id': 20.0}}
```

注意:删除变更操作,输出数据流不包含 fullDocument 字段。

最后,测试修改数据,语句如下:

```
rs0:PRIMARY> db.inventory.update({"_id":19},{$set:{"count":2999}})
```

实时输出如下数据流:

```
{'operationType': 'update', 'updateDescription': {'removedFields': [], 'updatedFields': {'count': 2999.0}}, 'clusterTime': Timestamp(1594646292, 1), 'ns': {'coll': 'inventory', 'db': 'crm'}, 'documentKey': {'_id': 19.0}, '_id': {'_typeBits': b'@', '_data':'825F0C5F14000000012B022C0100296E5A10040CBC8551DC064D74B3BFCD35FAF2377D461E5F6964002B260004'}}
```

注意:在默认情况下进行 update 操作,输出的实时数据流也不会包含 fullDocument 字段;但是可以在打开变更数据流的方法中传入可选参数 full_document='updateLookup',实现输出的实时数据流包含 fullDocument 字段及值,如带参数语句 cursor = db.inventory. watch(full_document='updateLookup')。

6.10.4 控制实时数据流的输出

在有些场景下,需要控制实时流的输出,希望将不同的数据流传递给不同的下游系统进行处理，类似于快递公司的包裹分拣系统，将送往不同地方的包裹分开，如图6-37所示。

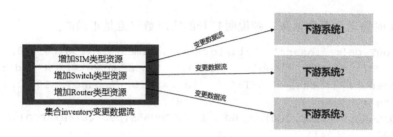

图6-37 控制变更数据流流向不同下游系统进行处理

MongoDB 提供了一种管道模式处理这些数据流，当数据流经过预先配置好的管道时，数据会依次被管道中的每一个步骤进行处理。这种数据处理模式与管道模式的聚集框架类似。

代码如下：

```
from pymongo import MongoClient
import pprint
client= MongoClient('mongodb://192.168.85.128:60001,192.168.85.128:60002,
192.168.85.128:60003/?replicaSet=rs0')
db = client.crm
pipeline = [
    {'$match':{'fullDocument.model':'SIM'}},
    {'$addFields':{'newField':'this is an added field'}}
]
cursor = db.inventory.watch(pipeline=pipeline)
for doc in cursor:
    print(doc)
```

首先构建一个管道，然后在打开实时数据流时传入管道参数。

通过管道参数，过滤出满足'fullDocument.model':'SIM'条件的数据流，再向数据流添加一个额外的 newField 字段。经过管道处理后的数据流可以被下游系统进行进一步处理。

对于 MongoDB 4.2 版本来说，还可以被使用的管道操作符有$project、$replaceRoot、$replaceWith、$redact、$set、$unset。

注意：上面的代码对实时数据流的处理只是简单的循环输出，如果想要将数据实时同步到其他系统（如 MySQL、HBase 等）中，则需要开发者进一步编写相应的逻辑代码进行处理。

6.11　小结

本章详细介绍了 MongoDB 复制集，包括复制集部署架构、Oplog 操作日志及依赖于它的数据复制、基于复制集的"写关注"、"读参考"、"读关注"等核心内容。

复制集是 MongoDB 实现分布式数据库的基石，通过它不仅提高了数据库的读性能，保障了数据在分布式环境中的读/写一致性，同时也确保了数据的安全可靠、不丢失。复制集也是分片集群的最小构成单元。

随着应用对实时数据处理的要求越来越高，从 MongoDB 3.6 版本之后引入了 Change Streams 功能，在不改动现有架构的基础上，我们可以很容易地利用这个功能实现实时数据流的处理。

第 7 章
分片集群

围绕数据库业务还有两个方面的问题需要考虑：一个方面是如何存储海量数据；另一个方面是如何高效读/写海量数据。

尽管复制集实现了读/写分离并在某种程度上提高了"读操作"性能，但并没有提高"写操作"的性能。因此，MongoDB 引入了分片机制，不仅可以实现海量数据的分布式存储，还能同时提高集群的"读与写"性能。

随着运行时间的推移，MongoDB 的索引和数据文件会变得越来越大，对于单节点或复制集（每个节点均保存一份完整数据）来说，迟早会突破内存和磁盘空间的限制。

因此，我们需要考虑在合适的时机引入分片集群，由每个分片承载数据库中的一部分数据，整个集群的数据均衡分布在各个分片上，同时也能更加方便地实现集群的横向扩展及集群的弹性伸缩。

7.1 分片集群的部署架构

分片集群的部署架构如图 7-1 所示。

总体来说，MongoDB 分片集群由以下 3 部分组成。

1. 分片 shard

一个分片实际上就是一个复制集，一个分片也可以是单个 mongod 实例，只是在分片集群的生产环境中，由于每个分片只是保存整个数据库中的一部分数据，如果这部分数据丢失，那么整个数据库就不完整了。

因此，为了保证分片集群的数据完整性和可靠性，将每个分片配置为复制集模式，在默认情况下读/写操作都发生在每个分片上的 Primary 节点。

每个分片同时具有自动故障转移、冗余备份的功能。总体来说，复制集所具有的特性在每个分片上都能得到体现。

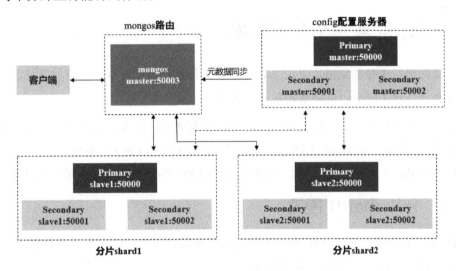

图 7-1 分片集群的部署架构

2. mongos 路由

mongos 是一个轻量级且非持久性的路由进程，轻量级表示它不会保存任何数据库中的数据。它将整个分片集群看成一个整体，使分片集群对整个客户端来说是透明的，当客户端发起读/写操作时，由 mongos 路由进程将该操作路由到具体的分片上。

为了实现对读/写请求的正确路由，mongos 路由进程必须知道整个分片集群上所有数据库的分片情况，即元数据信息。

元数据信息是从 config 配置服务器上同步过来的，每次 mongos 路由进程启动时都会从 config 配置服务器上同步元数据信息，但 mongos 路由进程并非持久化保存这些信息。

3. config 配置服务器

config 配置服务器在整个分片集群中相当重要，上文提到 mongos 路由进程会从 config 配置服务器上同步元数据信息，因此 config 配置服务器要能实现这些元数据信息的持久化。

183

同时，如果 config 配置服务器中的数据丢失，那么整个分片集群无法使用，因此在生产环境中通常将 3 台 config 配置服务器部署成复制集的模式，实现元数据的冗余备份和高可靠性。

7.2 手动部署一个分片集群

下面部署一个分片集群（见图 7-1），前置条件是已经有 3 台独立的主机或虚拟机，本实例基于 3 台 Ubuntu 16.04 虚拟机进行部署。

在 master 主机上（IP 地址为 192.168.85.128）部署 config 配置服务器组成的复制集和 mongos 路由实例；在 slave1 主机上（IP 地址为 192.168.85.129）部署分片 shard1 对应的复制集；在 slave2 主机上（IP 地址为 192.168.85.130）部署分片 shard2 对应的复制集。

7.2.1 分片 shard1 配置

在 slave1 主机上部署分片 shard1 对应的复制集，如图 7-2 所示，该复制集由一个 Primary 节点和两个 Secondary 节点组成。

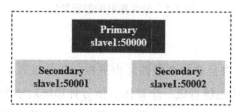

图 7-2 在 slave1 主机上部署分片 shard1 对应的复制集

第一步：配置 slave1 主机中的 Primary 节点。

创建相应的 data 目录和 123.log 日志文件，语句如下：

```
root@slave1:/usr/local/mongodbPrimary# mkdir data
root@slave1:/usr/local/mongodbPrimary# mkdir logs
root@slave1:/usr/local/mongodbPrimary/logs# vim 123.log
```

创建启动配置文件，语句如下：

```
root@slave1:/usr/local/mongodbPrimary# vim start.conf
```

添加如下内容：

```
sharding:
```

```
    clusterRole: shardsvr  //Primary 节点的身份为集群的分片服务器
storage:
    dbPath: /usr/local/mongodbPrimary/data
systemLog:
    path: /usr/local/mongodbPrimary/logs/123.log
    destination: file
net:
    port: 50000  //通过不同端口区分同一台主机中的不同节点
    bindIp: localhost,192.168.85.129
replication:
replSetName: rs0  //Primary 节点所在的复制集名称
```

第二步：配置 slave1 主机中的 Secondary1 节点。

将/usr/local/mongodbPrimary 文件夹下的所有内容复制到 mongodbSecondary1 文件夹下，语句如下：

```
root@slave1:/usr/local# cp -R mongodbPrimary/ ./mongodbSecondary1
```

修改启动配置文件 start.conf，作为 Secondary1 节点启动时的配置文件，主要是端口、路径的变化，具体内容如下：

```
sharding:
    clusterRole: shardsvr      //Secondary1 节点的身份为集群的分片服务器
storage:
    dbPath: /usr/local/mongodbSecondary1/data
systemLog:
    path: /usr/local/mongodbSecondary1/logs/123.log
    destination: file
net:
    port: 50001
    bindIp: localhost,192.168.85.129
replication:
replSetName: rs0                //Secondary1 节点所在的复制集名称
```

第三步：配置 slave1 主机中的 Secondary2 节点。

将/usr/local/mongodbPrimary 文件夹下的所有内容复制到 mongodbSecondary2 文件夹下，语句如下：

```
root@slave1:/usr/local# cp -R mongodbPrimary/ ./mongodbSecondary2
```

修改启动配置文件 start.conf，作为 Secondary2 节点启动时的配置文件，主要是端口、路径的变化，具体内容如下：

```
sharding:
    clusterRole: shardsvr       //Secondary2 节点的身份为集群的分片服务器
storage:
    dbPath: /usr/local/mongodbSecondary2/data
systemLog:
    path: /usr/local/mongodbSecondary2/logs/123.log
    destination: file
net:
    port: 50002
    bindIp: localhost,192.168.85.129
replication:
    replSetName: rs0            //Secondary2 节点所在的复制集名称
```

7.2.2　分片 shard2 配置

在 slave2 主机上部署分片 shard2 对应的复制集，如图 7-3 所示，该复制集由一个 Primary 节点和两个 Secondary 节点组成。

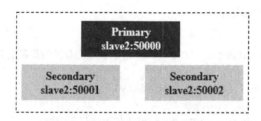

图 7-3　在 slave2 主机上部署分片 shard2 对应的复制集

在 slave2 主机上部署分片 shard2 的步骤与在 slave1 主机上部署分片 shard1 的步骤相同，注意将 IP 地址更换为 slave2 主机对应的 IP 地址即可。

首先，通过 scp 命令将 slave1 主机上的相应 3 个文件夹复制到 slave2 主机上：

```
scp -r ./mongodbPrimary/ root@192.168.85.130:/usr/local/
scp -r ./mongodbSecondary1/ root@192.168.85.130:/usr/local/
scp -r ./mongodbSecondary2/ root@192.168.85.130:/usr/local/
```

然后，将每个节点 start.conf 配置文件中的 IP 地址修改为 slave2 主机中的 IP 地址（这里为 192.168.85.130），同时将复制集的名称修改为 rs1。

7.2.3 config 服务器配置

在 master 主机上部署复制集,如图 7-4 所示,该复制集由一个 Primary 节点和两个 Secondary 节点组成,用来保存集群中的元数据。

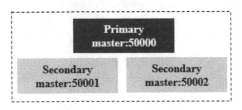

图 7-4 在 master 主机上部署复制集

第一步:配置 master 主机中的 Primary 节点。

首先,通过 scp 命令将 slave1 主机上的 mongodbPrimary 文件夹复制到 master 主机上:

```
scp -r ./mongodbPrimary/ root@192.168.85.128:/usr/local/
```

然后,修改 mongodbPrimary 文件夹下的 start.conf 配置文件,具体内容如下:

```
sharding:
   clusterRole: configsvr
storage:
   dbPath: /usr/local/mongodbPrimary/data
systemLog:
   path: /usr/local/mongodbPrimary/logs/123.log
   destination: file
net:
   port: 50000
   bindIp: localhost,192.168.85.128
replication:
   replSetName: rsconfig
```

注意:因为是配置服务器,所以 Primary 节点在集群中的身份变为了 configsvr。

第二步:配置 master 主机中的 Secondary1 节点。

首先,将 master 主机上 /usr/local/mongodbPrimary 文件夹下的所有内容复制到 mongodbSecondary1 文件夹下,语句如下:

```
root@master:/usr/local# cp -R mongodbPrimary/ ./mongodbSecondary1
```

然后，修改启动配置文件的内容，主要是端口、路径的变化，具体内容如下：

```
sharding:
    clusterRole: configsvr
storage:
    dbPath: /usr/local/ mongodbSecondary1/data
systemLog:
    path: /usr/local/ mongodbSecondary1/logs/123.log
    destination: file
net:
    port: 50001
    bindIp: localhost,192.168.85.128
replication:
    replSetName: rsconfig
```

第三步：配置 master 主机中的 Secondary2 节点。

将 master 主机上 /usr/local/mongodbPrimary 文件夹下的所有内容复制到 mongodbSecondary2 文件夹下，语句如下：

```
root@master:/usr/local# cp -R mongodbPrimary/ ./mongodbSecondary2
```

修改启动配置文件的内容，主要是端口、路径的变化，具体内容如下：

```
sharding:
    clusterRole: configsvr
storage:
    dbPath: /usr/local/ mongodbSecondary2/data
systemLog:
    path: /usr/local/ mongodbSecondary2/logs/123.log
    destination: file
net:
    port: 50002
    bindIp: localhost,192.168.85.128
replication:
    replSetName: rsconfig
```

7.2.4　mongos 路由配置

在 master 主机上部署 mongos 路由实例，如图 7-5 所示，用来将客户端发起的读/写请求路由到正确的分片上。

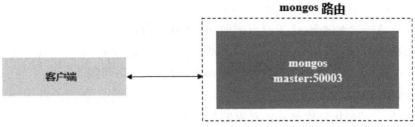

图 7-5　在 master 主机上部署 mongos 路由实例

首先，将 master 主机上 /usr/local/mongodbPrimary 文件夹下的所有内容复制到 mongodbOS 文件夹下，语句如下：

```
root@master:/usr/local# cp -R mongodbPrimary/ ./mongodbOS
```

然后，修改启动配置文件的内容，具体内容如下：

```
sharding:
    configDB:      rsconfig/192.168.85.128:50000,      192.168.85.128:50001,
192.168.85.128:50002
systemLog:
    path: /usr/local/mongodbOS/logs/123.log
    destination: file
net:
    port: 50003
    bindIp: localhost,192.168.85.128
```

mongos 路由实例本质上也是一个路由进程，由于 mongos 不需要承载具体的业务数据，因此不需要给 mongos 配置数据目录 dbPath。

由于 mongos 路由进程需要先从配置服务器上同步集群中的元数据信息，然后才能利用这些元数据信息进行读/写路由，所以需要配置 configDB 选项，指向由 3 台 config 配置服务器组成的复制集。

7.2.5　启动分片集群

在完成了上面集群中各模块的配置准备工作后，接下来就可以依次启动集群中的这些模块，并初始化集群，具体操作步骤如下。

第一步：在 slave1 主机上，启动分片 shard1 对应的复制集。

首先，启动 Primary 节点对应的 mongod 实例，语句如下：

```
root@slave1:/usr/local/ mongodbPrimary# ./bin/mongod --config start.conf &
```
其次,启动 Secondary1 节点对应的 mongod 实例,语句如下:

```
root@slave1:/usr/local/mongodbSecondary1# ./bin/mongod --config start.conf &
```
最后,启动 Secondary2 节点对应的 mongod 实例,语句如下:

```
root@slave1:/usr/local/mongodbSecondary2# ./bin/mongod --config start.conf &
```

第二步:初始化分片 shard1 对应的复制集。

打开任意一个 mongo 客户端,连接 Primary 节点,语句如下:

```
root@slave1:/usr/local# ./mongodbPrimary/bin/mongo --port 50000
```
执行复制集初始化命令:

```
> rs.initiate()
```
将 Secondary1 和 Secondary2 两个节点添加到复制集,语句如下:

```
rs0:PRIMARY> rs.add("192.168.85.129:50001")
rs0:PRIMARY> rs.add("192.168.85.129:50002")
```
最后检查复制集状态是否正确,确保正确运行,语句如下:

```
rs0:PRIMARY> rs.status()
```
观察输出结果是否有 3 个节点,其中一个为 Primary 节点,另外两个为 Secondary 节点。

第三步:在 slave2 主机上,参照上面第一步和第二步,启动并初始化分片 shard2 对应的复制集。

第四步:在 master 主机上,参照上面第一步和第二步,启动并初始化 config 配置服务器对应的复制集。

第五步:在 master 主机上,启动并初始化 mongos 对应的路由实例。

确保 mongos 的启动配置文件 start.conf 的内容如下:

```
sharding:
  configDB:         rsconfig/192.168.85.128:50000,         192.168.85.128:50001,192.168.85.128:50002
systemLog:
  path: /usr/local/mongodbOS/logs/123.log
  destination: file
net:
  port: 50003
bindIp: localhost,192.168.85.128
```

启动 mongos 路由实例的语句如下：

```
root@master:/usr/local/mongodbOS# ./bin/mongos --config start.conf &
```

确保前面 5 个步骤执行成功并启动了组成集群的各模块。

第六步：初始化分片集群。

打开任意一个 mongo 客户端，连接 mongos 路由实例，语句如下：

```
root@master:/usr/local/mongodbOS# ./bin/mongo --port 50003
```

分别将 slave1 主机和 slave2 主机中的分片 rs0、rs1 添加到集群，语句如下：

```
mongos> sh.addShard("rs0/192.168.85.129:50000")
mongos> sh.addShard("rs1/192.168.85.130:50000")
```

最后检查集群的状态，语句如下：

```
mongos> sh.status()
```

如果运行正常，则会输出如下信息：

```
--- Sharding Status ---
  sharding version: {
      "_id" : 1,
      "minCompatibleVersion" : 5,
      "currentVersion" : 6,
      "clusterId" : ObjectId("5f7d7b8d380c416642e0fd89")
  }
  shards:  //对应集群中的分片信息，数据均匀分布在这些分片上
      {"_id":"rs0","host":                      "rs0/192.168.85.129:50000,
192.168.85.129:50001, 192.168.85.129:50002",  "state" : 1 }
      {"_id":"rs1","host":
"rs1/192.168.85.130:50000,192.168.85.130:50001,   192.168.85.130:50002",
"state" : 1 }
  active mongoses:
      "4.2.1" : 1
  autosplit:
      Currently enabled: yes
  balancer:  //默认开启集群的均衡器
      Currently enabled:  yes
      Currently running:  no
      Failed balancer rounds in last 5 attempts:  0
      Migration Results for the last 24 hours:
            No recent migrations
```

```
databases:
        { "_id" : "config", "primary" : "config", "partitioned" : true }
                config.system.sessions
                        shard key: { "_id" : 1 }
                        unique: false
                        balancing: true
                        chunks:
                                rs0      1
                        {"_id":{"$minKey":1}}-->> { "_id" : { "$maxKey" : 1 } }
on : rs0 Timestamp(1, 0)
```

至此，一个包含两个分片的分片集群已部署完成，后面将基于此集群深入分析分片集群的工作机制。

注意：当部署分片集群时所有组件建议保持相同的 MongoDB 版本，否则可能会出现异常。

7.2.6 配置集合使其分片

集群分片的本质就是将待插入集合的数据按一定规则分散存储到集群中的各个分片上；查询时先根据规则计算出待返回数据所在的分片，再将数据从具体的分片返回客户端。

在默认情况下，数据库中的集合数据并不会被分散存储，如果想要集合数据分散存储，则需要显示的配置使其支持分片。对于没有配置成分散存储的集合，其数据会存储到默认的片上，如图 7-6 所示。

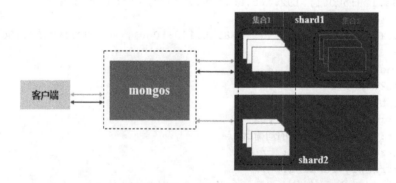

图 7-6　集合 1 分散存储在各分片上，集合 2 默认存储在 shard1 上

下面介绍集合分片。

第一步：通过连接 mongos，连接到集群。

语句如下：

```
./mongodbOS/bin/mongo --port 50003
```

这里连接集群的步骤与连接单个实例的步骤相同，mongos 路由实例相当于整个集群窗口，所有客户端连接上这个窗口即可与集群进行通信。

第二步：在集群中新建一个数据库 crm 和集合 customers。

语句如下：

```
mongos> use crm
mongos> db.customers.insert({cust_id:1,cust_name:"bruce",city:"beijing"})
```

这里创建数据库、创建集合的语句与上文连接到单个 mongod 实例执行的操作语句基本相同，只不过前缀变成了 mongos，表示当前运行环境是分片集群。

上面语句执行成功后，我们再次观察集群的状态信息，执行如下语句：

```
mongos> sh.status()
```

在输出信息中，databases 字段下面会多出如下一条记录：

```
{ "_id" : "crm", "primary" : "rs1", "partitioned" : false, "version" :
{ "uuid" : UUID("27b00a0b-2aa6-4f97-a710-7efc1326af8b"), "lastMod" : 1 } }
```

- "partitioned" : false：表示此时 crm 数据库还未支持分片。
- "primary" : "rs1"：表示 crm 数据库中所有未分片的集合将保存在 rs1 中。

与此同时，我们单独连接到 rs1 对应的复制集上，发现确实有刚才新建的 crm 数据库和 customers 集合；当单独连接到 rs0 对应的复制集上时，却没有找到 customers 集合。这也证明了在默认情况下没有被配置成分片存储的集合数据只会存储在一个默认的分片上，即上面 primary 字段指定的分片。

第三步：修改配置，使上面创建的 customers 集合分片存储。

如何确定待插入集合的数据落到哪个分片上，是由用户选择的片键决定的。片键选择的好坏会影响集群的读/写性能和数据的分布情况，7.3.1 节将详细分析片键选择策略。

想要使用集合分片必须先使其所在的数据库支持分片，执行如下语句：

```
mongos> sh.enableSharding("crm")
```

对已有业务数据进行集合分片,必须先在所选择的片键上创建一个索引。如果集合初始时没有任何业务数据,则 MongoDB 会自动在所选择的片键上创建一个索引。

由于已经向 customers 集合中插入了数据,所以当选择集合中的 city 字段作为片键时,先执行如下语句创建一个基于片键的索引:

```
mongos> db.customers.ensureIndex({city:1})
```

再执行如下语句,使 customers 集合按照片键 city 分片存储:

```
mongos> sh.shardCollection("crm.customers",{city:1})
```

成功执行上面语句后,再次查看集群的状态信息,语句如下:

```
mongos> sh.status()
```

在输出信息中,databases 字段对应的值如下:

```
{  "_id" : "crm",  "primary" : "rs1",  "partitioned" : true,  "version" :
{  "uuid" : UUID("27b00a0b-2aa6-4f97-a710-7efc1326af8b"),  "lastMod" : 1 } }
        crm.customers
                shard key: { "city" : 1 }
                unique: false
                balancing: true
                chunks:
                        rs1      1
                { "city" : { "$minKey" : 1 } } -->> { "city" : { "$maxKey" :
1 } } on : rs1 Timestamp(1, 0)
```

我们可以看到,"partitioned"取值变成 true,表示当前 crm 数据库已经支持分片,同时多出 crm.customers 部分,说明 crm 数据库中的 customers 集合按照片键{ "city" : 1 }将数据分散存储到整个集群中。

分片集合中的数据是按 chunk(分块)为单位存储的,一个分块的默认大小为 64MB,其中包含一条或多条文档记录。

由于目前向集合插入的数据还很少,所以这里只显示了一个在 rs1 上的分块。

7.2.7 正确关闭和重启集群

当关闭集群时,为了避免出现数据丢失等问题,我们需要按顺序关闭集群,具体操作步骤如下。

第一步:关闭所有 mongos 路由实例。

通过 mongo 客户端连接 mongos 路由实例，然后执行如下命令：

```
use admin
db.shutdownServer()
```

第二步：关闭所有分片。

通过 mongo 客户端直接连接分片中的每一个节点，然后执行如下命令：

```
use admin
db.shutdownServer()
```

注意：先关闭复制集中的 Secondary 节点，再关闭 Primary 节点。

第三步：关闭所有配置服务器。

通过 mongo 客户端直接连接每一个配置服务器，然后执行如下命令：

```
use admin
db.shutdownServer()
```

注意：先关闭复制集中的 Secondary 节点，再关闭 Primary 节点。

同理，当重新启动分片集群时，也需要按照正确的步骤来启动，否则可能出现内部节点通信的问题。

例如，如果没有启动配置服务器就启动分片节点，则会导致分片节点被挂起，从而启动失败。

因此，正确重新启动分片集群的顺序如下。

第一步：启动配置服务器。

第二步：启动所有分片。

第三步：启动 mongos 路由实例。

对于重启集群，会自动利用已经配置过的元数据进行初始化，不需要再手动进行初始化。

7.3 片键及选择策略

片键本身是集合中每条文档记录上都有的一个字段或多个字段的组合，且在该字段或组合字段上创建了索引。

待插入的任何一条文档记录都会根据其片键对应的值，计算其待插入的归属位置，即具体在哪个分片上的哪个 chunk，对于 MongoDB 分片集群来说，所有 chunk 均匀分布在分片中，如图 7-7 所示。

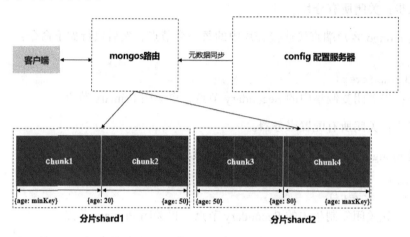

图 7-7 所有 chunk 均匀分布在分片中

假设有一个 users 集合，文档记录中有一个 age 字段，并选择此 age 字段作为分片集群的片键。

初始时随机向 users 集合中插入一些文档记录，但由于 chunk 的大小还未达到默认的阈值 64MB，集群中只会有一个 chunk，此时集群信息如下：

```
crm.users
        shard key: { "age" : 1 }
        unique: false
        balancing: true
        chunks:
                rs1     1
            { "age":{"$minKey":1}} -->> {"age":{"$maxKey":1}} on : rs1 Timestamp(1, 0)
```

我们可以看到，此时 users 集合还只有一个 chunk，且该 chunk 分布在分片 rs1 中，当前集合中的所有文档记录都保存在这个 chunk 上。

随着继续插入文档记录，当 chunk 的大小超过阈值 64MB 时，则会被分割成两个 chunk，每个 chunk 存储的文档记录范围也会随之改变，chunk 及其包含的文档记录范围分布如表 7-1 所示。

表 7-1 chunk 及其包含的文档记录范围分布

分 块	开 始 键 值	结 束 键 值	所 在 分 片
chunk1	-∞	20	rs0
chunk2	20	50	rs0
chunk3	50	80	rs1
chunk4	80	∞	rs1

表 7-1 大致描述了每个 chunk 包含的文档记录范围分布的情况。其中，-∞ 表示所有键值小于 20 的文档记录，∞ 表示所有键值大于 80 的文档记录。

随着进一步向集群中写入数据，现有的 chunk 可能会被进一步分割，每个 chunk 包含的文档范围也可能发生变化。

最后需要强调的一点是：chunk 所包含的文档记录范围并不是物理上的包含，它是一种逻辑包含，它只表示带有片键的文档记录会落在哪个范围内，关于这个范围的文档记录归属于哪个 chunk，以及该 chunk 位于哪个分片上都是可以查询到的。

7.3.1 片键选择策略

MongoDB 首先根据片键值将文档记录写入其归属的某个 chunk 上，再根据片键值直接从相应的分片上读取，避免遍历所有分片，提高了查询效率。

同时，写操作会被路由到不同的分片进行提交，避免所有写操作都写到同一个分片上，写操作的性能也会得到提高。

因此，片键的选择非常重要，它会直接影响数据在分片集群上的分布情况，从而影响分片集群的读/写性能。

下面对几个不同特征值的片键进行分析，为生产环境中的片键选择提供参考。

1. 片键对应的字段取值单调递增或递减

如果选取文档记录中某个取值单调递增或递减的字段作为片键，则会出现所有新插入的文档记录根据片键计算后，待插入的位置可能落在同一个区间范围内，因此所有的写操作将被路由到同一个分片的同一个 chunk 上，出现"局部热点"现象。

当选择单调递增的 id 字段作为片键时，所有新插入的文档记录都被路由到分片 shard2 的 chunk3 上，如图 7-8 所示。

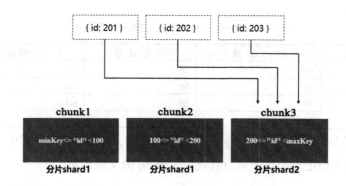

图 7-8　单调递增的字段作为片键

因此，这将使分片 shard2 所在的节点主机承担大量写操作压力，其他分片所在节点主机反而没有承担写操作压力。这与我们想要的利用分片集群将写操作均匀分散到各个分片上，提高写操作性能的目标不一致。

同理，当选择单调递减的 id 字段作为片键时，所有新插入的文档记录将被路由到分片 shard1 上的 chunk1 上，如图 7-9 所示。

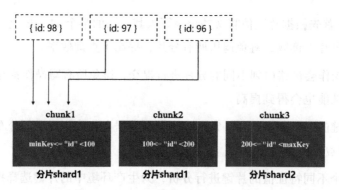

图 7-9　单调递减的字段作为片键

因此，当选择单调递增或递减的字段作为片键时，为了避免出现如上所述的"局部热点"现象，可以考虑先对片键的值进行 Hash 计算，再依赖于 Hash 计算后的值进行分片。关于 Hash 分片的详细介绍参考本书 7.3.2 节。

2．片键对应字段的取值范围有限

因为分片上 chunk 的分割和范围的划分是依赖片键值的，如果片键对应的字段取值范围有限，则 chunk 的分割会受到限制，如图 7-10 所示。

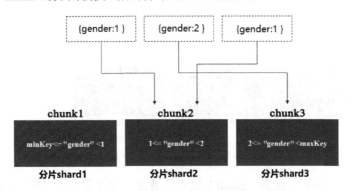

图 7-10　片键对应的字段取值范围有限

例如，对一个集合进行分片，选择性别 gender 字段作为片键，当性别为男时，gender 字段取值为 1；当性别为女时，gender 字段取值为 2。也就是说，gender 字段的取值只有 1 和 2。

当按照此 gender 字段进行分片时，由于该字段的取值有限，所有取值构成的区间为 minKey<= "gender" <1、1<= "gender" <2、2<= "gender" <maxKey，当每个区间都分配了一个 chunk 时，继续插入任何文档记录，都只会落在这些已经分配好的 chunk 上。

由于没有可以再被用于分割的片键值，随着继续插入文档记录，每一个 chunk 的大小将会不断变大，但又不能进一步分割。

因此，即使集群中还有其他分片可用，数据也不会写入这些分片上，最终导致集群中的数据分布严重不平衡，这也使得分片集群失去了具有水平扩展的优势。

如果选择取值范围有限的字段作为片键，为了避免出现上述数据分布不平衡的问题，则可以考虑与其他有较多取值范围的字段组合起来，再利用该组合字段作为分片的片键。

3. 虽然片键对应字段的取值范围很多，但某个取值出现的频率非常高

当选择这种类型的字段作为片键时，也会出现 chunk 分割受到限制的现象。

例如，选择集合中的 age 字段作为片键，尽管 age 字段的取值可能有多个，但是取值 18 出现的频率非常高，导致大部分文档记录都被写入分片 shard2 对应的 chunk2 上，如图 7-11 所示。

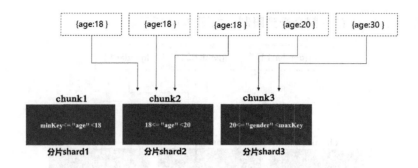

图 7-11 age 字段作为片键，取值 18 出现频率非常高

同时，随着不断写入数据，chunk2 也不能被进一步分割，最终集群中的数据也会出现严重分布不平衡的问题。

为了避免这种问题的出现，可以选择组合字段作为片键，即选择一个在每条文档记录都不一样（如主键字段 _id）或同一个取值出现频率较低的字段来与其组合。

通过以上 3 种情况的介绍，可见对于海量数据的读/写操作，选择一个合适的片键并不容易，为了更好地发挥分片集群的优势，一个好的片键字段应该具有以下特性。

（1）能够将写操作均匀分布到不同的分片上。

（2）能够保证 chunk 随着数据的插入，可被进一步分割。

因此，通过上面的分析，如果单个字段的片键无法满足上述要求，则可以选择几个字段组合来作为片键。

注意：不论是单个字段的片键还是多个字段的组合片键，都需要在这些片键对应的字段上创建相应的索引。

如果待分片的集合已经包含数据，则需要先在片键对应的字段上创建索引，再进行集合分片。

如果待分片的集合是一个空集合，则 MongoDB 在分片时会自动在片键对应的字段上创建索引。

7.3.2　基于 Hash 分片

通过前文介绍可以了解到，如果片键取值是单调递增或单调递减，则会出现"局部热点"的问题。

针对这种"局部热点"问题,我们可以通过 Hash 分片来解决。

Hash 分片的逻辑是,先对片键的取值进行 Hash 计算,然后基于此计算后的结果进行分片。也就是说,读/写操作是根据 Hash 计算后的结果进行路由的,如图 7-12 所示。

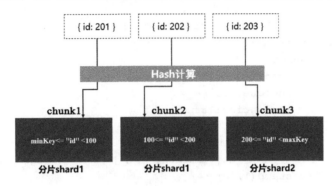

图 7-12　针对单调递增的片键,使用 Hash 分片

我们可以看到,经过 Hash 计算后的分片,数据被均匀写入整个集群中的各个分片上。但是,对于查询操作来说,Hash 分片导致数据太过分散,对于那些基于范围的查询请求,mongos 可能需要将请求路由到所有分片上才能返回正确的结果。因此,基于 Hash 索引的分片,在某种程度上可能会影响读操作性能。

下面通过一个实例演示如何创建一个集合的 Hash 分片。

(1)假设 crm 数据库下有一个 orders 集合,查看数据样式。

执行如下语句:

```
{ "_id" : 1, "amount" : 100, "cust_id" : 2 }
{ "_id" : 2, "amount" : 90, "cust_id" : 3 }
…
```

其中,_id 为主键,取值单调递增,在对 orders 集合进行 Hash 分片之前,查看 crm 数据库在集群中的状态信息。

执行如下语句:

```
mongos> sh.status()
```

输出结果如下:

```
{  "_id" : "crm",  "primary" : "rs1",  "partitioned" : true,  "version" :
```

```
        {  "uuid" : UUID("27b00a0b-2aa6-4f97-a710-7efc1326af8b"),  "lastMod" : 1 } }
                crm.customers
                        shard key: { "city" : 1 }
                        unique: false
                        balancing: true
                        chunks:
                                rs1     1
                        { "city" : { "$minKey" : 1 } } -->> { "city" : { "$maxKey" :
1 } } on : rs1 Timestamp(1, 0)
                crm.users
                        shard key: { "age" : 1 }
                        unique: false
                        balancing: true
                        chunks:
                                rs1     1
                        { "age" : { "$minKey" : 1 } } -->> { "age" : { "$maxKey" :
1 } } on : rs1 Timestamp(1, 0)
```

可以看到，由于还没有对 orders 集合进行分片，所以输出的集群状态信息中没有 orders 集合相关的分片信息，当前 orders 集合中的所有数据都保存在 primary 字段指定的分片 rs1 上。

通过 mongo 客户端分别直接连分片 rs0 和 rs1，也可看到此时只在分片 rs1 上有数据。

（2）针对 orders 集合上的 _id 字段，创建 Hash 索引。

创建 Hash 索引的语句如下：

```
mongos> db.orders.createIndex({ _id: "hashed" })
```

（3）使 orders 集合基于 _id 字段，进行 Hash 分片。

创建 Hash 分片的语句如下：

```
mongos> sh.shardCollection("crm.orders",{_id:"hashed"})
```

创建成功后，再次查看集群的状态信息，执行如下语句：

```
mongos> sh.status()
```

输出结果如下：

```
crm.orders
                shard key: { "_id" : "hashed" }
                unique: false
                balancing: true
                chunks:
```

```
                             rs1      1
                                  { "_id" : { "$minKey" : 1 } } -->> { "_id" :
{ "$maxKey"                                                                  : 1 } }
on : rs1 Timestamp(1, 0)
```

说明此时 orders 集合已经基于 _id 字段进行了 Hash 分片，由于集合的数据量比较小，因此只有一个对应的 chunk，且该 chunk 在分片 rs1 上。

对一个已有数据的集合进行分片，MongoDB 会创建一些初始的 chunk，这些 chunk 会覆盖整个片键值，具体 chunk 的数量依赖集合中数据的大小和配置的单个 chunk 大小。

当完成初始化 chunk 的创建后，MongoDB 内部的均衡器进程自动将这些 chunk 均匀移动到所有分片上。

7.3.3 基于范围的分片

基于范围的分片是 MongoDB 默认的分片策略，与 Hash 分片不同之处在于，片键值相近或在同一个区间范围内的文档记录可能会被写入相同的 chunk 或分片上，而在 Hash 分片下相邻片键值的文档记录会被插入不同的 chunk 上，如图 7-13 所示。

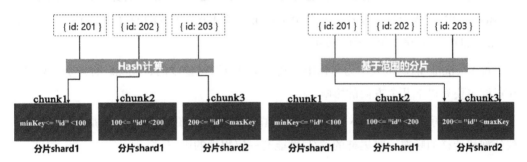

图 7-13　基于 Hash 分片和基于范围分片的比较

针对基于范围分片的集合进行查询时，如果查询请求也是按范围进行的，则 mongos 会将这些请求路由到同一个 chunk 上，再由该 chunk 返回查询结果，在这种模式下可以提高分片集群的查询效率。

但是，对于基于范围的分片来说，片键选择至关重要，如果选择的片键较差，则会严重影响分片集群的读/写性能。

7.4　chunk

MongoDB 分片集群的数据分割是以 chunk 为单位进行的。写入时，mongos 先找到其归属的 chunk，再将文档记录写入；读取时，先定位具体的 chunk，再返回数据，如图 7-14 所示。

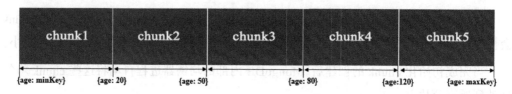

图 7-14　分片集群以 chunk 为单位进行数据分割

当对已有数据的集合进行分片时，MongoDB 首先会创建一些初始的 chunk，这些 chunk 将涵盖整个片键值对应的数据范围；然后后台均衡器进程会将这些初始的 chunk 迁移到整个分片集群上，使其均匀分布。

当对一个空的或不存在的集合进行分片时，如果是基于 Hash 的分片，在初始化时，则 MongoDB 默认为每个分片创建两个 chunk；如果是基于范围的分片，在初始化时，则 MongoDB 只创建一个空的 chunk。

每个 chunk 的默认大小为 64MB，其大小是可以被修改的，chunk 的大小设置对分片集群主要有以下几个方面的影响。

（1）如果每个 chunk 较小，则有利于集群中的数据分布更加均衡，但是会增加 chunk 被分割和迁移的频率，对集群的读/写性能有一定程度的影响。

（2）如果每个 chunk 较大，则会降低 chunk 被分割和迁移的频率，但是可能会导致数据分布不够均衡。

（3）每个 chunk 的大小会影响每个 chunk 可包含的最大文档记录数量。

在大多数应用场景中，使用 chunk 默认的大小（64MB）即可满足需求。

7.4.1　chunk 的分割

每一个 chunk 随着不断写入数据，其大小会不断变化，当达到预先设定的阈值或该 chunk 包含的文档记录数量超过允许的最大数量时，MongoDB 就会对该 chunk 进行分割。

分割 chunk 后，可能导致 chunk 在整个集群中分布不均衡，MongoDB 自带的均衡器进程会自动进行 chunk 迁移，以完成 chunk 的重新分布。

图 7-15 所示为 chunk 大小超过阈值时的分割示意图。

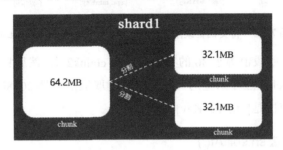

图 7-15　chunk 大小超过阈值时的分割示意图

在正常情况下，当 chunk 的大小超过阈值后，MongoDB 会自动对该 chunk 进行分割，不需要人工干预。

但是，在有些应用场景下，依赖自动分割的效率可能比较低。例如，有以下两种应用场景。

（1）针对已有的集合数据部署分片集群，初始时集合中可能有大量的数据，但此时集群中 chunk 的数量还比较少，如果让 MongoDB 自动完成分割，则可能需要较长时间。

（2）当导入大量文档记录时，这些文档记录的片键值都落在单个 chunk 上。例如，当导入文档记录的片键取值范围是 100～200，且集群中有一个 chunk 涵盖的片键值范围为 50～230，所有导入的文档记录均落在这个 chunk 上。

因此，为了加快 chunk 的分割，MongoDB 提供了手动分割方法应对这类应用场景，有如下两种手动分割方法。

1. 手动分割方法 sh.splitFind( )

当执行 sh.splitFind( )方法时，会将查询匹配到的第 1 个文档记录所在的 chunk 平均分割成两个 chunk，如图 7-16 所示。

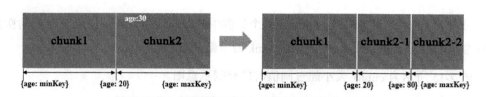

图 7-16　将文档记录所在的 chunk 平均分割成两个 chunk

首先查询到 age 字段值等于 30 的文档记录在 chunk2 上，然后将 chunk2 平均分割成两个 chunk，其中，chunk2-1 对应的文档记录片键取值范围是[20, 80)，chunk2-2 对应的文档记录片键取值范围是[80, maxKey]。

2．手动分割方法 sh.splitAt( )

当执行 sh.splitAt( )方法时，首先查询到该文档记录所在的 chunk，然后基于该文档记录所在的 chunk 位置，再将该 chunk 进行分割，如图 7-17 所示。

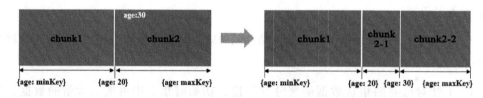

图 7-17　根据文档记录在 chunk 上的位置分割 chunk

首先查询到 age 字段值等于 30 的文档记录在 chunk2 上，然后将 chunk2 按照此位置分割成两个 chunk，其中，chunk2-1 对应的文档记录片键取值范围是[20, 30)，chunk2-2 对应的文档记录片键取值范围是[30, maxKey)。

通过以下操作步骤分析 chunk 的分割。

查看当前集群中 users 集合的分片状态，执行如下语句：

```
mongos> sh.status()
```

在输出信息中，关于 users 集合的分片状态信息如下：

```
crm.users
            shard key: { "age" : 1 }
            unique: false
            balancing: true
            chunks:
                rs1     1
```

```
{ "age" : { "$minKey" : 1 } } -->> { "age" : { "$maxKey" : 1 } } on : rs1
```
说明当前集合中的数据都在一个 chunk 上，且该 chunk 位于分片 rs1 上。

平均分割当前 chunk，执行如下语句：

```
mongos> sh.splitFind("crm.users",{"age":50})
```

查看当前集群中 users 集合的分片状态，执行如下语句：

```
mongos> sh.status()
```

在输出信息中，关于 users 集合的分片状态信息如下：

```
crm.users
                shard key: { "age" : 1 }
                unique: false
                balancing: true
                chunks:
                        rs0     1
                        rs1     1
        { "age" : { "$minKey" : 1 } } -->> { "age" : 60 } on : rs0
        { "age" : 60 } -->> { "age" : { "$maxKey" : 1 } } on : rs1
```

我们可以看到，users 集合中的数据被平均分割为两个 chunk，其中，一个 chunk 涵盖的文档记录片键取值范围为[$minKey, 60)，另一个 chunk 涵盖的文档记录片键取值范围为[60, $maxKey)，并且这两个 chunk 均匀分布在集群的分片 rs0 和分片 rs1 上。

按文档记录所在的 chunk 位置分割当前 chunk，执行如下语句：

```
mongos> sh.splitAt("crm.users",{"age":70})
```

执行成功后，再次查看当前集合的分片状态信息，执行如下语句：

```
mongos> sh.status()
```

输出信息如下：

```
crm.users
                shard key: { "age" : 1 }
                unique: false
                balancing: true
                chunks:
                        rs0     1
                        rs1     2
        { "age" : { "$minKey" : 1 } } -->> { "age" : 60 } on : rs0
        { "age" : 60 } -->> { "age" : 70 } on : rs1
        { "age" : 70 } -->> { "age" : { "$maxKey" : 1 } } on : rs1
```

我们可以看到，users 集合中对应范围为[60, $maxKey)的 chunk 又被分割为[60, 70)

和[70, $maxKey)这两个新的chunk，分割点恰好是上面命令中指定的片键值。

下面通过mongo客户端分别连接mongos、分片rs0和分片rs1，然后查询users集合，观察返回的数据有什么区别。

（1）连接mongos进行查询，语句如下：

```
./bin/mongo --port 50003
mongos> db.users.find()
```

返回结果如下：

```
{ "_id" : 16, "username" : "name16", "age" : 100, "city" : "shenzhen" }
{ "_id" : 18, "username" : "name18", "age" : 98, "city" : "guangzhou" }
{ "_id" : 17, "username" : "name17", "age" : 93, "city" : "wuhan" }
…...
{ "_id" : 15, "username" : "name15", "age" : 90, "city" : "shenzhen" }
{ "_id" : 2, "username" : "name2", "age" : 30, "city" : "wuhan" }
{ "_id" : 1, "username" : "name1", "age" : 28, "city" : "beijing" }
```

我们可以看到，通过mongos查询，返回的是users集合中的所有数据。

（2）连接分片rs0进行查询，语句如下：

```
./bin/mongo --host 192.168.85.129 --port 50001
rs0:PRIMARY> db.users.find({})
```

返回结果如下：

```
{ "_id" : 1, "username" : "name1", "age" : 28, "city" : "beijing" }
{ "_id" : 2, "username" : "name2", "age" : 30, "city" : "wuhan" }
{ "_id" : 3, "username" : "name3", "age" : 36, "city" : "wuhan" }
{ "_id" : 4, "username" : "name4", "age" : 50, "city" : "guangzhou" }
{ "_id" : 5, "username" : "name5", "age" : 52, "city" : "guangzhou" }
{ "_id" : 6, "username" : "name6", "age" : 55, "city" : "shenzhen" }
{ "_id" : 7, "username" : "name7", "age" : 58, "city" : "shenzhen" }
{ "_id" : 9, "username" : "name9", "age" : 33, "city" : "changsha" }
{ "_id" : 10, "username" : "name10", "age" : 38, "city" : "changsha" }
```

（3）连接分片rs1进行查询，语句如下：

```
./bin/mongo --host 192.168.85.130 --port 50001
rs1:PRIMARY> db.users.find()
```

返回结果如下：

```
{ "_id" : 8, "username" : "name8", "age" : 60, "city" : "shanghai" }
{ "_id" : 11, "username" : "name11", "age" : 68, "city" : "beijing" }
{ "_id" : 12, "username" : "name12", "age" : 70, "city" : "beijing" }
```

```
{ "_id" : 13, "username" : "name13", "age" : 78, "city" : "shanghai" }
{ "_id" : 14, "username" : "name14", "age" : 88, "city" : "shanghai" }
{ "_id" : 15, "username" : "name15", "age" : 90, "city" : "shenzhen" }
{ "_id" : 16, "username" : "name16", "age" : 100, "city" : "shenzhen" }
{ "_id" : 17, "username" : "name17", "age" : 93, "city" : "wuhan" }
{ "_id" : 18, "username" : "name18", "age" : 98, "city" : "guangzhou" }
```

通过比较 3 次查询返回的数据，我们可以看到分片 rs0 只保存了 users 集合中 age 字段值小于 60 的文档记录。分片 rs1 中只保存了 users 集合中 age 字段值大于或等于 60 的文档记录。这与集群中 users 集合的分片状态信息是一致的，当前 users 集合的分片状态如图 7-18 所示。

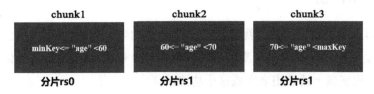

图 7-18　当前 users 集合的分片状态

同时，随着 chunk 的分割和迁移，数据在集群中的分布也会随之发生迁移。

注意：上面 chunk 的大小并没有达到默认的分割阈值，分割动作都是通过手动执行相关语句完成的。

7.4.2　chunk 大小的修改

分片集群中的 chunk 随着写入数据的增加会被分割和迁移，因此 chunk 的大小会影响 chunk 被分割和迁移的频率。

如果 chunk 设置得太大，则会减少 chunk 被分割和迁移的频率，但是会增加 chunk 在迁移过程中产生的 I/O 负载。

同理，如果 chunk 设置得太小，则会增加 chunk 被分割和迁移的频率，但在某种程度上可以减少 chunk 在迁移过程中产生的 I/O 负载。

如果确实需要修改 chunk 的大小，则可以通过如下步骤完成。

（1）连接 mongos，语句如下：

```
./bin/mongo --port 50003
```

（2）切换到 config 数据库下，语句如下：

```
mongos> use config
```

（3）重新设置 chunk 的大小，语句如下：

```
mongos> db.settings.save({ _id:"chunksize", value: 32})
```

该设置方法属于全局设置，对所有集合的分片 chunk 都适用。chunk 大小可以设置的取值范围为 1MB～1024MB。

注意：尽管我们可以修改 chunk 的大小，但默认大小（64MB）是可适用于大多数应用场景的。

7.5 Balancer

分片集群一个很重要的特性就是能将读/写负载均匀分布到所有分片上。因此，为了保障集群的读/写性能，需要确保集群中的数据均匀分布在所有分片上，MongoDB 提供的 Balancer（均衡器）就是用来完成这个功能的。

Balancer 本质上是一个后台进程，运行在配置服务器中的 Primary 节点上，它会监测分片集合在每个分片上的 chunk 数量，一旦发现分片集合在任意两个分片上的 chunk 数量之差达到迁移阈值，就会自动触发 chunk 的迁移。

下面通过一个实例介绍 chunk 的迁移，假设当前分片集合 users 的 chunk 分布如下：

```
mongos> sh.status()
```

输出结果如下：

```
crm.users
                shard key: { "age" : 1 }
                unique: false
                balancing: true
                chunks:
                        rs0     1
                        rs1     2
                { "age" : { "$minKey" : 1 } } -->> { "age" : 60 } on : rs0
                { "age" : 60 } -->> { "age" : 70 } on : rs1
                { "age" : 70 } -->> { "age" : { "$maxKey" : 1 } } on : rs1
```

我们可以看到，users 集合有 3 个 chunk，有 2 个 chunk 在分片 rs1 上，有 1 个 chunk 在分片 rs0 上。

下面手动分割分片 rs1 上的[70, $maxKey)chunk，使 users 集合在分片 rs1 的 chunk

数量与在分片 rs0 上的数量之差超过迁移阈值（对于 chunk 总数量小于 20 的分片集合来说，该阈值为 2）。

执行如下语句进行分割：

```
mongos> sh.splitFind("crm.users",{"age":88})
```

成功执行后，再次通过 sh.status()命令查看当前分片集合中的 chunk 数量和分布情况，输出结果如下：

```
crm.users
                shard key: { "age" : 1 }
                unique: false
                balancing: true
                chunks:
                        rs0     2
                        rs1     2
        { "age" : { "$minKey" : 1 } } -->> { "age" : 60 } on : rs0
        { "age" : 60 } -->> { "age" : 70 } on : rs0
        { "age" : 70 } -->> { "age" : 90 } on : rs1
        { "age" : 90 } -->> { "age" : { "$maxKey" : 1 } } on : rs1
```

我们可以看到，此时 users 集合包含的 chunk 均匀分布在所有分片上，chunk 的分割和迁移过程如图 7-19 所示。

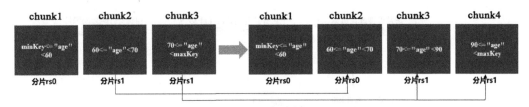

图 7-19　chunk 的分割和迁移过程

首先，原来分片 rs1 上的[70, $maxKey)chunk 被分割为[70, 90)、[90, $maxKey)两个 chunk。

然后，由于此时分片 rs1 上的 chunk 数量变为 3，而分片 rs0 上的 chunk 数量还是 1，显然两者差值已经超过默认的迁移阈值（默认值要小于 2），所以会触发均衡器对 chunk 进行迁移，最终将分片 rs1 上的[60, 90)chunk 迁移到分片 rs0 上。

上文提到的默认迁移阈值，会根据集合 chunk 总数量的不同而有所差别，如表 7-2 所示。

表 7-2 计算分片的 chunk 迁移阈值

分片集合包含的 chunk 总数量	触发均衡器迁移 chunk 的阈值
小于 20	2
大于或等于 20，且小于 80	4
大于或等于 80	8

注意：这里判断是否超过迁移阈值，与在任意两个分片上，分片集合拥有最多的 chunk 数量与最少的 chunk 数量之差进行比较。

7.5.1 一个完整的 chunk 迁移过程

chunk 迁移本身是一个比较复杂的过程，在默认情况下都是由 Balancer 进程在后台完成的，一个完整的 chunk 迁移过程如图 7-20 所示。

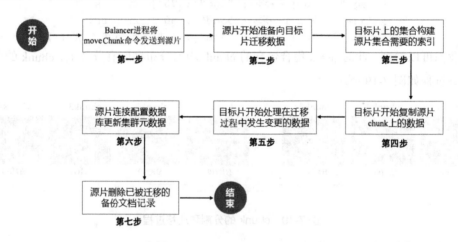

图 7-20 一个完整的 chunk 迁移过程

第一步：Balancer 进程将 moveChunk 命令发送到源片。

如果后台运行的 Balancer 进程监测到任意分片集合的 chunk 数量分布不均匀，达到了迁移阈值，则向需要迁移 chunk 的源片发送 moveChunk 命令。

第二步：源片开始准备向目标片迁移数据。

在源片内部执行 moveChunk 命令，开始为迁移工作做准备。在整个迁移过程中，客户端所有读/写操作仍将继续被路由到源片上的 chunk，同时源片也会记录那些已经被迁移的文档记录所发生的数据变更。

第三步：目标片上的集合构建源片集合所需要的索引。

因为 chunk 的迁移只涉及集合所包含的数据，并没有迁移集合的索引数据，所以需要在目标片上构建源片集合上已有的索引。

第四步：目标片开始复制源片 chunk 上的数据。

完成上一步的索引构建后，目标片开始复制源片 chunk 上的数据。

由于文档记录是被一条一条复制过来的，同时在 MongoDB 的分片集群中每个分片实际上都被部署成为一个复制集架构，所以这里对每一条复制过来的文档记录是否应该被一个或多个 Secondary 节点确认后，迁移进程才能继续处理下一条文档记录。

MongoDB 为 Balancer 提供了一个"_secondaryThrottle"配置参数控制复制过来的文档记录是否被一个或多个 Secondary 节点确认已完成后，才能继续处理下一条文档记录（功能类似于"写关注"）。

通过连接 mongos，然后在 config 数据库上的 settings 集合中设置该参数，语句如下：

```
use config
db.settings.update(
  { "_id" : "balancer" },
  { $set : { "_secondaryThrottle" : { "w": "2" } } },
  { upsert : true }
)
```

表示复制过来的文档记录至少要被写入一个 Secondary 节点之后，迁移进程才能处理下一条文档记录。

注意：从 MongoDB 3.4 版本开始，在默认情况下，"_secondaryThrottle"参数是没被设置的。因此，迁移进程不需要等待复制过来的文档记录写入 Secondary 节点，它可以继续直接处理下一条文档记录的复制。

第五步：目标片开始处理在迁移过程中发生变更的数据。

在迁移文档记录的过程中，可能有些文档记录已经被修改，这些被修改的文档记录保存在源片上，因此当按照第四步循环处理完所有要迁移的文档记录后，目标片需要同步处理这些数据变更，以保障数据一致性。

第六步：源片连接配置数据库更新集群元数据。

在完成所有文档记录迁移及迁移过程中的变更数据处理后，源片连接集群中保存元数据信息的配置数据库，同时更新 chunk 新的位置信息。

在 MongoDB 分片集群中 chunk 只是一个逻辑概念，真正发生迁移的是 chunk 涵盖的一条条文档数据。因此，迁移完成后，我们只需修改 chunk 的元数据信息即可。

注意：由于 chunk 的位置发生了变更，而客户端需要通过 mongos 路由到正确的 chunk 才能进行读/写操作。所以在完成迁移后，mongos 需要根据配置服务器上最新的元数据刷新它的路由信息，这个刷新的动作也是自动在后台完成的。

第七步：源片删除已被迁移的备份文档记录。

完成第六步的元数据更新后，如果当前已没有打开的游标（读/写请求）在原先 chunk 对应的文档记录上，源片就可以删除这部分已经被迁移的备份文档记录。

Balancer 进程只能从特定的分片上一次迁移一个 chunk，如果分片上有多个 chunk 需要迁移，则为了提高迁移的效率，在默认情况下，MongoDB 并不会等待第七步完成备份文档记录的删除，它会直接开始下一个 chunk 的迁移。

当然，我们也可以通过"_waitForDelete"配置参数改变 Balancer 进程的行为。等删除完成后再开始下一个 chunk 的迁移，语句如下：

```
use config
db.settings.update(
   { "_id" : "balancer" },
   { $set : { "_waitForDelete" : true } },
   { upsert : true }
)
```

7.5.2 Balancer 的管理

Balancer 进程运行在配置服务器组成的复制集上，准确来说是运行在该复制集中的 Primary 节点上。

在默认情况下，Balancer 进程是自动开启的，如果在某些性能要求比较高的特殊场景下，则可以手动关闭 Balancer 进程。

下面通过一些具体的语句来管理 Balancer。

（1）检查是否开启 Balancer。

执行如下语句：

```
mongos> sh.getBalancerState()
```

如果开启 Balancer 则返回 true，否则返回 false。

也可以直接通过 sh.status() 命令观察输出字段 Currently enabled 的取值，取值为 yes 表示开启 Balancer，取值为 no 表示关闭 Balancer。

（2）检查 Balancer 是否正在运行。

执行如下语句：

```
mongos> sh.isBalancerRunning()
```

如果正在运行 Balancer 则返回 true，否则返回 false。

也可以直接通过 sh.status() 命令观察输出字段 Currently running 的取值，取值为 yes 表示正在运行 Balancer，取值为 no 表示没有运行 Balancer。

（3）关闭 Balancer。

执行如下语句：

```
mongos> sh.stopBalancer()
```

当关闭 Balancer 时，如果还有未完成的 chunk 迁移任务正在运行，则会等该迁移任务完成后，系统才关闭 Balancer。

如果关闭 Balancer，则默认也关闭了 chunk 的自动分割功能。

关闭 Balancer 后，查询集群的状态信息，会输出如下信息：

```
autosplit:
      Currently enabled: no
balancer:
      Currently enabled:  no
```

（4）开启 Balancer。

执行如下语句：

```
mongos> sh.stopBalancer()
```

如果开启 Balancer，则默认也会开启 chunk 的自动分割功能。

（5）只停止对某个集合的 balancing 操作。

在某些特定的应用场景下，如针对某个具体集合数据的导入/导出或者需在该集合上执行维护操作，我们可以只关闭 Balancer 对这个分片集合的 chunk 迁移功能，而其他分片集合不会受到影响。

执行如下语句：

```
mongos> sh.disableBalancing("crm.users")
```

执行成功后，观察通过 sh.status() 命令输出的结果，可以看到如下信息：

```
crm.users
            shard key: { "age" : 1 }
            unique: false
            balancing: false
…
```

balancing 的值为 false 表示已关闭该分片集合的 chunk 均衡分布功能。

（6）只开启对某个集合的 balancing 操作。

执行如下语句：

```
mongos> sh.enableBalancing("crm.users")
```

开启成功后，如果发现该分片集合的数据分布不均匀，则 Balancer 会自动均匀地分布数据。

（7）设置 Balancer 可以执行 chunk 迁移的时间窗。

在某些应用场景下，可能并不希望 Balancer 在业务繁忙时执行 balancing 操作，而是希望 balancing 操作发生在特定的时间段内，如凌晨 2 点～3 点，业务最少时，才允许运行 Balancer 执行 chunk 迁移的操作。

设置 Balancer 可以运行时间窗的语句如下：

```
mongos> use config
mongos> db.settings.update(
{_id: "balancer"},
{ $set: { activeWindow : { start : "02:00", stop : "03:00"}}},
{upsert: true}
)
```

执行成功后，只允许 Balancer 在凌晨 2 点～3 点这个时间窗运行。

注意：我们需要考虑其他时间写入集群的数据量大小，确保设置的时间窗是充足的，在这个时间窗内，Balancer 能够完成所有的 chunk 迁移。

如果希望 Balancer 一直运行，则可以删除相应的时间窗，语句如下：

```
mongos> use config
mongos> db.settings.update({ _id : "balancer" }, { $unset : { activeWindow : true } })
```

7.5.3 存储元数据的 config 数据库

对于分片集群来说，与 chunk 迁移、Balancer 配置及其他集群相关的元数据信息都保存在系统自动生成的 config 数据库中。

因此，为了更好地了解集群的运行状况、对集群的性能进行调优及出现问题时能快速找到解决方法，我们有必要详细了解一下 config 数据库中几个主要的系统集合。

1. changelog 集合

changelog 集合保存分片集合上所发生的变更信息，如 chunk 的分割、chunk 的迁移及集合的删除等元数据信息。

如前文介绍的手动分割命令：

```
mongos> sh.splitFind("crm.users",{"age":88})
```

图 7-21 所示为手动分割 chunk 示意图。

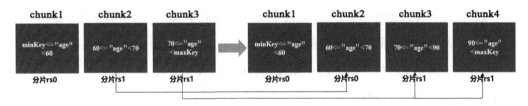

图 7-21　手动分割 chunk 示意图

关于这个分割过程的详细元数据信息，我们可以执行如下语句得到：

```
mongos> db.changelog.find().sort({time:-1})     //按时间降序排列，便于查阅
```

输出结果如图 7-22 所示。

MongoDB 核心原理与实践

```
{ "_id" : "master:50001-2021-01-19T06:23:08.124-0800-6006eb4cc2956b4b33020003", "server" : "master:50001", "shard" : "config", "clientAddr" : "192.168.85.130:47386", "time" : ISODate("2021-01-19T14:23:08.124Z"), "what" : "split", "ns" : "crm.users", "details" : { "before" : { "min" : { "age" : 70 }, "max" : { "age" : { "$maxKey" : 1 } }, "lastmod" : Timestamp(2, 3), "lastmodEpoch" : ObjectId("5f9ad34c3d154ca894319cf9") }, "left" : { "min" : { "age" : 70 }, "max" : { "age" : 90 }, "lastmod" : Timestamp(2, 4), "lastmodEpoch" : ObjectId("5f9ad34c3d154ca894319cf9") }, "right" : { "min" : { "age" : 90 }, "max" : { "age" : { "$maxKey" : 1 } }, "lastmod" : Timestamp(2, 5), "lastmodEpoch" : ObjectId("5f9ad34c3d154ca894319cf9") } } }
{ "_id" : "slave2:50001-2021-01-19T06:23:07.719-0800-6006eb4b3d154ca89433a237", "server" : "slave2:50001", "shard" : "rs1", "clientAddr" : "192.168.85.128:42842", "time" : ISODate("2021-01-19T14:23:07.719Z"), "what" : "moveChunk.from", "ns" : "crm.users", "details" : { "min" : { "age" : 60 }, "max" : { "age" : 70 }, "step 1 of 6" : 0, "step 2 of 6" : 8, "step 3 of 6" : 21, "step 4 of 6" : 9, "step 5 of 6" : 14, "step 6 of 6" : 17, "to" : "rs0", "from" : "rs1", "note" : "success" } }
{ "_id" : "slave2:50001-2021-01-19T06:23:07.711-0800-6006eb4b3d154ca89433a22f", "server" : "slave2:50001", "shard" : "rs1", "clientAddr" : "192.168.85.128:42842", "time" : ISODate("2021-01-19T14:23:07.711Z"), "what" : "moveChunk.commit", "ns" : "crm.users", "details" : { "min" : { "age" : 60 }, "max" : { "age" : 70 }, "from" : "rs1", "to" : "rs0", "counts" : { "cloned" : NumberLong(2), "clonedBytes" : NumberLong(140), "catchup" : NumberLong(0), "steady" : NumberLong(0) } } }
{ "_id" : "slave1:50001-2021-01-19T06:23:07.693-0800-6006eb4bf33966546bb68eae", "server" : "slave1:50001", "shard" : "rs0", "clientAddr" : "", "time" : ISODate("2021-01-19T14:23:07.693Z"), "what" : "moveChunk.to", "ns" : "crm.users", "details" : { "min" : { "age" : 60 }, "max" : { "age" : 70 }, "step 1 of 6" : 2, "step 2 of 6" : 0, "step 3 of 6" : 5, "step 4 of 6" : 0, "step 5 of 6" : 10, "step 6 of 6" : 0, "note" : "success" } }
{ "_id" : "slave2:50001-2021-01-19T06:23:07.657-0800-6006eb4b3d154ca89433a1f8", "server" : "slave2:50001", "shard" : "rs1", "clientAddr" : "192.168.85.128:42842", "time" : ISODate("2021-01-19T14:23:07.657Z"), "what" : "moveChunk.start", "ns" : "crm.users", "details" : { "min" : { "age" : 60 }, "max" : { "age" : 70 }, "from" : "rs1", "to" : "rs0" } }
```

图 7-22　输出结果（1）

从这些元数据信息中，我们可以清晰地看到分片集群的 chunk 分割之前是什么样子的、分割后是什么样子的及 chunk 是如何在分片之间迁移的。

2. chunks 集合

chunks 集合保存集群中所有的 chunk 信息，包括每个 chunk 属于哪个分片集合、位于哪个分片及对应的数据范围等信息。

执行如下语句查看分片集合 crm.users 包含的 chunk 信息：

```
mongos> db.chunks.find({"ns":"crm.users"})
```

输出结果如图 7-23 所示。

```
{ "_id" : "crm.users-age_MinKey", "lastmod" : Timestamp(2, 0), "lastmodEpoch" : ObjectId("5f9ad34c3d154ca894319cf9"), "ns" : "crm.users", "min" : { "age" : { "$minKey" : 1 } }, "max" : { "age" : 60 }, "shard" : "rs0", "history" : [ { "validAfter" : Timestamp(1610951165, 32), "shard" : "rs0" } ] }
{ "_id" : "crm.users-age_60.0", "lastmod" : Timestamp(3, 0), "lastmodEpoch" : ObjectId("5f9ad34c3d154ca894319cf9"), "ns" : "crm.users", "min" : { "age" : 60 }, "max" : { "age" : 70 }, "shard" : "rs0", "history" : [ { "validAfter" : Timestamp(1611066188, 25), "shard" : "rs0" } ] }
{ "_id" : "crm.users-age_70.0", "lastmod" : Timestamp(3, 1), "lastmodEpoch" : ObjectId("5f9ad34c3d154ca894319cf9"), "ns" : "crm.users", "min" : { "age" : 70 }, "max" : { "age" : 90 }, "shard" : "rs1", "jumbo" : false, "history" : [ { "validAfter" : Timestamp(1603982156, 3), "shard" : "rs1" } ] }
{ "_id" : "crm.users-age_90.0", "lastmod" : Timestamp(2, 5), "lastmodEpoch" : ObjectId("5f9ad34c3d154ca894319cf9"), "ns" : "crm.users", "min" : { "age" : 90 }, "max" : { "age" : { "$maxKey" : 1 } }, "shard" : "rs1", "history" : [ { "validAfter" : Timestamp(1603982156, 3), "shard" : "rs1" } ] }
```

图 7-23　输出结果（2）

3. collections 集合

collections 集合保存集群中所有被分片的集合信息，包括集合的名称及选择的片键等信息。

执行如下语句：

```
mongos> db.collections.find()
```

输出结果如图 7-24 所示。

{ "_id" : "config.system.sessions", "lastmodEpoch" : ObjectId("5f7d7c851193726
23116d185"), "lastmod" : ISODate("1970-02-19T17:02:47.296Z"), "dropped" : fals
e, "key" : { "_id" : 1 }, "unique" : false, "uuid" : UUID("d98b2927-edff-436f-
a324-c6eb53622789") }
{ "_id" : "crm.customers", "lastmodEpoch" : ObjectId("5f7dd87a580f562e7e751de9
"), "lastmod" : ISODate("1970-02-19T17:02:47.296Z"), "dropped" : false, "key"
: { "city" : 1 }, "unique" : false, "uuid" : UUID("cd44f82c-3b72-44e6-817b-a7a
654731660") }
{ "_id" : "crm.users", "lastmodEpoch" : ObjectId("5f9ad34c3d154ca894319cf9"),
"lastmod" : ISODate("1970-02-19T17:02:47.296Z"), "dropped" : false, "key" : {
"age" : 1 }, "unique" : false, "uuid" : UUID("1ff06450-3515-45b8-acaa-0bd45d8a
35ee"), "noBalance" : false }
{ "_id" : "crm.orders", "lastmodEpoch" : ObjectId("5fa964e1580f562e7e763b03"),
"lastmod" : ISODate("1970-02-19T17:02:47.296Z"), "dropped" : false, "key" : {
"_id" : "hashed" }, "unique" : false, "uuid" : UUID("5b87ef36-7bb0-47ee-b573-
3bffbb020dc4") }

图 7-24 输出结果（3）

4. databases 集合

databases 集合保存集群中所有被分片的数据库信息，包括数据库的名称及数据库的主分片（用来保存该数据库中未被分片的集合数据）。

执行如下语句：

```
mongos> db.databases.find()
```

输出结果如下：

```
{ "_id" : "crm", "primary" : "rs1", "partitioned" : true, "version" : { "uuid" :
UUID("27b00a0b-2aa6-4f97-a710-7efc1326af8b"), "lastMod" : 1 } }
```

5. setting 集合

setting 集合保存所有与分片集群配置相关的数据，如是否开启 Balancer、是否允许自动分割 chunk、修改 chunk 大小及 Balancer 执行 chunk 迁移的时间窗等信息。

执行如下语句：

```
mongos> db.setting.find()
```

输出结果如下：

```
{ "_id" : "chunksize", "value" : 32 }
{ "_id" : "balancer", "mode" : "full", "stopped" : false }
{ "_id" : "autosplit", "enabled" : true }
```

7.6 小结

本章主要介绍如何部署一个典型的分片集群，并着重介绍了片键选择、chunk 迁移、Balancer 等关键内容。

分片集群通过路由服务器将读/写操作分发到各个分片上，整体提高了系统的并发性和吞吐量；并不是所有的系统都适合部署分片集群，只有当数据量很大，读/写请求很多时才适合使用分片集群，一旦部署为分片集群，那么集群中的每一个分片都应该部署成复制集的形式，提高系统的可靠性和故障恢复的能力；分片时片键的选择很重要，不好的片键会降低系统的性能。

第 8 章
分布式文件存储 GridFS

回顾前面章节介绍的内容,我们了解到 MongoDB 是一个文档类型的数据库,集合中存储的是一条条文档记录,可以支持多种数据类型,除了常见的整型、字符串类型、文本类型,还可以支持二进制数和数组等高级数据类型。

在传统模式下,我们开发一个 Web 系统,如果需要存储和读取文件,则通常的做法是,直接将文件上传到服务器端的文件系统中,然后利用关系型数据库保存文件的路径信息。

当读取文件时,先查询数据库中记录的文件路径,再根据路径在文件系统中查找文件,如图 8-1 所示。

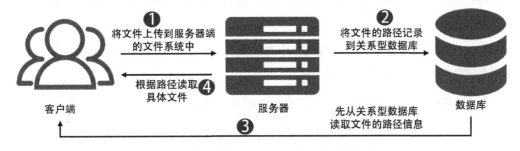

图 8-1 传统模式下的文件存储与读取方式

在传统模式下,每一次文件的读取和上传都要经过两个步骤,性能较差;存储的文件数量受限于文件系统可以保存的最大数量,尤其是在移动互联网时代,面对海量的图片、短视频等文件存储需求,更显得力不从心。

因此,我们需要考虑新的文件存储模式。首先,对于 MongoDB 来说,它可以支持二进制数据类型,所以可以直接把文件作为集合中的一条文档记录进行存储。

其次,将文件的内容直接保存到 MongoDB 中(而不是文件的路径),可以充分发挥

MongoDB 的高可用、易扩展及分布式等特性，轻松实现海量文件的分布式存储与读取。

由于 MongoDB 对单个文件的大小有限制，不能超过 16MB。所以，对于大部分小于 16MB 的文件，我们可以直接利用 MongoDB 分片集群实现存储与读取，只需要将文件的内容赋值给一个数据类型为二进制数的字段即可。

但是对于单个大于 16MB 的文件的存储与读取场景，就需要利用分布式文件系统 GridFS 实现。

8.1 什么是GridFS

对于 MongoDB 来说，GridFS 并不是一个额外重新开发的文件系统，它依赖于 MongoDB 整个体系架构，包括底层的存储引擎、集合、查询语法及分片集群等特性。

GridFS 本质是建立在 MongoDB 集合、分片集群等基础功能之上的，它可以将各种大小或类型的文件以二进制形式存储在 MongoDB 的文档模型中。

与普通字符串或整型等类型的数据存储不同，GridFS 会先将文件切割成许多小块（在默认情况下每个小块的大小为 255KB），再将每个小块作为一条文档记录保存到相应集合中。

当客户端获取文件时，会先将集合中与该文件关联的所有小块的二进制内容合并生成一个完整的文件，再返回客户端。

在 GridFS 中，文件的存储及获取流程如图 8-2 所示。

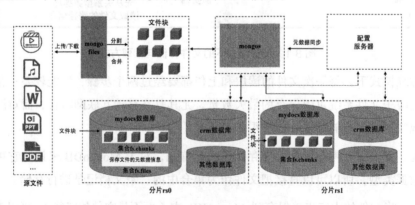

图 8-2　文件的存储及获取流程

第 8 章　分布式文件存储 GridFS

从图 8-2 中可以看到，GridFS 实现分布式文件存储和获取的功能主要依赖 MongoDB 分片集群。

这里唯一的区别是引入了一个 mongofiles 的工具。mongofiles 是 MongoDB 自带的命令行工具，通过它可以将磁盘中的文件（如视频、音频和 office 等文件）分割成一个个 255KB 大小的块（最后一个块的大小等于实际剩余文件的大小），然后上传到分布式文件系统中（实际上是一种包含特殊集合的 MongoDB 分片集群）。

对于应用程序的开发，MongoDB 也为各种编程语言（如 C#、Java 等）提供了类似于 mongofiles 功能的 API。

因此利用这些 API，用户可以比较容易地开发一个基于 GridFS 的分布式文件系统，类似于网盘应用。

无论是通过命令行工具还是通过 API 将文件上传到 GridFS 后，均由两个特殊的集合存储文件的内容，即 chunks 集合和 files 集合，如图 8-3 所示。

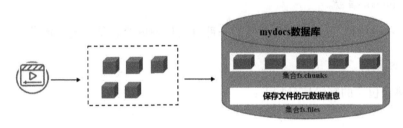

图 8-3　存储文件的两个特殊集合

- chunks 集合：用于存储文件被分割后的内容块。
- files 集合：用于存储文件的元数据信息。

注意：这里的 chunks 不要与第 7 章分片集群的 chunk 混淆，GridFS 中 chunks 实际上是一个个包含二进制内容的文件块（默认大小为 255KB），而分片集群中的 chunk（默认大小为 64MB）是一个逻辑概念，强调的是相应片键范围内包含的文档记录。

可以先创建 chunks 集合和 files 集合归属的数据库，也可以在上传文件时指定数据库（如果是第一次上传文件，则会自动创建该数据库，例如，图 8-3 中的 mydocs 数据库）。

集合的前缀符也可以在上传时指定，如果不指定集合的前缀，则默认集合的前缀为

fs（见图 8-3 中的 fs.chunks 和 fs.files）。

1. chunks 集合

chunks 集合包含的字段信息如下：

```
{
  "_id" : <ObjectId>,
  "files_id" : <ObjectId>,
  "n" : <num>,
  "data" : <binary>
}
```

- _id：表示该 chunks 的唯一标识，是一个 ObjectId 类型的值。
- files_id：唯一文件标识符，表示该 chunks 属于哪一个文件，通过这个字段可以与 files 集合中具体某个文件的元数据关联起来。
- n：表示该 chunks 的编号，当每个上传的文件被分割成多个 chunks 时，从 0 开始给 chunks 编号。
- data：表示该 chunks 实际存储的一部分文件的内容，是二进制数类型。

2. files 集合

files 集合包含的字段信息如下：

```
{
  "_id" : <ObjectId>,
  "length" : <num>,
  "chunkSize" : <num>,
  "uploadDate" : <timestamp>,
  "filename" : <string>,
  "metadata" : <any>,
}
```

- _id：表示文件的唯一标识，是一个 ObjectId 类型的值。
- length：表示文件的大小，单位为字节（Byte）。
- chunkSize：表示该文件分割成一个个块时，每个块的大小（除了最后一个块）默认为 255KB。可以在上传文件时，通过传递 chunkSize 参数，修改其大小。
- uploadDate：表示文件上传的时间。

- filename：表示上传后的文件名，通过指定参数，可以与原始的文件名不同。
- metadata：可选字段，通过此字段，可以为文件设置一些额外的元数据信息，如果某个同名的文件可能有多个版本，则可以在这个字段存储表示版本号的值。

当客户端要获取一个文件时，首先会根据文件名在 files 集合中找到该文件对应的_id 值，然后根据该_id 值（对应 chunks 集合中的 files_id）找到所有归属它的 chunks 集合，最后将这些 chunks 集合内容合并后返回客户端。

因此，从 GridFS 中获取一个文件分为两个步骤，其流程如图 8-4 所示。

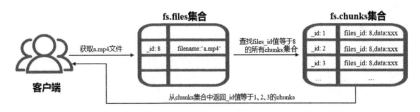

图 8-4 客户端从 GridFS 中获取一个文件的流程

为了快速根据文件名获取某个文件，MongoDB 会自动在 fs.files 和 fs.chunks 两个集合上创建相关索引。

执行如下语句可以查看 fs.files 集合上的索引：

```
mongos> db.fs.files.getIndexes({})
```

输出结果如下：

```
[
    {
            "v" : 2,
            "key" : {
                    "_id" : 1
            },
            "name" : "_id_",
            "ns" : "mydocs.fs.files"
    },
    {
            "v" : 2,
            "key" : {
                    "filename" : 1,
                    "uploadDate" : 1
```

```
        },
        "name" : "filename_1_uploadDate_1",
        "ns" : "mydocs.fs.files"
    }
]
```

因此，当按文件名查找时，可以快速找到该文件对应的_id值，语句如下：

```
mongos>db.fs.files.find( { filename: "a.mp4"} ).sort( { uploadDate: 1 } )
```

另外，执行如下语句可以查看 fs.chunks 集合中的索引：

```
mongos> db.fs.chunks.getIndexes({})
```

输出结果如下：

```
[
    {
        "v" : 2,
        "key" : {
            "_id" : 1
        },
        "name" : "_id_",
        "ns" : "mydocs.fs.chunks"
    },
    {
        "v" : 2,
        "unique" : true,
        "key" : {
            "files_id" : 1,
            "n" : 1
        },
        "name" : "files_id_1_n_1",
        "ns" : "mydocs.fs.chunks"
    }
]
```

因此，当按文件 files_id 查找时，可以快速找到该文件对应的所有 chunks 集合，语句如下：

```
mongos>db.fs.chunks.find({ files_id: myFileID } ).sort( { n: 1 })
```

8.2 使用GridFS的场景

前文介绍了 GridFS 的基本原理，用户可以了解到对于大量小文件来说直接利用普通的集合进行存储即可，而且存储效率更高。但是关于海量大文件的存储和获取，更合适使用 GridFS，具体来说主要有以下几类场景比较适合使用 GridFS。

（1）文件数量超过了文件系统允许的最大数。

当磁盘空间充足，但不能继续存储文件时，可能是因为文件数量超过了文件系统允许的最大数。

例如，Windows 中使用的 NTFS 文件系统，每个卷可以包含的文件个数的最大值是 $2^{32}-1$。

因此，面对这种海量文件存储需求的场景，用户可以使用 GridFS 来存储任意数量的文件。从 MongoDB 分片集群的特性来看，集合中可保存的记录数几乎是无限的，而且利用数据库的索引特性可以快速获取文件。

（2）只需获取部分文件的内容。

当用户只需要从一个很大的文件中获取部分内容时，而不需要将整个文件加载到内存，可以使用 GridFS。

（3）分布式异地文件存储。

当用户需要在分布式异地环境中存储文件时，可以使用 GridFS，利用 MongoDB 复制集和分片集群的特性，实现文件的就近存取和高可靠性。

但是，对于所有小于 16MB 的文件存取需求来说，因为没有超过 BSON 文件 16MB 的大小限制，所以用户可以直接利用 MongoDB 分片集群来实现文件的存取，不需要使用 GridFS，只需将文件的内容赋值给一个数据类型为二进制数的字段即可，再以单条文档记录的形式保存在相应集合中。

8.3 GridFS常用操作

GridFS 既然是一个文件系统，那么它就必须支持文件的上传、下载、删除、更新等操作。GridFS 有两种模式来实现这些功能，一种是利用 MongoDB 提供的驱动程序，通过调用驱动中与 GridFS 相关的 API 实现相关操作；另一种是直接利用 mongofiles 工具提供的相关命令来实现。

下面介绍如何利用 mongofiles 工具对 GridFS 文件系统进行操作。

8.3.1 上传文件

执行如下命令：

```
./bin/mongofiles --port 50003 --db mypics --prefix my --replace --local ./test.jpg put test.jpg
```

相关参数含义如下。

- port：表示连接上面已配置好的集群路由进程 mongos。
- db：表示要将文件插入的数据库，如果是第一次上传，指定的数据库不存在，则会自动创建该数据库。
- local：表示本地文件系统中待上传的文件。
- prefix：设置 fs.files 集合和 fs.chunks 集合的前缀符，即变为 my.files 集合和 my.chunks 集合。
- replace：表示在上传相同文件时，原来上传的文件会被取代。如果不添加该参数，则在上传相同文件时，会在集合中新增一条记录，不会替换原来的文件。
- put：表示此命令操作是要将本地文件上传到 GridFS 文件系统中，test.jpg 表示插入 fs.files 集合中的 filename 字段值，即文件名。

上传成功后，输出结果如下：

```
mongos> use mypics
mongos> db.my.files.find({})
{
    "_id" : ObjectId("6030f02afdabe79f41e8fc03"),
    "length" : NumberLong(97),
    "chunkSize" : 261120,
    "uploadDate" : ISODate("2021-02-20T11:19:06.343Z"),
    "filename" : "test.jpg",
    "metadata" : {
    }
}
mongos> db.my.chunks.find({})
{
    "_id" : ObjectId("6030f02afdabe79f41e8fc04"),
    "files_id" : ObjectId("6030f02afdabe79f41e8fc03"),
    "n" : 0,
```

```
        "data" : BinData(0,"aGVsb…")
}
```

由于该文件比较小，所以只有 1 个块。

注意：在默认情况下 my.files 集合和 my.chunks 集合并没有被分片，查看集群的状态，进行验证：

```
mongos> sh.status()
```

输出内容中包含如下信息：

```
{  "_id" : "mypics",  "primary" : "rs1",  "partitioned" : false, "version" :
{  "uuid" : UUID("6981fe34-aa72-4b08-96f7-7f789692da7c"),  "lastMod" : 1 } }
```

说明 mypics 数据库及 my.files 集合和 my.chunks 集合都没有被分片，在默认情况下，所有文件数据都存储在分片 rs1 上。

8.3.2 下载文件

执行如下命令：

```
./bin/mongofiles --port 50003 --db mypics --prefix my --local ./test_new.jpg get test.jpg
```

相关参数含义如下。

- port：表示连接上面已配置好的集群路由进程 mongos。
- db：表示要下载的文件所在的数据库。
- prefix：设置前缀符，表示从哪个集合下载文件，即为 my.files 集合和 my.chunks 集合，如果不设置前缀符，则默认从 fs.files 集合和 fs.chunks 集合下载文件。
- local：表示将下载的文件存储到本地文件系统哪个路径下及设置下载后的文件名。
- get：下载命令，后面的参数表示要下载的文件名，对应 my.files 集合中的 filename 字段值。

注意：如果多次下载均使用相同的 local 参数，相当于将下载的文件另存为同名文件，则后面下载的文件会覆盖前面下载的文件。

上面命令是通过文件名下载文件的，也可以通过文件 id 下载文件，命令如下：

```
./bin/mongofiles      --port     50003      --db     mypics     --prefix     my
--local ./test_new_byid.jpg get_id '{"$oid": "6077a10f80c537d624d9f20a"}'
```

除 get_id 参数外,其他参数的含义同上,get_id 参数后面传递的是文件 id。

8.3.3 删除文件

执行如下命令:

```
./bin/mongofiles --port 50003 --db mypics --prefix my delete test_new.jpg
```

- port、db 和 prefix 参数的含义同上。
- delete:表示删除命令,后面的参数为要删除的文件名,如果有多个同名文件,则都会被删除。

注意:在删除文件时,对应 my.files 集合和 my.chunks 集合中的内容都会被删除。

也可以通过指定文件 id 来删除单个文件,命令如下:

```
./bin/mongofiles --port 50003 --db mypics --prefix my delete_id '{"$oid":
"6077a10f80c537d624d9f20a"}'
```

相关参数的含义同上。

8.3.4 查询文件

查询文件有两种方式,一种方式是按文件名开始的字符或字符串来匹配,命令如下:

```
./bin/mongofiles --port 50003 --db mypics --prefix my list "te"
```

- port、db 和 prefix 参数的含义同上。
- list:表示查询命令,后面的参数为查询条件,上面查询语句表示返回以字符串"te"开头的文件名。

注意:与下载文件命令 get 的区别是,list 命令只是返回匹配的文件名,并没有像 get 命令那样把文件下载到本地。

另一种方式是只要文件名中包含匹配的字符或字符串,就会返回相应的文件名,命令如下:

```
./bin/mongofiles --port 50003 --db mypics --prefix my search "e"
```

- port、db 和 prefix 参数的含义同上。
- search:表示查询命令,后面的参数为查询条件,表示返回包含字符串"e"的文件名。

8.4 小结

本章主要介绍什么是 GridFS，我们了解到 GridFS 是建立在 MongoDB 分片集群、集合等基础上的，它并不是重新开发的一套分布式文件系统架构。因此，通过前文介绍我们已经了解到 MongoDB 特性均可适用于 GridFS。

本章还介绍了在什么应用场景下适合使用 GridFS，除了对于单个文件超过 16MB 时应该使用 GridFS 存储，GridFS 还特别适用于当文件数量超过了宿主机操作系统文件系统允许的最大数、需要从一个很大的文件中获取部分内容及需在分布式异地环境下存储文件等应用场景。

本章最后重点介绍了操作 GridFS 的相关命令，如文件上传、下载、删除及查询等命令。当然在具体的编程语言中，这些命令也有对应的 API，开发者可以很方便地使用这些 API 开发应用，具体 API 编程可参考本书第 11 章。

8.4 小結

第 3 篇 MongoDB 运维管理

任何系统运行后都需要监控与管理，本篇主要从一个 DBA 的角度介绍 MongoDB 的监控与管理，主要从备份恢复、监控、权限控制 3 个方面进行分析。本篇包含的关键知识如下。

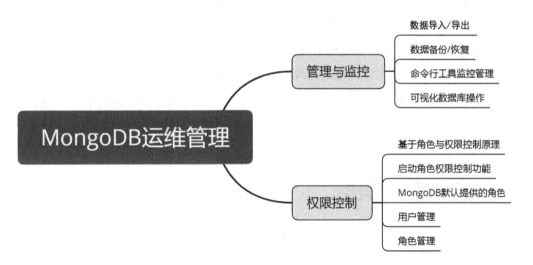

第 9 章 管理与监控

当应用程序开发完成、系统部署上线及业务正常运行后,对于开发者来说,项目可能结束了。但是对于数据库运维管理人员来说任务才刚刚开始,如何保障系统高效、稳定的运行,如何做好各种防范措施保障数据安全、数据高可用是每个数据库运维管理人员必须了解的内容。

在关系型数据库中经常使用的各种数据库管理思想同样适合于 MongoDB。例如,从 MongoDB 中将数据导出为某种格式的文件,形成备份以供下游程序进一步分析处理,在生产环境中制定良好的备份策略,以便我们遇到数据库故障后能正确恢复数据库。

同时,MongoDB 的运行也离不开 CPU、内存、磁盘这三大硬件资源的支持,监控这些硬件资源的使用情况,保障系统高效的运行,也是我们常用的运维监控手段。

MongoDB 除了支持命令行工具管理与监控,还提供了基于 Compass 的可视化管理与监控工具。本章将基于 MongoDB 分片集群,介绍这些命令和工具,同时这些命令和工具也适用于复制集和单实例的 MongoDB。

9.1 数据导入/导出

数据的导出/导入是利用 mongoexport 和 mongoimport 两个工具来完成的,本质上它们是实现集合中每一条 BSON 格式的文档记录与本地文件系统上内容格式为 JSON 或 CSV 文件的转换的。

其中,JSON 格式的文件是按行组织内容的,每行为一个 JSON 对象,所以并不是严格意义上的 JSON 格式,它是一种扩展版本的 JSON。

CSV 格式的文件也是按行组织内容的,第 1 行为字段名称,每行包含输出的字段值,字段与字段之间使用逗号隔开。

以上导出的两种文件都能使用文本工具直接打开，其中，CSV 格式文件默认使用 Excel 打开。

9.1.1 导出工具 mongoexport

mongoexport 是 MongoDB 自带的命令行工具，可以将集合中的数据导出为可读的 JSON 格式或 CSV 格式的文件，下面通过一些实例进行介绍。

1. 导出 JSON 格式文件

通过连接集群 mongos 导出 JSON 格式文件，命令如下：

```
./bin/mongoexport  --host=localhost  --port=50003  --db=crm  --collection=orders --out=orders.json
```

相关参数含义如下。

- host：表示要连接的 mongod 实例进程所在的主机地址。如果从分片集群导出，则 host 取值为集群 mongos 的主机地址；如果从单实例导出，则 host 取值为该实例所在主机的地址；如果从复制集导出，则 host 取值为复制集连接字符串，样式为 host="ReplicaSetName/host1:port,host2:port,host3:port"。
- port：表示要连接的 mongod 实例进程所对应的主机端口。如果从复制集导出，则不需要单独传递 port 参数，因为在 host 参数中已包含端口。
- db：表示要从哪个数据库导出数据。
- collection：表示要从哪个集合导出数据。
- out：表示将数据导出到哪个文件。

下面比较一下数据库中的文档记录和导出后文件中的数据。

首先，通过 mongo 连接集群，查看 orders 集合中的文档记录，命令如下：

```
mongos> db.orders.find({})
{ "_id" : 1, "amount" : 100, "cust_id" : 2 }
{ "_id" : 2, "amount" : 90, "cust_id" : 3 }
{ "_id" : 3, "amount" : 90, "cust_id" : 3 }
{ "_id" : 4, "amount" : 90, "cust_id" : 3 }
{ "_id" : 5, "amount" : 90, "cust_id" : 3 }
```

```
{ "_id" : 6, "amount" : 90, "cust_id" : 3 }
```

其次，直接打开导出后的 orders.json 文件，包含如下内容：

```
{"_id":1.0,"amount":100.0,"cust_id":2.0}
{"_id":2.0,"amount":90.0,"cust_id":3.0}
{"_id":3.0,"amount":90.0,"cust_id":3.0}
{"_id":4.0,"amount":90.0,"cust_id":3.0}
{"_id":5.0,"amount":90.0,"cust_id":3.0}
{"_id":6.0,"amount":90.0,"cust_id":3.0}
```

我们可以看到，orders.json 文件是按行组织内容的，每行对应一个 JSON 格式文件。

2. 导出 CSV 格式文件

通过连接集群 mongos 导出 CSV 格式文件，命令如下：

```
./bin/mongoexport --host=localhost --port=50003 --db=crm --collection=orders --type=csv --fields=amount,cust_id --out=orders.csv
```

相关参数含义如下。

- host、port、db、collection 和 out 参数的含义同上。
- type：表示指定导出的文件格式，默认为 JSON 格式，这里指定为 CSV 格式。
- fields：表示需要导出的字段。

成功执行上面的命令后，输出 orders.csv 文件的内容如下：

```
amount,cust_id
100,2
90,3
90,3
90,3
90,3
90,3
```

可以看到，输出结果中含有表头 amount、cust_id。

如果不希望导出的 CSV 格式文件包含表头，则可以添加 noHeaderLine 参数，命令如下：

```
./bin/mongoexport --host=localhost --port=50003 --db=crm --collection=orders --type=csv --fields=amount,cust_id --noHeaderLine --out=orders_nohead.csv
```

3. 只导出匹配的文件

前面介绍的导出命令会导出集合中的所有文件，如果只需导出匹配的部分文件，则可以通过 query 参数控制。

通过连接集群 mongos 导出匹配的文件，命令如下：

```
./bin/mongoexport       --host=localhost       --port=50003       --db=crm
--collection=orders                     --query='{"amount":{"$gte":95}}'
--out=orders_amountgte95.json
```

在导出的 orders_amountgte95.json 文件中，包含的记录如下：

```
{"_id":1.0,"amount":100.0,"cust_id":2.0}
```

同理，执行如下命令，导出过滤后的 CSV 格式文件：

```
./bin/mongoexport       --host=localhost       --port=50003       --db=crm
--collection=orders          --type=csv          --fields=amount,cust_id
--query='{"amount":{"$gte":95}}' --out=orders.csv
```

4. 从 Secondary 节点导出数据

前文介绍的所有导出命令，在默认情况下都是从 Primary 节点导出的。

如果是分片集群，则从分片复制集中的 Primary 节点导出数据；如果是复制集，则也会从 Primary 节点导出数据。

为了避免导出数据时对 Primary 节点产生额外负载，可以通过 readPreference 参数指定从 Secondary 节点导出数据，命令如下：

```
./bin/mongoexport       --host=localhost       --port=50003       --db=crm
--collection=orders --readPreference=secondary --out=orders.json
```

9.1.2 导入工具 mongoimport

mongoimport 也是 MongoDB 自带的命令行工具，可以将 JSON、CSV 或 TSV 格式文件中的数据导入集合。

其中，JSON 格式文件是扩展版 JSON，每行为一个 JSON 对象。

可以使用 Excel 打开 CSV 格式文件。

TSV 格式文件是一种使用制表符 Tab 键分隔字段的文本文件，常用于关系型数据库与 MongoDB 之间的中间转换格式。

下面先看一些简单的实例。

1. 导入 JSON 格式文件

假设有如下内容的 JSON 格式文件 account.json：

```
{ "_id" : 1, "name" : "Lee", "balance" : 9999999 }
{ "_id" : 2, "name" : "Qiu", "balance" : 8999999 }
{ "_id" : 3, "name" : "Bruce", "balance" : 7999999 }
```

注意：文件中的内容是按行组织的，每行为一个 JSON 对象。

执行如下命令导入 JSON 格式文件：

```
./bin/mongoimport --host=localhost --port=50003 --db=crm --collection=account --file=account.json
```

表示将 account.json 文件中的数据导入 crm 数据库中的 account 集合，如果导入时集合不存在，则会自动创建该集合。

导入成功后，可以查看 crm 数据库中的 account 集合，命令如下：

```
mongos> db.account.find({})
{ "_id" : 1, "name" : "Lee", "balance" : 9999999 }
{ "_id" : 2, "name" : "Qiu", "balance" : 8999999 }
{ "_id" : 3, "name" : "Bruce", "balance" : 7999999 }
```

2. 导入 CSV 格式文件

假设有如下内容的 CSV 格式文件 account.csv：

```
_id,name,balance
4,"Xu",8999999
5,"Liu",9999999
6,"Cen",6999999
```

执行如下命令导入 CSV 格式文件：

```
./bin/mongoimport --host=localhost --port=50003 --db=crm --collection=account --type=csv --headerline --file=account.csv
```

相关参数含义如下。

- type=csv：表示导入的文件类型为 CSV 格式。
- headerline：表示导入文件中的第 1 行是表头，即对应集合中的字段名称。如果不添加该参数，则会将文件中的第 1 行作为一条文档记录导入。

3. 导入 TSV 格式文件

假设有如下内容的 TSV 格式文件 account.tsv：

```
_id     name    balance
7       Wan     7999999
8       Zou     8999999
9       Tian    6999999
```

TSV 格式文件类似于 CSV 格式文件，字段与字段之间是通过制表符（Tab 键）隔开的。

执行如下命令导入 TSV 格式文件：

```
./bin/mongoimport --host=localhost --port=50003 --db=crm --collection=account --type=tsv --headerline --file=account.tsv
```

导入 TSV 格式文件参数的含义同导入 CSV 格式文件参数的含义相同。

由于从关系型数据库导出文件，其字段与字段之间分隔符通常为制表符，因此可以利用 TSV 格式文件作为关系型数据库与 MongoDB 之间导出/导入的桥梁。

下面再看两个复杂的导入实例。

4. 导入时替换相同文档记录

假设有如下内容的 JSON 格式文件 account.json：

```
{ "_id" : 1, "name" : "Deng", "balance" : 19999999 }
{ "_id" : 10, "name" : "Peng", "balance" : 5999999 }
```

执行如下命令导入 JSON 格式文件：

```
./bin/mongoimport --host=localhost --port=50003 --db=crm --collection=account --mode=upsert --file=account.json
```

导入成功后，查看集合中的数据可以看到，"_id" : 1 的文档记录被替换，新增一条 "_id" : 10 的文档记录。

其中，mode=upsert 参数用来控制导入有重复文档记录时会替换原来的文档记录。

在默认情况下，判断导入的文档记录是否已存在集合中，使用的是 _id 字段取值。当然，也可以指定其他字段来判断集合中是否已有待导入的文档记录。

假设有如下内容的导入文件 account.json：

```
{ "name" : "Liu", "balance" : 19999999 }
{ "name" : "Bruce", "balance" : 5999999 }
```

执行如下命令导入 JSON 格式文件：

```
./bin/mongoimport          --host=localhost          --port=50003          --db=crm
--collection=account --mode=upsert --upsertFields=name --file=account.json
```

导入成功后，会发现 name 字段取值相同的文档记录会被替换为文件中的取值。

5. 导入时合并相同文档记录

假设有如下内容的 JSON 格式文件 account.json：

```
{ "_id" : 1, "balance" : 19999999, "level":"VIP"}
{ "_id" : 2, "balance" : 5999999, "level":"normal" }
```

执行如下命令导入 JSON 格式文件：

```
./bin/mongoimport          --host=localhost          --port=50003          --db=crm
--collection=account --mode=merge --file=account.json
```

导入之前文档记录如下：

```
{ "_id" : 1, "name" : "Deng", "balance" : 19999999 }
{ "_id" : 2, "name" : "Qiu", "balance" : 8999999 }
```

导入成功后，文档记录变为：

```
{ "_id" : 1, "name" : "Deng", "balance" : 19999999, "level" : "VIP" }
{ "_id" : 2, "name" : "Qiu", "balance" : 5999999, "level" : "normal" }
```

可以看到，默认通过 _id 字段取值判断文档记录是否已存在，对于已存在的文档记录，将导入文件中新增加的字段合并到原来的文档记录中，对于相同的字段用新的取值替换原来的取值。

以上两种复杂的导入场景也适合于 CSV 格式文件和 TSV 格式文件的导入。

9.2 数据备份/恢复

对于 MongoDB 来说，除了可以通过复制集实现数据库的自动主从备份，还可以利用它提供的工具（如 mongodump、mongorestore）开发一些自动备份脚本，完成更加可靠的数据备份与恢复。

前文介绍的导出/导入工具 mongoexport 和 mongoimport，都是针对可读的文本文件的，而本节介绍的数据库备份工具与恢复工具，针对的是不可读的二进制文件。

9.2.1 备份工具 mongodump

mongodump 是一个将数据库内容导出为二进制文件的工具,它支持从单实例、复制集及分片集群等不同部署架构下导出数据库中的内容。

注意:mongodump 工具只用于备份数据库或集合中的数据,并不会备份索引数据。

下面以分片集群部署架构为例进行介绍。

1. 备份一个数据库

执行如下命令:

```
./bin/mongodump --host=localhost --port=50003 --db=crm --out=./crmdump
```

相关参数含义如下。

- host:表示要连接的 mongod 实例进程所在的主机地址。如果从分片集群导出,则 host 取值为集群 mongos 的主机地址;如果从单实例导出,则 host 取值为该实例所在主机的地址;如果从复制集导出,则 host 取值为复制集连接字符串,样式为 host="ReplicaSetName/host1:port,host2:port,host3:port"。

- port:表示要连接的 mongod 实例进程所对应的主机端口。如果从复制集导出,则不需要单独传递 port 参数,因为在 host 参数中已包含端口。

- db:表示要从哪个数据库导出数据,在默认情况下会导出该数据库中的所有集合。

- out:表示要导出的 dump 文件的存储目录。例如上面指定的目录为"./crmdump",因为要导出 crm 数据库,所以生成"./crmdump/crm"目录,其中,crm 子目录是根据要导出的数据库名自动生成的,最终导出的二进制的 BSON 格式文件和 JSON 格式的元数据文件全部存储在 crm 子目录下。每个集合对应一个二进制的 BSON 格式文件和 JSON 格式的元数据文件。

备份后的文件如下:

```
root@master:/usr/local/mongodbOS/crmdump/crm# ls
account.bson        customers.bson         orders.bson              users.bson
account.metadata.json      customers.metadata.json       orders.metadata.json
users.metadata.json
```

2. 备份数据库中的某个集合

执行如下命令：

```
./bin/mongodump --host=localhost --port=50003 --db=crm --collection=orders --out=./crmdump
```

通过指定集合参数 collection=orders 控制只导出 crm 数据库中的 orders 集合。

3. 备份并压缩数据

执行如下命令：

```
./bin/mongodump --host=localhost --port=50003 --db=crm --collection=orders --gzip --out=./crmdump
```

通过指定参数 gzip 对导出的二进制文件和元数据文件进行压缩，以节省备份文件占用的磁盘空间。

4. 从 Secondary 节点备份数据

以上介绍的备份操作，在默认情况下都是从 Primary 节点进行数据备份的，为了减少对 Primary 节点的性能影响，可以设置 readPreference 参数从 Secondary 节点备份数据。

执行如下命令：

```
./bin/mongodump --host=localhost --port=50003 --db=crm --collection=orders --readPreference=secondary --out=./crmdump
```

通过指定参数 readPreference=secondary 控制导出操作发生在 Secondary 节点上。

5. 数据库归档

对一个数据库进行备份时，上文介绍的几种备份操作会为该数据库中的每个集合生成一个二进制的 BSON 格式文件和 JSON 格式的元数据文件。如果想要将数据库中的所有数据都备份到一个单独文件，则通过数据库归档操作来完成。

执行如下命令：

```
./bin/mongodump --host=localhost --port=50003 --db=crm --archive=./crm.20210618.archive
```

通过指定参数 archive=./crm.20210618.archive 控制备份归档到单个文件。

注意：archive 参数和 out 参数不能同时使用，前者指定的是备份文件名，后者指定的是备份目录。

成功执行上面命令后，日志信息如下：

```
--writing crm.users to archive './crm.20210618.archive'
--writing crm.account to archive './crm.20210618.archive'
--writing crm.orders to archive './crm.20210618.archive'
--writing crm.customers to archive './crm.20210618.archive'
--done dumping crm.users (18 documents)
--done dumping crm.customers (2 documents)
--done dumping crm.orders (6 documents)
--done dumping crm.account (10 documents)
```

可以看到，将 crm 数据库中的所有集合都备份到了 ./crm.20210618.archive 文件。

也可以通过如下命令传入 gzip 参数，备份数据库且对归档文件进行压缩：

```
./bin/mongodump --host=localhost --port=50003 --db=crm --gzip -archive=./crm.20210618.archive.gz
```

9.2.2 恢复工具 mongorestore

mongorestore 工具的功能和 mongodump 工具的功能正好相反，它是利用 mongodump 工具导出的二进制文件恢复数据库及相应集合数据。下面通过一些实例进行介绍。

1. 通过 dump 文件恢复整个数据库

先连接 mongos，删除 crm 数据库，再利用前面备份的 dump 文件恢复 crm 数据库。

删除命令如下：

```
mongos> db.dropDatabase()
{
    "dropped" : "crm",
    "ok" : 1,
    ...
}
```

恢复命令如下：

```
./bin/mongorestore --host=localhost --port=50003 ./crmdump/
```

其中，./crmdump/ 参数为使用 mongodump 工具备份 crm 数据库时 out 参数指定的输出目录。

整个数据库恢复过程的日志信息如下：

```
--preparing collections to restore from
--reading metadata for crm.users from crmdump/crm/users.metadata.json
```

```
--reading metadata for crm.account from crmdump/crm/account.metadata.json
--restoring crm.users from crmdump/crm/users.bson
--restoring indexes for collection crm.users from metadata
--reading metadata for crm.orders from crmdump/crm/orders.metadata.json
--reading metadata for crm.customers from crmdump/crm/customers.metadata.json
--restoring crm.account from crmdump/crm/account.bson
--finished restoring crm.users (18 documents, 0 failures)
--no indexes to restore
--finished restoring crm.account (10 documents, 0 failures)
--restoring crm.orders from crmdump/crm/orders.bson
--restoring indexes for collection crm.orders from metadata
--restoring crm.customers from crmdump/crm/customers.bson
--finished restoring crm.orders (6 documents, 0 failures)
--restoring indexes for collection crm.customers from metadata
--finished restoring crm.customers (2 documents, 0 failures)
--36 document(s) restored successfully. 0 document(s) failed to restore
```

可以看到，对每一个集合都是先读元数据文件，然后恢复数据，最后重建该集合的索引。

2. 通过 dump 文件恢复数据库中的某个集合

从指定的 dump 备份目录下，通过 nsInclude 参数恢复单个或多个集合。

执行如下命令：

```
./bin/mongorestore      --host=localhost      --port=50003      --nsInclude=crm.users ./crmdump/
```

nsInclude 参数指定了要恢复集合的命令空间，如"数据库名.集合名"。

成功执行上面命令后，日志信息如下：

```
--preparing collections to restore from
--reading metadata for crm.users from crmdump/crm/users.metadata.json
--restoring crm.users from crmdump/crm/users.bson
--restoring indexes for collection crm.users from metadata
--finished restoring crm.users (18 documents, 0 failures)
--18 document(s) restored successfully. 0 document(s) failed to restore.
```

可以看到，在恢复过程中也是先读元数据，然后恢复数据，最后重建索引。

第 9 章 管理与监控

3. 通过 archive 归档文件恢复整个数据库

执行如下命令：

```
./bin/mongorestore --host=localhost --port=50003 --archive=./crm.20210618.archive
```

4. 通过 archive 归档文件复制一个新的数据库

执行如下命令：

```
./bin/mongorestore --host=localhost --port=50003 --archive=./crm.20210618.archive --nsFrom=crm.* --nsTo=newcrm.*
```

通过 nsFrom=crm.*（原来数据库的命名空间）参数和 nsTo=newcrm.*（新数据库的命名空间）参数复制一个新的 newcrm 数据库。

5. 通过压缩后的 archive 归档文件恢复数据库

执行如下命令：

```
./bin/mongorestore      --host=localhost      --port=50003      --gzip --archive= ./crm.20210619.archive.gz
```

如果只恢复特定集合，则可以传入 nsInclude 参数来指定，命令如下：

```
./bin/mongorestore      --host=localhost      --port=50003      --gzip --archive=./crm.20210619.archive.gz --nsInclude=crm.users
```

6. 恢复数据库时删除已存在的集合

如果在恢复数据库时，有些集合已存在，则可以使用 drop 参数控制恢复数据库时先删除这些集合，再利用备份文件中的数据恢复这些集合。

执行如下命令：

```
./bin/mongorestore --host=localhost --port=50003 --drop ./crmdump/
```

或者执行如下命令：

```
./bin/mongorestore    --host=localhost     --port=50003    --drop   -archive=./crm.20210618.archive
```

9.3 命令行工具监控管理

监控是系统维护人员经常要做的事情，CPU、内存、磁盘空间及其 I/O 频率是最需要监控的，MongoDB 提供了一些工具和命令帮助用户更好地监控数据库系统的运行情况，如 mongotop、mongostat 等工具。

9.3.1 mongotop

mongotop 工具用来监控 MongoDB 数据库实例消耗在读/写操作上的时间量，统计粒度精确到数据库中的每个集合，监控数据返回的频率周期默认是 1 秒。

因此，通过 mongotop 工具可以监测数据库甚至数据库中每个集合被访问的活跃程度。如果数据库或集合长时间没有发生任何读/写操作，则使用 mongotop 工具不会返回任何信息。

由于 mongotop 工具只能连接具体的 mongod 实例，因此对于分片集群来说，不能直接连接 mongos 获取监控信息，只能连接每个分片对应的复制集或者直接连接复制集中的 Primary 节点。

如果连接时传递的 host 参数是复制集的 url，则样式如下：

```
--host=<replSetName>/<hostname1><:port>,<hostname2><:port>,<...>
```

默认也是连接该复制集中的 Primary 节点，因此监控返回的统计数据也是针对复制集中 Primary 节点的。

下面看一个实例，假设对分片集群中的某个分片进行监控，执行如下命令：

```
./bin/mongotop         --host=     rs0/192.168.85.129:50000,192.168.85.129:50001,192.168.85.129:50002
```

上面的执行命令等同于 ./bin/mongotop --host=192.168.85.129:50000。

每隔 1 秒输出如下统计信息：

```
                                        ns    total     read    write
                            local.oplog.rs    1ms       1ms      0ms
                        admin.system.roles    0ms       0ms      0ms
                      admin.system.version    0ms       0ms      0ms
     config.cache.chunks.config.system.sessions    0ms       0ms      0ms
                  config.cache.collections    0ms       0ms      0ms
                    config.cache.databases    0ms       0ms      0ms
                   config.system.sessions    0ms       0ms      0ms
           config.transaction_coordinators    0ms       0ms      0ms
                      config.transactions    0ms       0ms      0ms
                    local.replset.election    0ms       0ms      0ms
```

相关参数含义如下。

- ns：表示集合的命名空间，统计的数据针对哪个集合。
- read：表示运行实例消耗在这个集合中的"读操作"总时间。
- write：表示运行实例消耗在这个集合中的"写操作"总时间。
- total：表示运行实例消耗在这个集合中的"读/写操作"总时间。

注意：使用 mongotop 工具只返回活跃集合中的统计数据，如果某个集合长期没有被读/写，则可能不会返回该集合中的统计数据。

9.3.2 mongostat

mongostat 工具用来监控数据库实例中的各种操作，包含 mongod 实例和 mongos 实例。

执行如下命令：

```
./bin/mongostat --rowcount=30 10 --host=192.168.85.129:50000
```

输出结果如下：

```
insert  query  update  delete  getmore command dirty used  flushes vsize   res
qrw  arw  net_in  net_out  conn set  repl       time
  *0    *0    *0    *0       0     1|0  0.1% 0.2%        1 1.92GB 108MB 0|0 1|0
349B  4.90KB  17 rs0  SEC Dec 12 07:34:37.623
  *0    *0    *0    *0       0     2|0  0.1% 0.2%        0 1.92GB 108MB 0|0 1|0
361B  5.37KB  17 rs0  SEC Dec 12 07:34:47.623
  *0    *0    *0    *0       0     1|0  0.1% 0.2%        0 1.92GB 108MB 0|0 1|0
317B  4.63KB  17 rs0  SEC Dec 12 07:34:57.625
  *0    *0    *0    *0       0     1|0  0.1% 0.2%        0 1.92GB 108MB 0|0 1|0
311B  4.54KB  17 rs0  SEC Dec 12 07:35:07.624
  *0    *0    *0    *0       0     2|0  0.1% 0.2%        0 1.92GB 108MB 0|0 1|0
361B  5.37KB  17 rs0  SEC Dec 12 07:35:17.624
  *0    *0    *0    *0       0     1|0  0.1% 0.2%        0 1.92GB 107MB 0|0 1|0
317B  4.63KB  17 rs0  SEC Dec 12 07:35:27.623
  *0    *0    *0    *0       0     1|0  0.1% 0.2%        1 1.92GB 108MB 0|0 1|0
328B  4.81KB  17 rs0  SEC Dec 12 07:35:37.623
  *0    *0    *0    *0       0     2|0  0.1% 0.2%        0 1.92GB 108MB 0|0 1|0
361B  5.37KB  17 rs0  SEC Dec 12 07:35:47.623
  *0    *0    *0    *0       0     1|0  0.1% 0.2%        0 1.92GB 108MB 0|0 1|0
317B  4.63KB  17 rs0  SEC Dec 12 07:35:57.624
```

MongoDB 核心原理与实践

```
      *0     *0     *0     *0      0    1|0  0.1% 0.2%      0 1.92GB 108MB 0|0 1|0
 311B  4.53KB   17 rs0  SEC Dec 12 07:36:07.630
insert  query update delete getmore command dirty used flushes vsize  res
qrw arw net_in  net_out  conn set repl     time
      *0     *0     *0     *0      0    2|0  0.1% 0.2%      0 1.92GB 108MB 0|0 1|0
 361B  5.37KB   17 rs0  SEC Dec 12 07:36:17.624
      *0     *0     *0     *0      0    1|0  0.1% 0.2%      0 1.92GB 108MB 0|0 1|0
 317B  4.63KB   17 rs0  SEC Dec 12 07:36:27.622
```

相关参数含义如下。

- insert：表示每秒插入次数。

- query：表示每秒查询次数。

- update：表示每秒更新次数。

- delete：表示每秒删除次数。

- getmore：表示每秒执行 getmore 命令的次数，如游标的批量遍历。

- command：表示每秒执行命令的次数，对于复制集中的 Secondary 节点来说，取值格式为 local | replicated，表示本地执行命令的次数和从 Oplog 复制过来的日志中的命令的执行次数。

- dirty：只针对 WiredTiger 存储引擎，表示 WiredTiger cache 中 "脏页" 的百分比。

- used：只针对 WiredTiger 存储引擎，表示 WiredTiger cache 中 cache 使用的百分比。

- flushes：只针对 WiredTiger 存储引擎，表示在每次轮询间隔之间 checkpoint 触发的次数。

- vsize：表示在最后一次执行 mongostat 命令时，运行实例所占虚拟内存大小。

- res：表示在最后一次执行 mongostat 命令时，运行实例实际所占的物理内存大小。

- qrw：表示客户端读/写数据时，需要等待的队列长度。

- arw：表示当前活跃的执行读/写操作的客户端数量。

- net_in：表示 mongod 运行实例接收的总的数据流量，单位为 Byte。

- net_out：表示 mongod 运行实例发送的总的数据流量，单位为 Byte。

- conn：表示 mongod 运行实例当前打开的连接次数。

248

- set：表示 mongod 运行实例所在的复制集名称。
- repl：表示 mongod 运行实例在复制集的身份，如 Primary 节点或 Secondary 节点等。

9.3.3 db.stats()

db.stats()作为数据库命令，用于显示具体某个数据库的统计信息。

通过 mongo 连接集群，然后执行如下命令：

```
mongos> use crm
mongos> db.stats()
```

输出结果如下：

```
{
    "raw" : {
"rs1/192.168.85.130:50000,192.168.85.130:50001,192.168.85.130:50002" : {
            "db" : "crm",
            "collections" : 7,
            "views" : 0,
            "objects" : 37,
            "avgObjSize" : 62.2972972972973,
            "dataSize" : 2305,
            "storageSize" : 200704,
            "numExtents" : 0,
            "indexes" : 11,
            "indexSize" : 282624,
            "scaleFactor" : 1,
            "fsUsedSize" : 6941704192,
            "fsTotalSize" : 14709342208,
            "ok" : 1
        },
"rs0/192.168.85.129:50000,192.168.85.129:50001,192.168.85.129:50002" : {
            "db" : "crm",
            "collections" : 0,
            "views" : 0,
            "objects" : 0,
            "avgObjSize" : 0,
            "dataSize" : 0,
```

```
                    "storageSize" : 0,
                    "numExtents" : 0,
                    "indexes" : 0,
                    "indexSize" : 0,
                    "scaleFactor" : 1,
                    "fileSize" : 0,
                    "fsUsedSize" : 0,
                    "fsTotalSize" : 0,
                    "ok" : 1
            }
    },
    "objects" : 37,
    "avgObjSize" : 62,
    "dataSize" : 2305,
    "storageSize" : 200704,
    "numExtents" : 0,
    "indexes" : 11,
    "indexSize" : 282624,
    "scaleFactor" : 1,
    "fileSize" : 0,
    "ok" : 1,
    "operationTime" : Timestamp(1639323682, 1),
    "$clusterTime" : {
            "clusterTime" : Timestamp(1639323682, 2),
            "signature" : {
                    "hash" : BinData(0,"AAAAAAAAAAAAAAAAAAAAAAAAAAA="),
                    "keyId" : NumberLong(0)
            }
    }
}
```

如果部署架构是分片集群，则可以显示该数据库在每个分片中的情况，相关字段信息含义如下。

- db：表示统计的是哪个数据库。
- collections：表示在这个数据库中包含的集合总数。
- objects：表示数据库中的所有文档记录总数。
- avgObjSize：表示数据库中文档记录的平均大小和单位字节。
- dataSize：表示数据库中包含的所有文档记录的总大小。

- storageSize:分配给数据库的总存储空间。
- numExtents:所有集合占用的区间总数。
- indexes:表示在数据库中创建的索引总数。
- indexSize:表示在数据库中索引占用的存储空间。
- fsUsedSize:表示 MongoDB 使用了多少磁盘空间,与指定的 dbPath 对应的路径有关。
- fsTotalSize:表示磁盘的存储容量。

9.3.4 db.serverStatus()

db.serverStatus()数据库命令用于显示具体某个实例上的统计信息,实例可以为 mongod 或 mongos。例如,通过 mongo 连接分片集群 mongos,执行 mongos> db.serverStatus()命令后输出 mongos 相关的统计信息。

如果 mongo 连接的是某个分片中的 mongod 实例,则输出 mongod 相关统计信息。不同类型的实例,返回的信息不一样。使用 db.serverStatus()命令返回的指标信息较多,输出结果如下:

```
rs0:PRIMARY> db.serverStatus()
{
    "host" : "slave1:50001",
    "version" : "4.2.1",
    "process" : "mongod",
    "pid" : NumberLong(1866),
    "uptime" : 9790801,
    "uptimeMillis" : NumberLong("9790801210"),
    "uptimeEstimate" : NumberLong(9790801),
    "localTime" : ISODate("2021-12-12T15:46:39.711Z"),
    "asserts" : {
            "regular" : 0,
            "warning" : 0,
            "msg" : 0,
            "user" : 31,
            "rollovers" : 0
    },
    "connections" : {
```

```
                "current" : 26,
                "available" : 793,
                "totalCreated" : 44,
                "active" : 3
        },
        "electionMetrics" : {
                "stepUpCmd" : {
                        "called" : NumberLong(0),
                        "successful" : NumberLong(0)
                },
                "priorityTakeover" : {
                        "called" : NumberLong(0),
                        "successful" : NumberLong(0)
                },
                "catchUpTakeover" : {
                        "called" : NumberLong(0),
                        "successful" : NumberLong(0)
                }
```

我们可以添加过滤项来只返回感兴趣的数据，描述如下。

（1）查看 mongod 实例中的连接数信息。

只返回实例中的连接数相关信息，执行如下命令：

```
rs0:PRIMARY> db.serverStatus().connections
```

输出结果如下：

```
{ "current" : 23, "available" : 796, "totalCreated" : 375, "active" : 3 }
```

相关字段的含义如下。

- current：表示该数据库实例中当前客户端的连接数，包括复制集之间的连接数。
- available：表示该数据库实例中还可用的客户端连接数。
- totalCreated：表示该数据库实例中所有已创建的连接数，包括已关闭的。
- active：表示该数据库实例中当前活跃的、有读/写等操作的客户端连接数。

（2）查看 mongod 实例中的内存相关信息。

只返回实例中的内存相关信息，执行如下命令：

```
rs0:PRIMARY> db.serverStatus().mem
```

输出结果如下：

```
{ "bits" : 64, "resident" : 112, "virtual" : 2052, "supported" : true }
```
相关字段的含义如下。

- bits：表示 MongoDB 运行实例的编译架构。
- resident：表示数据库实例进程使用的物理内存大小，单位为 MB。
- virtual：表示数据库实例进程使用的虚拟内存大小，单位为 MB。
- supported：表示数据库实例进程所依赖的底层操作系统是否支持扩展的内存信息。

（3）查看 mongod 实例中 WiredTiger 存储引擎的 cache 相关信息。

只返回实例中 WiredTiger 存储引擎的 cache 相关信息，执行如下命令：

```
rs0:PRIMARY> db.serverStatus().wiredTiger.cache
```

下面对输出结果中的几个关键参数进行说明。

- maximum bytes configured：分配给 cache 的最大内存，单位为 Byte。
- bytes currently in the cache：在 cache 中，当前数据占用的内存大小，单位为 Byte，取值应小于 maximum bytes configured。
- tracked dirty bytes in the cache：在 cache 中，当前脏数据占用的内存大小，单位为 Byte，取值应小于 bytes currently in the cache。
- pages read into cache：读取 cache 中的 pages 数量。
- pages written from cache：从 cache 中写入磁盘中的 pages 数量。

（4）查看 mongod 实例中的锁相关信息。

返回实例中锁相关的总体信息，执行如下命令：

```
rs0:PRIMARY> db.serverStatus().globalLock
```

输出结果如下：

```
{                //约等于服务器上线的总时长，单位为微秒
        "totalTime" : NumberLong("10361640422000"),
        "currentQueue" : {
                "total" : 0,     //当前排队等待锁的操作总数
                "readers" : 0,   //当前排队等待读锁的操作数
                "writers" : 0    //当前排队等待写锁的操作数
        },
        "activeClients" : {
```

```
            "total" : 0,
            "readers" : 0,  //执行读操作的活跃客户端连接数
            "writers" : 0   //执行写操作的活跃客户端连接数
        }
    }
```

返回实例中锁相关的详细信息,执行如下命令:

```
rs0:PRIMARY> db.serverStatus().locks
```

输出结果如下:

```
    "locks" : {
        "ParallelBatchWriterMode" : {  //批量并行写的锁
            //获取锁的次数
            "acquireCount" : {
                //获取意向共享锁的次数
                "r" : NumberLong(531157),
                //获取排他锁的次数
                "W" : NumberLong(30136)
            }
        },
        "ReplicationStateTransition" : {  //复制集节点状态变更的锁
            "acquireCount" : {
                //获取意向排他锁的次数
                "w" : NumberLong(3138261),
                "W" : NumberLong(14)
            },
            //为了获取某种类型的锁,因为冲突所导致等待的次数
            "acquireWaitCount" : {
                //获取意向排他锁时的等待次数
                "w" : NumberLong(3)
            },
            //为了获取某种类型的锁,累积等待的时间,单位为微秒
            "timeAcquiringMicros" : {
                //获取意向排他锁时的累计等待时间
                "w" : NumberLong(89562)
            }
        },
        "Global" : {  //全局实例级别的锁
            "acquireCount" : {
                "r" : NumberLong(2972237),       //意向共享锁
                "w" : NumberLong(166000),        //意向排他锁
```

```
                "W" : NumberLong(17)          //排他锁
            },
            "acquireWaitCount" : {
                "r" : NumberLong(4)
            },
            "timeAcquiringMicros" : {
                "r" : NumberLong(2416)
            }
    },
    "Database" : {  //数据库级别的锁
            "acquireCount" : {
                "r" : NumberLong(2095999),
                "w" : NumberLong(153457),
                "W" : NumberLong(98)
            },
            "acquireWaitCount" : {
                "r" : NumberLong(1),
                "W" : NumberLong(1)
            },
            "timeAcquiringMicros" : {
                "r" : NumberLong(2130),
                "W" : NumberLong(3679)
            }
    },
    "Collection" : {  //集合级别的锁
            "acquireCount" : {
                "r" : NumberLong(446011),
                "w" : NumberLong(122001),
                "R" : NumberLong(19),   //共享锁
                "W" : NumberLong(1307)
            }
    },
    "Mutex" : {  //互斥量中的锁
            "acquireCount" : {
                "r" : NumberLong(2194906),
                "W" : NumberLong(11)
            }
    },
    "oplog" : {  //操作日志中的锁
            "acquireCount" : {
                "r" : NumberLong(1653630),
```

```
                    "w" : NumberLong(30137)
                }
            }
        }
```

9.4 可视化数据库操作

前文介绍的数据导入/导出、数据备份/恢复等操作均是通过命令行工具或数据库命令来完成的,但这种方式不够直观。因此,MongoDB 提供了一种强大的可视化工具 Compass 来帮助用户完成这些任务。

9.4.1 Compass 工具的安装与连接

Compass 工具可以支持常用的 Windows、macOS 和 Linux 等操作系统,下面以在 Windows 中安装 Compass 工具为例进行介绍。

先进入 Compass 工具的下载页面,选择 Windows 中的 msi 版本,单击"Download"按钮,如图 9-1 所示。

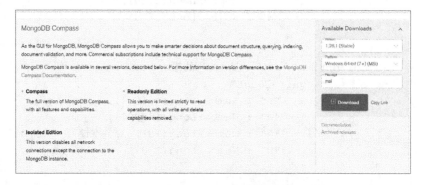

图 9-1 选择 Compass 工具的安装版本

下载完成后得到安装文件 mongodb-compass-1.28.1-win32-x64.msi,根据提示进行安装。

安装完成后,接下来连接 MongoDB 分片集群。

对于分片集群来说,客户端都是通过连接 mongos 来控制集群相关操作的,因此连接配置信息如图 9-2 所示。

第 9 章 管理与监控

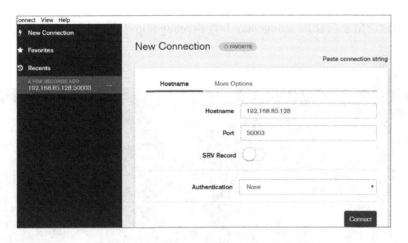

图 9-2 连接配置信息

其中,Hostname 对应 mongos 的主机 IP 地址,Port 对应端口。

单击"Connect"按钮,Compass 工具成功连接 MongoDB 分片集群后的效果如图 9-3 所示。

图 9-3 Compass 工具成功连接 MongoDB 分片集群后的效果

9.4.2 可视化性能监控

通过监控用户可以看到数据库实例中的各种读/写操作、网络流量、慢查询操作等,如图 9-4 所示。

这些指标的信息与使用 mongostat 工具和 mongotop 工具返回的指标信息是一致的。

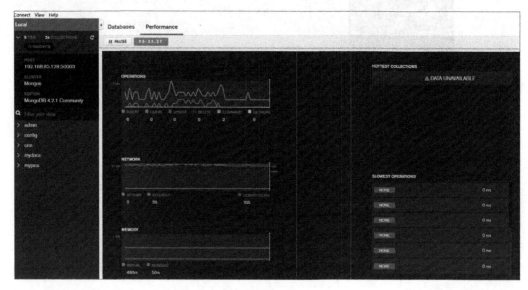

图 9-4　可视化性能监控

9.4.3　可视化数据库操作

选择"Databases"选项，在打开的列表中可以看到当前集群中所有数据库列表，包括创建数据库及对集合的增加、删除、修改、查询等常用操作。

（1）数据库列表展示，如图 9-5 所示。

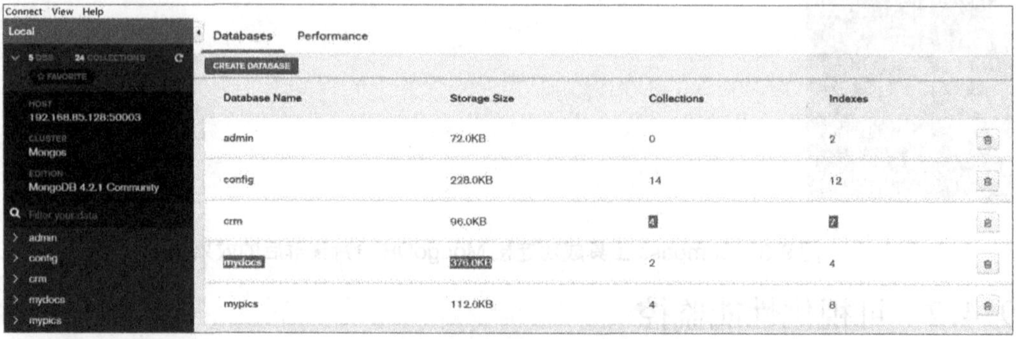

图 9-5　数据库列表展示

（2）创建数据库与该数据库中的第 1 个集合，如图 9-6 所示。

第 9 章 管理与监控

图 9-6 创建数据库与该数据库中的第 1 个集合

（3）向集合中插入数据，如图 9-7 所示。

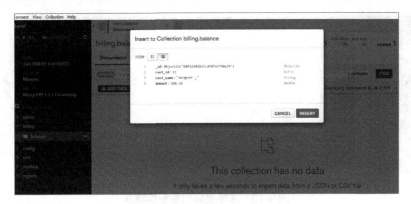

图 9-7 向集合中插入数据

（4）通过 FILTER 选项查询数据，如图 9-8 所示。

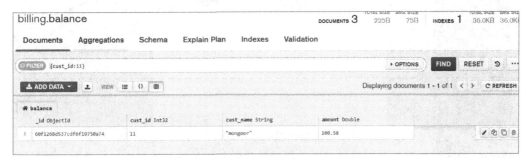

图 9-8 通过 FILTER 选项查询数据

（5）删除数据，如图 9-9 所示。

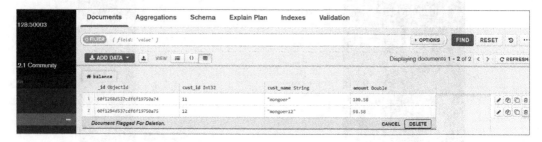

图 9-9　删除数据

（6）选择要导出数据的集合，如图 9-10 所示。

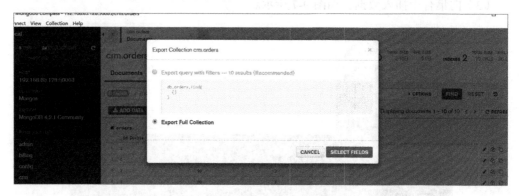

图 9-10　选择要导出数据的集合

选择要导出数据的字段，如图 9-11 所示。

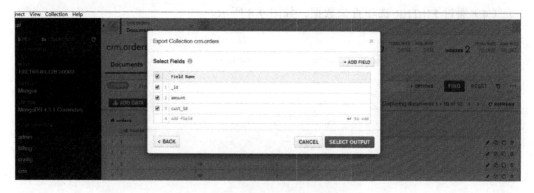

图 9-11　选择要导出数据的字段

选择要导出文件的格式和路径,单击"EXPORT"按钮,如图 9-12 所示。

图 9-12　选择要导出文件的格式和路径

(7)删除集合,如图 9-13 所示。

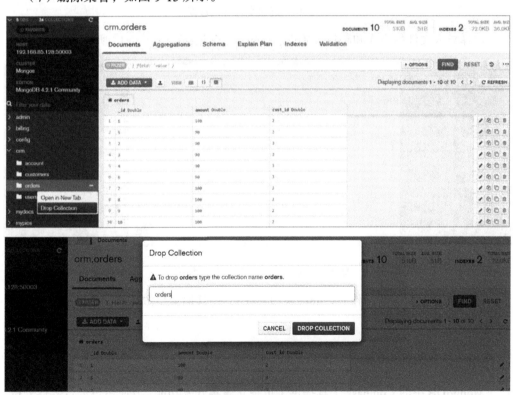

图 9-13　删除集合

（8）导入集合数据。通过文件导入数据，如图 9-14 所示。

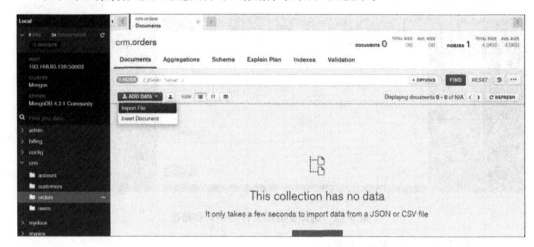

图 9-14　通过文件导入数据

选择导入文件的格式和路径，单击"IMPORT"按钮，如图 9-15 所示。

图 9-15　选择导入文件的格式和路径

除了支持上面这些操作，Campass 工具还支持其他更多数据库操作，如查询计划分析、创建索引等。

9.4.4　可视化聚集操作

MongoDB 中的 Compass 工具提供了可视化聚集开发功能，方便用户进行数据分析，聚集操作语句如下：

```
> db.orders.aggregate( [
    {$match: { amount:{$gte:90}}},
    {$group: {
     _id: "$cust_id",
     total: {
       $sum: "$amount" }
}}])
```

上述语句表示先过滤出 amount 值大于或等于 90 的文档记录，然后根据文档记录中的 cust_id 进行分组，并对每一组的 amount 值进行求和。

Compass 工具中的聚集操作配置如图 9-16 所示。

图 9-16　Compass 工具中的聚集操作配置

对于更复杂的聚集操作，用户还可以单击 · 按钮添加聚集步骤来完成。

9.4.5　内嵌 mongoshell 开发环境

使用 Compass 工具嵌入一个 shell 环境，类似于 mongo 客户端连接数据库实例后的 js 执行环境，如图 9-17 所示。

图 9-17 使用 Compass 工具嵌入一个 shell 环境

在此内嵌的 mongoshell 环境下，可以执行相关数据库或集合中的操作语句及命令。

9.5 小结

对数据库的管理与监控是一项非常重要的运维工作。本章首先介绍 MongoDB 数据库的导入、导出、备份、恢复等操作，这些功能可以支持数据备份/恢复、异构数据库之间数据交换等应用场景。

其次介绍针对 MongoDB 数据库常用的命令行工具监控管理，通过这些命令行工具返回的指标信息，运维人员可以准确地掌握数据库的运行状态。

最后介绍 MongoDB 推出的可视化数据库操作和管理工具 Compass，通过此工具用户可以监控数据库实例的读/写性能指标，还可以高效地编写 CRUD 等操作语句及进行大量数据的聚集分析。

第 10 章 权限控制

到目前为止，我们部署的数据库都处于"裸奔"的状态，即任何用户或客户端应用都可以连接任何数据库且进行相关操作，这显然是不安全的。

MongoDB 提供了一整套完整的基于角色的权限控制方案，可以为不同的用户分配不同的角色，不同的角色又拥有不同的权限，权限控制的最小粒度可以精确到具体某个集合中。

在实际应用中，我们可以根据业务涉及的安全等级，合理地创建角色及分配权限，并将此角色赋给相应的用户，最终由经过身份认证的用户或客户端应用来完成对数据库或集合中的相关操作。

10.1 基于角色与权限控制原理

为了完成基于角色与权限的访问控制，先创建一个用户，并且该用户应该包含如图 10-1 所示的基本信息。

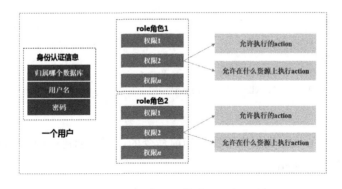

图 10-1　一个用户包含的基本信息

1. 身份认证信息

身份认证信息包含用户名、密码等基本信息，最重要的是要确定该用户归属哪个数据库，当用户登录时需将该数据库指定为身份验证的目标数据库。

通常，我们在执行创建用户命令时，执行该命令的当前数据库就为该用户的归属身份验证数据库。

2. 角色

在创建用户时，需要指定用户是什么角色。角色实际上是一组权限的组合，而每一种权限对应着允许用户在什么样的资源上执行什么样的操作。

一个用户可以有多个角色，每个角色又可以包含多种权限。

3. 资源与动作

资源（resource）表示某种权限能够操作的具体对象，如可以具体到某个数据库、集合或整个集群。

动作（action）表示该权限在限定的资源对象上允许用户执行的操作，如针对集合的查询和修改操作、针对数据库管理方面的操作、针对数据库部署方面的操作等。

注意：用户归属的身份验证数据库和用户拥有相应角色权限的数据库是没有必然关系的，可以相同也可以不相同。

创建一个用户的语句如下：

```
use crm
db.createUser(
  {
    user: "crmuser",
    pwd: "123456"
    roles: [ { role: "readWrite", db: "crm" },
             { role: "read", db: "billing" } ]
  }
)
```

首选，由于是在 crm 数据库下执行当前命令的，因此创建成功后，crmuser 用户归属的身份验证数据库为 crm。

其次，给 crmuser 用户添加了两个角色，一个是在自身 crm 数据库上拥有读/写权限，另一个是在其他数据库（billing）上只拥有读操作权限。

注意：当在某个数据库上创建新用户时，执行该命令的登录用户必须要有在该数据库中的相应权限，通常能够执行该命令的用户拥有管理员的角色权限。

10.2 启动角色权限控制功能

在默认情况下，MongoDB 并没有启动基于角色的访问控制功能，需要在启动配置文件中明确打开 security.authorization 配置项，并重新启动 MongoDB 数据库实例才能开启此功能。

启动访问控制功能后，启动配置文件 start.conf 的内容如下：

```
storage:
  dbPath: /usr/local/mongodb-4.2/data
systemLog:
  path: /usr/local/mongodb-4.2/logs/123.log
  destination: file
net:
  port: 30000
  bindIp: localhost,192.168.85.128
security:
  authorization: enabled
```

注意：一旦开启身份验证功能后，在连接 MongoDB 实例时就必须指定用户名、密码及该用户的身份验证的数据库，否则会提示没有权限执行后面的相关操作。

所以，在数据库实例开启身份验证功能之前，需要先创建一个具有管理员角色的用户，保证该用户有权限创建其他新用户并为其分配角色，满足如下两个条件的用户即可。

- 条件一：该用户的身份验证数据库为系统数据库 admin。
- 条件二：该用户要有 userAdmin 角色或 userAdminAnyDatabase 角色。

下面通过具体操作步骤演示如何开启 MongoDB 角色权限控制功能，以及创建不同权限的用户来管理不同的数据库。

第一步：启动不带访问控制功能的 MongoDB 实例。

修改启动配置文件 start.conf 的内容如下：

```
storage:
```

```
  dbPath: /usr/local/mongodb-4.2/data
systemLog:
  path: /usr/local/mongodb-4.2/logs/123.log
  destination: file
net:
  port: 30000
  bindIp: localhost,192.168.85.128
```

启动 MongoDB 实例，命令如下：

```
./mongodb-4.2/bin/mongod --config ./mongodb-4.2/start.conf &
```

第二步：连接上面启动的实例。

语句如下：

```
./mongodb-4.2/bin/mongo --port 30000
```

可以看到，不需要输入用户名、密码等身份验证信息即可成功连接上面的数据库实例。

第三步：创建一个管理员用户。

按照前文的介绍，该用户需要创建在系统数据库 admin 上，且该用户要有创建和管理其他用户的角色权限。

创建一个管理员用户的语句如下：

```
> use admin
> db.createUser(
{
    user:"myadmin",
    pwd:"123456",
    roles:[{role:"userAdminAnyDatabase",db:"admin"},"readWriteAnyDatabase"]
})
```

其中，userAdminAnyDatabase 和 readWriteAnyDatabase 均属于 MongoDB 默认定义的角色，前者表示该用户拥有创建、删除、修改其他用户及其角色信息的权限，后者表示该用户拥有读/写所有非系统集合的权限。

roles 参数的值为数组类型，每个元素对应一种角色，其语法格式如下：

```
roles:[
       {role:"userAdminAnyDatabase",db:"admin"},
       {role:"readWrite",db:"crm"}
]
```

其中，db 参数限定了该角色拥有能够作用于哪个数据库的权限，即可以在哪个数据库上执行该角色包含的权限动作。

注意：roles:[{role:"userAdminAnyDatabase",db:"admin"},"readWriteAnyDatabase"]，这里我们并没有为 readWriteAnyDatabase 角色指定对应的 db 选项，因为拥有该角色的用户默认可以针对所有数据库执行其包含的权限动作（除系统数据库 local 和 config 外）。

第四步：修改启动配置文件，打开安全控制选项，重启 MongoDB 实例。

修改后的启动配置文件的内容如下：

```
storage:
  dbPath: /usr/local/mongodb-4.2/data
systemLog:
  path: /usr/local/mongodb-4.2/logs/123.log
  destination: file
net:
  port: 30000
  bindIp: localhost,192.168.85.128
security:
  authorization: enabled
```

重新启动 MongoDB 实例的语句和上面启动 MongoDB 实例的语句一致，命令如下：

```
./mongodb-4.2/bin/mongod --config ./mongodb-4.2/start.conf &
```

第五步：通过传入身份认证信息重新连接 MongoDB 实例。

语句如下：

```
./mongodb-4.2/bin/mongo --port 30000 -u myadmin -p --authenticationDatabase admin
```

其中，u 表示用户名，p 表示提示输入密码，authenticationDatabase 表示传入该用户所归属的身份验证数据库。

下面验证 myadmin 用户的权限（根据前文的定义，myadmin 用户有 userAdminAnyDatabase 和 readWriteAnyDatabase 两种角色）。

依次执行如下语句：

```
> use crm
> db.customers.insert({_id:1,name:"Lee",age:28})
> db.customers.find({})
```

如果能成功执行上述语句，则表示 myadmin 用户具备读/写其他任何数据库的权限，正好符合 readWriteAnyDatabase 角色定义的权限。

同时，通过第六步验证其拥有的 userAdminAnyDatabase 角色权限，可以为其他数据库创建新用户并分配新角色。

第六步：通过 myadmin 用户登录数据库后，创建新的用户并为其分配角色。

语句如下：

```
./mongodb-4.2/bin/mongo --port 30000 -u myadmin -p --authenticationDatabase admin
```

创建新用户并为其分配角色的语句如下：

```
> use crm
> db.createUser(
    {
        user:"crmuser",
        pwd:"123456",
        roles:[{role:"readWrite",db:"crm"},{role:"read",db:"billing"}]
    })
```

执行成功后，会创建一个 crmuser 用户，该用户归属的身份验证数据库是 crm，且在 crm 数据库中拥有 readWrite 角色包含的权限，在 billing 数据库中拥有 read 角色包含的权限。

同时，也验证了第三步为 myadmin 用户分配 userAdminAnyDatabase 角色后，myadmin 用户拥有为其他数据库创建新用户的权限。

第七步：使用上面新创建的 crmuser 用户登录数据库，验证该用户的相关权限。

以用户 crmuser 连接数据库，语句如下：

```
./mongodb-4.2/bin/mongo --port 30000 -u crmuser -p --authenticationDatabase crm
```

成功连接后，依次执行如下语句：

```
> use crm
> db.customers.insert({_id:5,name:"Joran",age:28})
> db.customers.find({})
```

如果都能执行成功，则说明 crmuser 用户拥有在 crm 数据库中的读/写权限，与分配给它的角色 {role:"readWrite",db:"crm"} 一致。

但是，执行如下语句：

第 10 章 权限控制

```
> db.balance.insert({_id:3,bal:100000000})
```

会出现如下错误：

```
"errmsg" : "not authorized on billing to execute command... "
```

执行如下语句会成功：

```
> db.balance.find({})
```

说明 crmuser 用户在 billing 数据库中只有读操作权限，没有写操作权限。正好证明，与分配给它的角色{role:"read",db:"billing"}一致。

当然，对其他数据库来说，crmuser 用户既没有读权限，也没有写权限。

10.3　MongoDB 默认提供的角色

每一种角色都定义了在不同类型的资源上可以执行的操作。MongoDB 默认提供了一些角色，前文介绍的 userAdminAnyDatabase 等角色就是默认定义好的。当然我们也可以自定义个性化的角色。

对于默认的角色，有些角色可以作用于所有数据库，有些角色只能作用于 admin 数据库，本节将分类介绍 MongoDB 默认定义好的角色。

10.3.1　针对特定数据库中的读/写角色

针对特定数据库中的角色表示客户端用户通过身份认证，连接 MongoDB 后，允许执行的权限动作。

由于同一个用户针对不同数据库分配的角色不一样，则该用户在相应数据库中的权限也不一样。

这种类型的默认角色有 read 和 readWrite 两种。

（1）read 角色：表示用户针对数据库中所有非系统集合具有"读"操作权限。

（2）readWrite 角色：表示用户针对数据库中所有非系统集合具有"读/写"操作权限。

在 crm 数据库中创建一个 test 用户，并为其分配不同的数据库角色，语句如下：

```
> use crm
> db.createUser(
    {
        user:"test",
```

271

```
    pwd:"123456",
    roles:[
    {role:"readWrite",db:"boss"},
    {role:"read",db:"billing"}
    ]
})
```

test 用户对 boss 数据库有读/写权限；但对 billing 数据库只有读权限。

10.3.2　针对特定数据库中的管理角色

为了使用户可以执行一些针对数据库的管理任务，如索引管理、创建新用户、为用户分配角色等操作，MongoDB 默认提供了以下几种针对数据库的管理角色。

（1）dbAdmin 角色：这种角色类型的用户拥有 createCollection、listIndexes、createIndex、listCollections、find 等操作权限，但是没有权限管理其他用户的角色和权限，即不能够为数据库创建新用户和分配角色。

（2）userAdmin 角色：这种角色类型的用户可以管理当前数据库中其他用户的角色和权限，常用的操作有 createUser、createRole、grantRole、dropUser、revokeRole 等。

（3）dbOwner：这种角色类型的用户不仅可以管理当前数据库中其他用户的角色和权限，还可以针对数据库执行增加、删除、修改、查询、索引等操作。相当于具有 readWrite、dbAdmin、userAdmin 共 3 种角色组合的权限。

10.3.3　针对所有数据库中的角色

前文介绍的角色都只具备针对某个特定数据库中的操作权限，MongoDB 也提供了一些能够针对所有数据库（除 local 数据库和 config 数据库外）进行管理和操作的默认角色。

当创建用户并为用户分配这类角色时，角色对应的 db 选项必须指定为 admin 数据库。

创建一个能够管理所有数据库的用户，语句如下：

```
> use admin
> db.createUser(
{
    user:"myadmin",
    pwd:"123456",
    roles:[{role:"userAdminAnyDatabase",db:"admin"}]
```

})

该用户可以对所有数据库（除 local 数据库和 config 数据库外）执行 createUser、createRole、grantRole、dropUser、revokeRole 等操作，可以管理所有数据库中的用户和角色。

相当于将前文介绍的 userAdmin 角色可以管理的数据库权限范围扩展到了全部数据库。

注意：需要将 userAdminAnyDatabase 角色对应的 db 选项指定为 admin，否则创建用户会失败。

其他几种针对所有数据库的角色如下。

（1）readAnyDatabase 角色：表示用户可以对所有数据库进行读操作（除 local 数据库和 config 数据库外）。相当于 read 角色的权限范围扩展。

（2）readWriteAnyDatabase 角色：表示用户可以对所有数据库进行读/写操作（除 local 数据库和 config 数据库外）。相当于 readWrite 角色的权限范围扩展。

（3）dbAdminAnyDatabase 角色：表示用户可以对所有数据库（除 local 数据和 config 数据库外）执行 createCollection、listIndexes、createIndex、listCollections、find 等数据库层面的操作。相当于 dbAdmin 角色的权限范围扩展。

注意：dbAdminAnyDatabase 角色没有权限管理其他用户的角色和权限（只有当为用户分配了 userAdminAnyDatabase 角色后，该用户才能有权限管理其他用户的角色和权限）。

（4）userAdminAnyDatabase 角色：表示用户可以针对所有数据库（除 local 数据库和 config 数据库外）管理其他用户的角色和权限。相当于 userAdmin 角色的权限范围扩展。

10.3.4 超级用户角色

MongoDB 默认提供了一个名为 root 的超级用户角色。当为一个用户分配 root 角色时，该用户拥有的权限相当于以下几个角色的权限组合。

- readWriteAnyDatabase。
- dbAdminAnyDatabase。

- userAdminAnyDatabase。
- clusterAdmin。
- restore。
- backup。

即 root 用户可以管理任何数据库并在其上执行读/写操作。

10.4 用户管理

用户管理主要完成数据库中用户的添加、删除、密码修改及角色的修改等操作。但前提条件是执行这些操作的登录用户需要具备相应的角色，如 userAdminAnyDatabase（针对所有数据库）、userAdmin（针对特定数据库）等角色。

10.4.1 查看数据库中的用户

为了查看具体某个数据库中已有的所有用户信息，可以通过在数据库中执行 db.getUsers()方法来查看，语句如下：

```
> use crm
> db.getUsers()
```

输出结果如下：

```
[
    {
        "_id" : "crm.crmuser2020",
        "user" : "crmuser2020",
        "db" : "crm",
        "roles" : [{"role" : "readWrite", "db" : "crm"},
            {"role" : "read","db" : "billing"}
        ],
        "mechanisms" : ["SCRAM-SHA-1", "SCRAM-SHA-256"]
    }
]
```

由于数据库可能有多个用户，因此返回值是一个数组，数组中的每一个元素对应该数据库中的一个用户，其中，roles 选项对应的值表示该用户具有的角色信息。

注意：为了查看数据库所拥有的用户信息，执行 db.getUsers()方法的登录用户需要具备管理数据库的权限。

如果只想查看数据库中的某个用户信息,则可以通过执行 db.getUser("用户名")方法来查看,语句如下:

```
> use crm
> db.getUser("crmuser2020")
```

输出结果的格式同上面一样,但 db.getUsers()方法需要传入指定的用户名作为参数。

实际上,所有用户信息都会保存在 admin 数据库中的 system.users 集合上,因此,如果登录用户有足够的权限(如 userAdminAnyDatabase 角色),则可以直接切换到 admin 数据中,执行 db.system.users.find({})语句查看所有用户信息。

10.4.2 创建新用户

为了创建一个用户,可以先利用具有 userAdminAnyDatabase 角色的用户登录 MongoDB 数据库实例,再到想要添加新用户的数据库中执行 db.createUser()方法,具体操作步骤如下。

第一步:连接数据库。

语句如下:

```
./mongodb-4.2/bin/mongo --port 30000 -u myadmin -p --authenticationDatabase admin
```

登录用户 myadmin 在前文已经创建好,是具有 userAdminAnyDatabase 角色的管理员。

第二步:切换到需要添加新用户的数据库上。

语句如下:

```
> use crm
```

第三步:调用 db.createUser()方法创建新用户。

语句如下:

```
> db.createUser({
      user : "crmuser2020",
      pwd:"123456",
      roles : [
          { "role" : "readWrite", "db" : "crm"},
          {"role" : "read", "db" : "billing"}
      ]
```

})

成功执行后,会在 crm 数据库中创建一个名为 crmuser2020 的用户,且该用户对 crm 数据库拥有 readWrite 角色,对 billing 数据库只有 read 角色。

10.4.3　修改用户的角色

通过执行 db.grantRolesToUser()方法修改用户的角色。

例如,上面在 crm 数据库中创建的 crmuser2020 用户,其当前拥有的角色信息如下:

```
"roles" : [
            {"role" : "readWrite", "db" : "crm"},
            {"role" : "read","db" : "billing"}
        ]
```

按照当前分配的角色,当该用户登录数据库后,在 crm 数据库中只能进行数据的读/写操作,并不能管理 crm 数据库。

因此,执行如下语句时就会报错:

```
> db.getUsers()
```

返回如下错误信息:

```
Error: not authorized on crm to execute command { usersInfo: 1.0, lsid: { id: UUID("e9687953-b537-495b-9c59-dc6ce9e8b5a9") }, $db: "crm" }
```

说明 crmuser2020 用户不具备管理数据库的角色权限。

下面通过修改该用户的角色,给已存在的 crmuser2020 用户添加一个 userAdmin 角色。

执行如下语句:

```
> use crm
> db.grantRolesToUser("crmuser2020",roles:[{role:"userAdmin",db:"crm"}])
```

成功执行后,利用 crmuser2020 用户重新登录数据库,然后在 crm 数据库中执行 db.getUsers()命令时就会返回所有 crm 数据库中的相关用户信息。

注意:执行 db. grantRolesToUser ()命令的登录用户需要具备管理数据库的权限。

10.4.4　删除用户

删除数据库中单个用户的语法格式如下:

```
db.dropUser("user")
```
user 参数为要删除用户的名称。

例如，要删除 crm 数据库中的 crmuser2020 用户，执行如下语句：
```
> use crm
> db.dropUser("crmuser2020")
```
例如，要一次性删除 crm 数据库中的所有用户，执行如下语句：
```
> use crm
> db.dropAllUsers()
```
注意：执行语句时，所在的数据库为待删除用户归属的数据库及登录用户要有删除用户的权限。

10.5 角色管理

前文介绍的所有角色及其权限均是 MongoDB 默认提供的，在有些个性化的应用场景中，我们可能需要更细粒度和更精准的权限控制。

例如，期望控制某类角色的用户只能访问特定集合中的数据或者某类角色的用户只能访问特定数据库中的所有集合数据，如图 10-2 所示。

其中，给用户 A 分配角色 A，控制它只能访问 crm 数据库中的"集合 1"；给用户 B 分配角色 B，控制它只能访问 report 数据库中的"集合 1"；给用户 C 分配角色 C，控制它可以访问 billing 数据库中的所有集合。

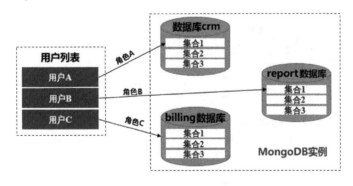

图 10-2 自定义角色控制用户的访问权限

10.5.1 查看数据库中的角色

为了查看具体某个数据库中已有的自定义的角色信息，可以在数据库上执行 db. getRoles ()方法来查看，语句如下：

```
> use crm
> db.getRoles()
```

上面的语句只能返回数据库中自定义的角色，输出结果如下：

```
[
    {
        "role" : "onlyReadForCustomers",
        "db" : "crm",
        "isBuiltin" : false, //表示该角色为非系统定义的
        "roles" : [ ],
        "inheritedRoles" : [ ]
    }
]
```

如果想要查看具体某个数据库中所有的角色信息（包括系统默认定义的），则可以传入{showBuiltinRoles:true}参数并在数据库中执行如下语句：

```
> use crm
> db.getRoles ({showBuiltinRoles:true})
```

10.5.2 查看角色对应的权限信息

角色实际上是一组权限的组合，如图 10-3 所示。

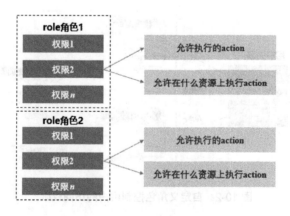

图 10-3　角色是一组权限的组合

每一个权限限定了该用户可以在什么样的资源上执行哪些具体的操作，我们可以通过 db.getRole("角色名", { showPrivileges: true })方法获取角色在对应的数据库中具有哪些操作权限。具体操作步骤如下。

第一步：连接数据库。

语句如下：

```
./mongodb-4.2/bin/mongo --port 30000 -u myadmin -p --authenticationDatabase admin
```

第二步：选择数据库。

语句如下：

```
> use crm
```

第三步：执行 db.getRole()方法，查询指定角色的权限信息。

语句如下：

```
> db.getRole("userAdmin", { showPrivileges: true })
```

输出结果如下：

```
{
        "role" : "userAdmin",
        "db" : "crm",           //表示该角色定义在 crm 数据库中
        "isBuiltin" : true,     //表示该角色为系统自定义角色
        "roles" : [ ],
        "inheritedRoles" : [ ],
        "privileges" : [
            {
                "resource" : {
                    "db" : "crm",
                    "collection" : ""
                },
                "actions" : [
                    "changeCustomData",          "changePassword",
"createRole",    "createUser",    "dropRole",    "dropUser",    "grantRole",
"revokeRole", "setAuthenticationRestriction", "viewRole", "viewUser" ]
            }
        ],
        "inheritedPrivileges" : [
            ...
        ]
```

输出结果表示 userAdmin 角色对应的权限信息，以及展示了该角色的用户可以在哪些资源上（如 crm 数据库）执行哪些操作（action 对应的值）。

同理，如果想要查看 userAdminAnyDatabase 角色包含的权限信息，则需要切换到 admin 数据库（该角色只属于 admin 数据库），再执行如下语句：

```
> use admin
> db.getRole("userAdminAnyDatabase", { showPrivileges: true })
```

输出结果中包含如下信息：

```
{
                    "resource" : {
                        "db" : "",
                        "collection" : "system.users"
                    },
                    "actions": ["changeStream", "collStats", "dbHash",
"dbStats", "find", "killCursors", "listCollections", "listIndexes",
"planCacheRead"]
    }
```

说明具备 userAdminAnyDatabase 角色的用户可以直接查看所有数据库中的用户信息。

因此，可以直接在 admin 数据库的 system.users 集合中查看所有数据库的用户信息，执行 db.system.users.find() 语句即可。

10.5.3 创建一个自定义角色

我们可以通过 MongoDB 提供的自定义角色功能实现控制某类角色的用户只能访问特定集合中的数据，达到更细粒度和更精准的权限控制目标。

创建自定义角色的语法格式如下：

```
db. createRole (
{ createRole: "<new role>",   //新角色的名称
  //定义新角色的权限，即限定它在什么资源上（如数据库或集合）上可以执行什么操作（如 find、
insert 等)
    privileges: [
    { resource: { <resource> }, actions: [ "<action>", ... ] },
    ...
    ],
    //新角色可以从哪些已有的角色上继承权限，该参数值可以为空，表示不会从任何角色继承权限
```

```
roles: [
  { role: "<role>", db: "<database>" } | "<role>",
  ...
],
//可选参数，限制拥有该角色的用户可以从哪些客户端 IP 地址连接 MongoDB 实例或限制该角色
的用户只允许连接哪些 IP 地址对应 MongoDB 实例
authenticationRestrictions: [
  {
    clientSource: ["<IP>" | "<CIDR range>", ...],
    serverAddress: ["<IP>" | "<CIDR range>", ...]
  },
  ...
],
writeConcern: <write concern document> //可选参数，配置"写关注"
}
)
```

下面以一个具体实例进行说明，假设当前 crm 数据库中有 customers 和 accounts 两个集合，现在创建一个角色，使拥有该角色的用户只能查询 customers 集合中的数据，但不能查询 accounts 集合中的数据。具体操作步骤如下。

第一步：使用超级管理员连接数据库。

语句如下：

```
./mongodb-4.2/bin/mongo --port 30000 -u myadmin -p --authenticationDatabase admin
```

第二步：切换到 crm 数据库。

语句如下：

```
> use crm
```

第三步：在 crm 数据库中创建新角色。

语句如下：

```
> db. createRole (
{ createRole: "onlyReadForCustomers",    //新角色名称
privileges: [                            //定义新角色的权限
{resource:{db:"crm",collection:"customers" }, actions: ["find"]}
],
roles:[]  //其值为空，表示该角色不继承任何角色的权限
})
```

创建成功后，可以执行如下语句查看 crm 数据库中所有自定义的角色信息：

```
> use crm
> db.getRoles()
```

注意：上面在定义角色的权限动作时，即在给 actions 字段赋值时，数组元素的取值除了 find，还可以有 insert、remove、update，以及数据库管理类型的操作（如 createCollection、createUser、createRole 等）。其他更多权限动作可参考 MongoDB 官方文件。

10.5.4 验证自定义角色的权限

在 10.5.3 节中，我们在 crm 数据库中创建了一个 onlyReadForCustomers 的角色，其权限为只能读取 crm 数据库中的 customers 集合。

现在创建一个用户，并分配该角色，语句如下：

```
> use crm
> db.createUser(
{user:"newuser",
pwd:"123456",
roles:[{"role":"onlyReadForCustomers","db":"crm"}]
})
```

用户创建成功后，利用该用户重新登录 MongoDB 实例，语句如下：

```
./mongodb-4.2/bin/mongo --port 30000 -u newuser -p --authenticationDatabase crm
```

验证 newuser 用户对 customers 集合的查询权限，语句如下：

```
> use crm
> db.customers.find({})
```

如果正常返回集合中的数据，则表示 newuser 用户对 customers 集合有读权限。

验证 newuser 用户对 customers 集合的写权限，语句如下：

```
> db.customers.insert({ "_id" : 6, "name" : "willian", "age" : 33 })
```

出现如下错误：

```
"errmsg" : "not authorized on crm to execute command { insert: \"customers\", ordered: true, lsid: { id: UUID(\"65d97d9c-8405-4849-8863-ffe5166f2195\") }, $db: \"crm\" }"
```

验证 newuser 用户对 crm 数据库中 accounts 集合的读权限，语句如下：

```
> db.accounts.find({})
```
出现如下错误：

```
"errmsg" : "not authorized on crm to execute command { find: \"accounts\",
filter: {}, lsid: { id: UUID(\"65d97d9c-8405-4849-8863-ffe5166f2195\") },
$db: \"crm\" }"
```

综上验证，表示我们创建的自定义角色及其权限与期待的效果一致，即限定了某类角色中的用户只能查询某个集合中的数据。

当我们开发的应用系统需要考虑用户的角色和权限分配时，可以直接利用 MongoDB 提供的基于角色的权限功能，避免了额外的数据库表创建和信息配置等操作，提高了应用系统权限模块开发的效率。

10.5.5 删除自定义的角色

删除数据库中单个自定义角色的语法格式如下：

```
db. dropRole ("role")
```

role 参数为要删除角色的名称。

例如，要删除 crm 数据库中的 onlyReadForCustomers 角色，执行如下语句：

```
> use crm
> db.dropRole("onlyReadForCustomers")
```

例如，要一次性删除 crm 数据库中的所有自定义角色，执行如下语句：

```
> use crm
> db.dropAllRoles()
```

注意：在执行上述语句时，登录用户要有删除角色的权限。

10.6 小结

本章主要介绍 MongoDB 基于角色权限的访问控制功能，通过访问控制，保障客户端访问数据库的安全性，即客户端用户需要输入正确的用户名、密码、身份验证后，数据库才能正确连接 MongoDB 实例。

MongoDB 提供的基于角色的权限控制粒度可以达到"集合"级别，还支持自定义角色与权限。因此，我们可以很方便地实现允许不同角色的用户访问应用系统中的不同功能模块。

第 4 篇 MongoDB 应用实践

本篇主要介绍 MongoDB 的应用实践，一个数据库只有发挥出它的应用价值，才能体现出数据库本身的价值。

本篇包含的关键知识如下。

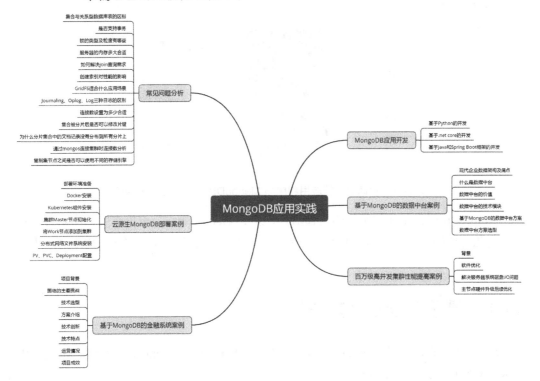

第 11 章
MongoDB 应用开发

前文介绍的针对 MongoDB 单实例、复制集、分片集群的操作都是基于 mongoshell 的命令模式。

通过 mongoshell 命令模式读/写数据库是有局限性的，如不能融入更复杂的业务逻辑，客户端无法支持更多用户的并发读/写等。

驱动是开发者利用编程语言编写的应用程序与 MongoDB 数据库之间的连接桥梁，如图 11-1 所示。

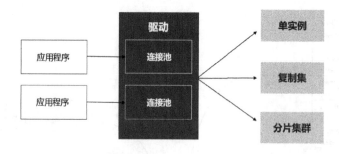

图 11-1　驱动是连接应用程序与 MongoDB 数据库之间的桥梁

MongoDB 提供了几种常用的编程语言，如 Python、Java、.net core 等。本章将重点介绍这几种编程语言在 MongoDB 单实例、复制集、分片集群 3 种部署架构中的编程开发。

11.1　基于Python的开发

MongoDB 官网提供的 Python 驱动，包名为 Pymongo，Pymongo 版本与 MongoDB 版本的兼容性如图 11-2 所示。

第 11 章 MongoDB 应用开发

Pymongo Driver Version	MongoDB 5.0	MongoDB 4.4	MongoDB 4.2	MongoDB 4.0	MongoDB 3.6	MongoDB 3.4	MongoDB 3.2
3.12	√	√	√	√	√	√	√
3.11		√	√	√	√	√	√
3.10			√	√	√	√	√

图 11-2　Pymongo 版本与 MongoDB 版本的兼容性

根据 MongoDB 版本，选择合适的 Pymongo 版本进行安装。

安装语句如下：

```
pip3 install 'pymongo[srv]'==3.12
```

如果已经安装某个低版本的 Pymongo，则可以执行如下语句进行升级：

```
pip3 install --upgrade 'pymongo[srv]'==3.12
```

注意：这里前提条件是已经安装好 Python3 运行环境和包管理器 pip3。

11.1.1　单实例中的 CRUD 操作

编写任何客户端应用程序，都需要先构造一个 MongoClient 实例，然后选择要操作的数据库及集合对象，最后针对集合进行 CRUD 等操作。

（1）插入一条文档记录，语句如下：

```
//从包中导入MongoClient类
from pymongo import MongoClient
//传递连接单实例的字符串，创建MongoClient实例
client = MongoClient('mongodb://192.168.85.130:50001')
//指定要操作的数据库
db = client.crm
//指定要操作的集合
inventory = db.inventory
//向集合中插入一条文档记录
inventory.insert_one({'_id': 15, 'model':'switch', 'count': 500})
```

（2）查询一条文档记录，语句如下：

```
//从包中导入MongoClient类
from pymongo import MongoClient
//导入输出的类
```

```
import pprint
//传递连接单实例的字符串，创建 MongoClient 实例
client = MongoClient('mongodb://192.168.85.130:50001')
//指定要操作的数据库
db = client.crm
//指定要操作的集合
inventory = db.inventory
//从集合中查询一条文档记录，并将其输出
pprint.pprint(inventory.find_one({'_id': 15}))
```

（3）嵌套查询。

假设当前集合中的数据结构如下：

```
{
    "_id" : 1,
    "cust_id" : 123,
    "name" : "Jordan",
    "orders" :
        {
            "orderid" : 6,
            "item" : "Books",
            "count" : 100
        },
    "paid_amount" : 1000
}
```

查询所有订单中 item 值为 Books 的内容，语句如下：

```
//从包中导入 MongoClient 类
from pymongo import MongoClient
//导入输出的类
import pprint
//传递连接单实例的字符串，创建 MongoClient 实例
client = MongoClient('mongodb://192.168.85.130:50001')
//指定要操作的数据库
db = client.crm
//指定要操作的集合
customers = db.customers
//嵌套查询，与通过命令查询时传递的参数是一致的
pprint.pprint(inventory.find_one({'orders.item':'Books'}))
```

注意：我们可以通过嵌套的数据结构，避免关系型数据库中多表关联查询的需求场景。

（4）查询多条文档记录，语句如下：

```
//从包中导入 MongoClient 类
from pymongo import MongoClient
//导入输出的类
import pprint
//传递连接单实例的字符串，创建 MongoClient 实例
client = MongoClient('mongodb://192.168.85.130:50001')
//指定要操作的数据库
db = client.crm
//指定要操作的集合
orders = db.orders
//返回多条文档记录
for order in orders.find({'cust_id':2}):
    pprint.pprint(order)
```

（5）修改单条文档记录，语句如下：

```
//从包中导入 MongoClient 类
from pymongo import MongoClient
//传递连接单实例的字符串，创建 MongoClient 实例
client = MongoClient('mongodb://192.168.85.130:50001')
//指定要操作的数据库
db = client.crm
//指定要操作的集合
customers = db.customers
//修改单条文档记录，与通过命令修改时传递的参数是一致的
result = db.customers.update_one({'orders.orderid':6},{'$inc':{'orders.count':200}})
//输出修改的文档记录数量
print(result.modified_count)
```

注意：update_one()方法的第 3 个参数为 upsert，默认值为 false，表示如果没有匹配到要修改的文档记录，则不会作为一条新的文档记录插入。如果传递参数 upsert 的值为 true，当没有匹配的待修改文档时，则会插入一条新的文档记录。

（6）修改多条文档记录。

与修改单条文档记录的 API 类似，调用 update_many()方法即可。

语句如下：

```
result = db.customers.update_many({'orders.orderid':6},{'$inc':{'orders.count':200}})
```

（7）删除单条或多条文档记录，语句如下：

```
//从包中导入 MongoClient 类
from pymongo import MongoClient
//传递连接单实例的字符串，创建 MongoClient 实例
client = MongoClient('mongodb://192.168.85.130:50001')
//指定要操作的数据库
db = client.crm
//指定要操作的集合
customers = db.customers
//删除文档记录，与通过命令修改时传递的参数是一致的，根据匹配到的文档记录数量，可以删除一条或多条文档记录
result = db.customers.delete_many({'orders.orderid':6})
//输出删除的文档记录数量
print(result.deleted_count)
```

11.1.2　复制集中的操作

通过第 6 章的介绍，我们知道复制集最大的特点就是自动故障转移，保障数据库高可用性。下面通过实例，当自动故障转移过程发生时，观察对客户端应用程序的影响。

对复制集的操作也是要先创建一个 MongoClient 实例，然后选择要操作的数据库及集合，最后针对集合进行 CRUD 等操作。

与在单实例上操作的唯一区别是，创建 MongoClient 实例时传递的是复制集 URI，语句如下：

```
from pymongo import MongoClient
client = MongoClient('mongodb://192.168.85.129:50001,192.168.85.129:50002,192.168.85.129:50003/?replicaSet=rs1')
db = client.crm
inventory = db.inventory
inventory.insert_one({'_id': 15, 'model':'switch', 'count': 500})
```

通过上面的语句向复制集中插入一条文档记录。创建 MongoClient 实例时传递的是复制集中的所有节点和复制集名。

当实例化 MongoClient 时,驱动程序自动选择 Primary 节点,如果找不到一个 Primary 节点,则会抛出 MongoConnectionException 异常,这种情况与单实例找不到服务器抛出的异常类似。

上面的插入语句 inventory.insert_one({'_id': 15, 'model':'switch', 'count': 500})中没有设置写关注,w 的默认值为 1,表示只要能得到 Primary 节点的写操作确认即可。

如果将 w 的值设置为 2,则表示写操作需要得到一个 Primary 节点和至少一个 Secondary 节点两台服务器的确认。

下面模拟故障转移的情况,在上面的插入语句处设置断点,调试代码,运行到此处时,手动关闭 Primary 节点,接着继续运行代码,观察会发生什么。

我们发现代码会抛出一个 MongoCursorException 异常,且输出异常信息为 Couldn't get connection: No candidate servers found。可能连续抛出几次 MongoCursorException 异常信息后,就会成功插入文档记录,说明此时发生了故障转移,复制集重新选出了一个新的 Primary 节点。

通过上面的分析可知,对于复制集来说,Primary 节点失败并不可怕,只要能快速选出新的 Primary 节点,对应用程序来说才是至关重要的。

另外,复制集的其他 CRUD 操作语句与单实例 CRUD 操作语句基本一致,可以参考本书前面章节介绍的内容。

11.1.3 分片集群中的操作

分配集群中的操作语句与单实例中的操作语句几乎相同,唯一区别是在创建 MongoClient 实例时,连接串中的主机地址变为分片集群中 mongos 路由服务器对应的主机地址。

语句如下:

```
from pymongo import MongoClient
client = MongoClient('mongodb://192.168.85.128:50003')
db = client.crm
inventory = db.inventory
inventory.insert_one({'_id': 15, 'model':'switch', 'count': 500})
```

上面的语句表示驱动连接到 mongos 上,然后向指定的集合中插入一条文档记录。

其他 CRUD 操作同单实例中的 CRUD 操作相同，可以参考本书前文介绍。

11.1.4 GridFS 分布式文件操作

对于 GridFS 分布式文件来说，也提供了相应编程 API 供应用开发者使用。8.3 节介绍了 GridFS 文件系统中的文件上传、下载、删除、查询等操作。本节从编程 API 的角度介绍这些操作。

（1）下载文件。

在 GridFS 文件系统中，根据文件名将文件下载到本地，语句如下：

```
./bin/mongofiles --port 50003 --db mypics --prefix my --local ./test_new.jpg get test.jpg
```

对应的 Python 语句如下：

```python
from pymongo import MongoClient
//导入 gridfs 操作相关的包
import gridfs
//通过连接到分片集群 mongos 创建 MongoClient 实例
client = MongoClient('mongodb://192.168.85.128:50003')
//指定连接的数据库
db = client.mypics
//创建一个 GridFS 对象，指定集合，默认是 fs.files，这里传递的第 2 个参数为 my，表示针对 my.files 集合来操作
fs = gridfs.GridFS(db,'my')
//调用 GridFS 对象的 find_one()方法，创建一个 GridOut 实例
grid_out = fs.find_one({"filename": "test.jpg"})
//打开一个本地文件
file = open("test_new.jpg", "wb")
//调用 GridOut 对象的 read()方法读取文件的内容，返回值为字符串对应的 bytes，最后将这些 bytes 写入上面打开的本地文件
file.write(grid_out.read())
//关闭本地文件句柄
file.close()
```

注意：通过调用 GridFS 对象的 find()方法可以下载多个文件，还可以在 find_one()方法的参数中传入其他查询条件，如根据_id 查询等。

（2）上传文件。

将本地文件上传到 GridFS 文件系统中，语句如下：

```
./bin/mongofiles --port 50003 --db mypics --prefix my --replace
--local ./test.pdf put test.pdf
```

对应的 Python 语句如下：

```
from pymongo import MongoClient
//导入 gridfs 操作相关的包
import gridfs
client = MongoClient('mongodb://192.168.85.128:50003')
db = client.mypics
//创建一个 GridFS 对象
grid_fs = gridfs.GridFS(db,'my')
//打开并读取本地文件的内容，返回按字节存储的字符串 data,这里使用 Python 语句 with open,
避免每次打开文件后，需要手动关闭文件
with open("test.pdf", "rb") as f:
    data = f.read()
//调用 GridFS 对象的 put()方法，将 data 内容上传到 GridFS 文件系统中
grid_fs.put(data, _id=1, filename="mytest.pdf")
```

注意：GridFS 对象的 put()方法原型为 put(data, **kwargs)，第 2 个参数可以控制上传到集合中文件的附属信息，如文件名 filename、_id 值等。

上传成功后，相应集合中新增的文档记录如下：

```
mongos> db.my.files.find()
{ "_id" : 1, "md5" : "913a2c2c2902a2fd114db868ca925a79", "length" :
NumberLong(31), "uploadDate" : ISODate("2021-08-04T02:52:05.585Z"),
"filename" : "mytest.pdf", "chunkSize" : 261120 }

mongos> db.my.chunks.find()
{ "_id" : ObjectId("610a00d5cbb3ad615641f801"), "files_id" : 1, "n" : 0,
"data" : BinData(0,"5bCG5q2k5paH5Lu25LiK5Lyg5YiwR3JpZEZT5LitCg==") }
```

文件的内容是以二进制形式存储在 GridFS 文件系统中的。

（3）删除文件。

删除文件的语句如下：

```
./bin/mongofiles --port 50003 --db mypics --prefix my delete test_new.jpg
```

对应的 Python 语句如下：

```
from pymongo import MongoClient
import gridfs
client = MongoClient('mongodb://192.168.85.128:50003')
db = client.mypics
```

```
grid_fs = gridfs.GridFS(db,'my')
grid_fs.delete(1)
```

删除文件的关键语句是调用 GridFS 对象的 delete()方法。其中，delete()方法的原型如下：

```
delete(file_id, session=None)
```

其中，file_id 参数为待删除文件在集合中的_id。

注意：在删除文件时，会同时删除 fs.files 和 fs.chunks 中的相应文档记录。

（4）查询所有文件名。

调用 GridFS 对象的 list()方法即可返回文件系统中的所有文件名。

语句如下：

```
from pymongo import MongoClient
import gridfs
import pprint
client = MongoClient('mongodb://192.168.85.128:50003')
db = client.mypics
//创建一个 GridFS 对象实例
grid_fs = gridfs.GridFS(db,'my')
//调用 GridFS 对象实例的 list()方法
for s in grid_fs.list():
    pprint.pprint(s)
```

11.2 基于.net core的开发

MongoDB 官网提供了.net core 版本驱动，包名为 MongoDB.Driver。在.net core 项目中添加包的方式有多种，可以在创建项目后通过命令添加，也可以通过配置文件自动加载。

.net core 项目的创建方式有多种，可以通过 SDK 命令创建，也可以通过集成 IDE，如 Visual Studio 或 Visual Code 创建。图 11-3 所示为在 netcoreApp 中创建一个控制台项目。

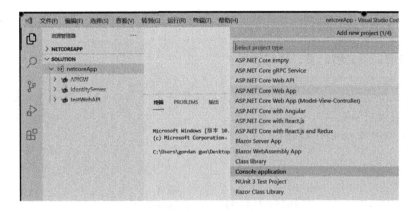

图 11-3　在 netcoreApp 中创建一个控制台项目

注意：在创建 .net core 项目之前，先确保已经安装相应的 SDK，可以通过 >dotnet --info 命令查看是否已经正确安装 SDK 和运行信息。

项目创建成功后，项目文件结构如图 11-4 所示。

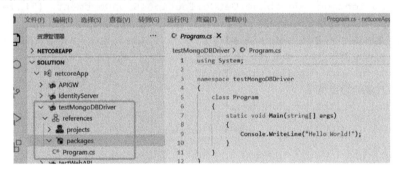

图 11-4　项目文件结构

向该项目中添加 MongoDB 的驱动包 MongoDB.Driver。

首先，切换到当前项目路径下：

```
>cd testMongoDBDriver
```

然后，执行如下命令向项目中添加驱动包：

```
>dotnet add package MongoDB.Driver --version 2.13.0
```

添加成功后的包会在 packages 文件夹下，我们就可以利用该项目介绍与驱动相关的 API 编程开发。

11.2.1　CRUD 操作

（1）查询一条文档记录，语句如下：

```csharp
using System;
using MongoDB.Driver;
using MongoDB.Bson;
namespace testMongoDBDriver
{
    class Program
    {
        static void Main(string[] args)
        {
            //创建客户端连接实例，client 会维护一个连接池
            var client = new MongoClient("mongodb://192.168.85.130:50000");
            //连接指定数据库
            var database = client.GetDatabase("crm");
            //连接指定集合，这里传递了一个泛型参数 BsonDocument，表示集合中的文档结构
            Var collection = database.GetCollection<BsonDocument>("inventory");
            //创建查询过滤器
            var filter = Builders<BsonDocument>.Filter.Eq("_id", 15);
            //通过查询操作返回一条文档记录
            var document = collection.Find(filter).First();
            //在控制台输出结果
            Console.WriteLine(document);
        }
    }
}
```

（2）查询多条文档记录，语句如下：

```csharp
static void Main(string[] args)
    {
        var client = new MongoClient("mongodb://192.168.85.130:50000");
        var database = client.GetDatabase("crm");
        var collection = database.GetCollection<BsonDocument>("orders");
        var filter = Builders<BsonDocument>.Filter.Eq("cust_id", 2);
        //查询返回游标
        var cursor = collection.Find(filter).ToCursor();
        foreach (var document in cursor.ToEnumerable())
          {
              Console.WriteLine(document);
          }
```

}

（3）插入一条文档记录，语句如下：

```
var client = new MongoClient("mongodb://192.168.85.130:50000");
        var database = client.GetDatabase("crm");
        var                        collection                       = database.GetCollection<BsonDocument>("inventory");
        //创建一个待插入的嵌套文档记录
        var document = new BsonDocument
        {
            { "model", "Phone" },
            { "count", 1000 },
            { "info", new BsonDocument
                {
                    { "vendor", "apple"},
                    { "price", 5000 }
                }
            }
        };
        //插入文档记录
        collection.InsertOne(document);
```

（4）修改单条文档记录，语句如下：

```
 var client = new MongoClient("mongodb://192.168.85.130:50000");
 var database = client.GetDatabase("crm");
 var collection = database.GetCollection<BsonDocument>("orders");
 var filter = Builders<BsonDocument>.Filter.Eq("_id", 1);
  var update = Builders<BsonDocument>.Update.Set("amount", 120);
  collection.UpdateOne(filter, update);
```

（5）修改多条文档记录，语句如下：

```
var client = new MongoClient("mongodb://192.168.85.130:50000");
        var database = client.GetDatabase("crm");
        var collection = database.GetCollection<BsonDocument>("orders");
        var filter = Builders<BsonDocument>.Filter.Eq("cust_id", 2);
        var update = Builders<BsonDocument>.Update.Inc("amount", 100);
        //修改多条文档记录
        var result = collection.UpdateMany(filter, update);
        if (result.IsModifiedCountAvailable)
        {
            Console.WriteLine(result.ModifiedCount);
        }
```

(6)删除多条文档记录,语句如下:

```
var client = new MongoClient("mongodb://192.168.85.130:50000");
        var database = client.GetDatabase("crm");
        var collection = database.GetCollection<BsonDocument>("orders");
        var filter = Builders<BsonDocument>.Filter.Eq("cust_id", 2);
        var result = collection.DeleteMany(filter);
        Console.WriteLine(result.DeletedCount);
```

注意:尽管上面的语句针对的是单实例上的操作,但对于复制集或分片集群来说,仍然是适用的。我们只需要在创建 MongoClient 实例时传递相应的连接串即可。

例如,在复制集中创建 MongoClient 实例,语句如下:

```
var    client   =   new   MongoClient("mongodb://192.168.85.130:50000,
192.168.85.130:50001,192.168.85.130:50002");
```

驱动会自动判断复制集中哪一个是 Primary 节点,然后进行连接。

对于分片集群来说,只需将连接的主机地址更换为 mongos 对应的主机地址即可。

11.2.2 GridFS 分布式文件操作

与 GridFS 操作相关的包为 MongoDB.Driver.GridFS,需要单独安装。

执行>dotnet add package MongoDB.Driver.GridFS --version 2.13.0 语句将该包安装到项目中。

下面通过几个实例介绍 GridFS 常用操作。

(1)上传文件,语句如下:

```
using System;
using System.IO;
using MongoDB.Driver;
//需要单独引入这个命令空间
using MongoDB.Driver.GridFS;
namespace testMongoDBDriver
{
    class Program
    {
        static void Main(string[] args)
        {
            var client = new MongoClient("mongodb://192.168.85.128:50003");
            var database = client.GetDatabase("mypics");
```

```
            //创建 GridFSBucket 对象，用来对文件进行上传、下载等相关操作
            var grid_fs = new GridFSBucket(database, new GridFSBucketOptions
              {
                       //指定要操作集合的前缀
                       BucketName = "my"
              });
            //将本地文件的内容读取到字节数组中
            byte[] content = File.ReadAllBytes("testfile.txt");
            //调用 UploadFromBytes()方法将文件上传到 GridFS 中，返回值为集合中文件的
_id 值
            var id = grid_fs.UploadFromBytes("testfile.txt", content);
            Console.WriteLine(id);
        } }}
```

需要注意的是，在上面创建 GridFSBucket 对象时 GridFSBucketOptions 还可以指定更多选项及值，控制上传后的文件属性，语句如下：

```
var bucket = new GridFSBucket(database, new GridFSBucketOptions
{
    BucketName = "my",                               //集合前缀
    ChunkSizeBytes = 261120,                         //设置文件被分割时 chunk 的大小
    WriteConcern = WriteConcern.WMajority,           //设置写关注
    ReadPreference = ReadPreference.Secondary        //设置读参考
});
```

（2）下载文件，语句如下：

```
using System;
using System.IO;
using MongoDB.Driver;
using MongoDB.Bson;
using MongoDB.Driver.GridFS;
namespace testMongoDBDriver
{
    class Program
    {
        static void Main(string[] args)
        {
            var client = new MongoClient("mongodb://192.168.85.128:50003");
            var database = client.GetDatabase("mypics");
            //创建 GridFSBucket 对象，用来对文件进行上传、下载等相关操作
            var grid_fs = new GridFSBucket(database, new GridFSBucketOptions
              {
```

```
                BucketName = "my"
            });
            //根据文件名下载文件
            byte[] content = grid_fs.DownloadAsBytesByName("testfile.txt");
            //构建写文件的流
            FileStream fileStream = new FileStream("newtestfile.txt",
FileMode.OpenOrCreate,FileAccess.ReadWrite);
            //写入文件
            fileStream.Write(content, 0, content.Length);
            //刷新缓冲区
            fileStream.Flush();
            //关闭流
            fileStream.Close();
        }}}
```

注意：对于重名的文件，默认只下载最新版本的文件。

也可以利用文件的_id值下载文件，语句如下：

```
byte[] content = grid_fs. DownloadAsBytes (id)
```

id 参数为文件在集合中的对象_id 值。

（3）删除文件，语句如下：

```
var client = new MongoClient("mongodb://192.168.85.128:50003");
var database = client.GetDatabase("mypics");
var grid_fs = new GridFSBucket(database, new GridFSBucketOptions
{
    BucketName = "my"
});
//通过文件的_id值删除GridFS中的文件
grid_fs.Delete(new ObjectId("610baafce61ab615494fec7d"));
```

（4）查询文件，语句如下：

```
using System;
using System.IO;
using System.Linq;
using MongoDB.Driver;
using MongoDB.Bson;
using MongoDB.Driver.GridFS;
namespace testMongoDBDriver
{
    class Program
    {
```

```
    static void Main(string[] args)
    {
        var client = new MongoClient("mongodb://192.168.85.128:50003");
        var database = client.GetDatabase("mypics");
        var grid_fs = new GridFSBucket(database, new GridFSBucketOptions
         {
                BucketName = "my"
         });
        //创建查询过滤条件
        var filter = Builders<GridFSFileInfo>.Filter.And(
        Builders<GridFSFileInfo>.Filter.Eq(x         =>          x.Filename,
"testfile.txt"));
        //创建排序条件
        var    sort   =   Builders<GridFSFileInfo>.Sort.Descending(x   =>
x.UploadDateTime);
        var options = new GridFSFindOptions
        {
            Limit = 1,
            Sort = sort
        };
        using (var cursor = grid_fs.Find(filter, options))
        {
            //文件信息都在 GridFSFileInfo 类型的对象 fileInfo 中
            var fileInfo = cursor.ToList().FirstOrDefault();
            Console.WriteLine(fileInfo.Filename);
            Console.WriteLine(fileInfo.Id);
            Console.WriteLine(fileInfo.UploadDateTime);
        }
    }
}
```

11.3 基于Java和Spring Boot框架的开发

11.3.1 开发框架介绍

当前基于 Java 的应用开发中，Spring Boot 框架成为快速应用开发领域的领导者。因此，本节针对 MongoDB 数据库的各种操作，将基于该框架来介绍。

Spring Boot 框架自带操作 MongoDB 数据库的依赖包，即 Spring Data MongoDB。

准确来说，我们将使用该包下的 MongoTemplate 接口类操作 MongoDB 数据库。

下面先创建一个标准的 Spring Boot 项目并添加相关依赖包，配置项如图 11-5 所示。

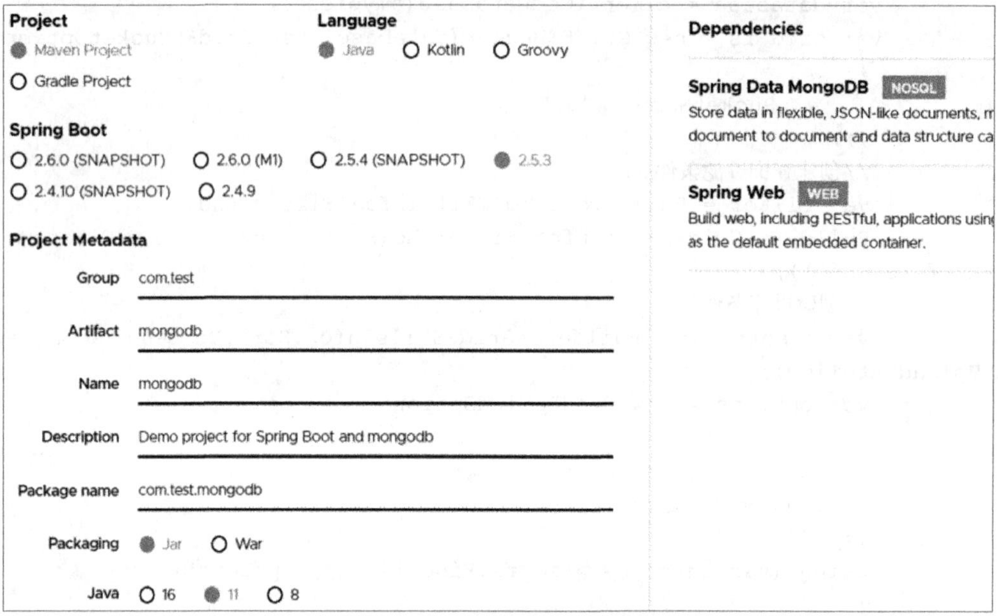

图 11-5　创建一个 Spring Boot 项目并添加相关依赖包的配置项

注意：上面除了要添加操作 MongoDB 数据库的依赖包，还要添加一个 Spring Web 的依赖包，这样我们才能创建标准的 RESTful API 类型的项目，项目将自带 Web 服务器运行。

项目创建成功后，目录初始结构如图 11-6 所示。

参考典型的 MVC 开发模式，创建以下 3 个文件夹，完成后，MVC 模式的目录结构如图 11-7 所示。

- domain：存储实体类的定义代码。
- service：存储读/写数据库的业务代码。
- controller：存储控制器代码，对外暴露 API 接口。

图 11-6　项目初始目录结构　　　图 11-7　MVC 模式的目录结构

添加连接数据库的配置信息，将 application.properties 文件修改为 YML 格式文件，如 application.yml，添加如下内容：

```
spring:
  data:
    mongodb:
      database: crm
      host: 192.168.85.128
      port: 50003
```

上面的连接配置表示连接到前面创建的分片集群 mongos。

修改依赖包配置文件 pom.xml，这里除了要有上面创建项目时选择的 Spring Data MongoDB 和 Spring Web 两个依赖包，还要额外添加一个 lombok 依赖包，以便我们在 domain 文件夹中定义实体类时利用@data 注解减少编写属性访问器的代码工作量。

pom.xml 配置文件包含的依赖包内容如下：

```xml
<dependencies>
    <dependency>
        <groupId>org.springframework.boot</groupId>
        <artifactId>spring-boot-starter-data-mongodb</artifactId>
    </dependency>
    <dependency>
        <groupId>org.springframework.boot</groupId>
        <artifactId>spring-boot-starter-web</artifactId>
    </dependency>
```

```xml
<dependency>
    <groupId>org.springframework.boot</groupId>
    <artifactId>spring-boot-starter-test</artifactId>
    <scope>test</scope>
</dependency>
<dependency>
<groupId>org.projectlombok</groupId>
<artifactId>lombok</artifactId>
<version>1.18.4</version>
<scope>provided</scope>
</dependency>
</dependencies>
```

11.3.2 CRUD 操作

1. 实体类定义

在 domain 文件夹中，创建一个 orders.java 文件，定义 orders 实体类，内容如下：

```java
package com.test.mongodb.domain;
import lombok.Data; //引入 Data 注解包
import org.springframework.data.annotation.Id;

@Data
public class orders {
    @Id //主键注解标识
    private String id;
    private Integer amount;
    private Integer cust_id;
}
```

2. 业务类定义

在 service 文件夹中，创建一个 orders_crud.java 文件，在这个文件中定义针对 MongoDB 数据库的 CRUD 等操作，内容如下：

```java
package com.test.mongodb.service;
import com.test.mongodb.domain.orders;
import org.springframework.beans.factory.annotation.Autowired;
import org.springframework.stereotype.Service;
import java.util.List;
//引入 MongoTemplate 类
import org.springframework.data.mongodb.core.MongoTemplate;
```

```
@Service
public class orders_crud {
@Autowired
    //注入一个 MongoTemplate 对象
    private MongoTemplate mongoTemplate;
    /**
    * 查询 order s 集合中的所有数据
    * @return
    */
    public List<orders> findAll() {
    //调用 MongoTemplate 对象的 findAll()方法
        return mongoTemplate.findAll(orders.class);
    }
}
```

3. 控制器类定义

在 controller 文件夹中，创建一个 orders_api.java 文件，在该文件中将 CRUD 等操作封装成 RESTful 格式的 API，供前端调用，内容如下：

```
package com.test.mongodb.controller;
import com.test.mongodb.domain.orders;
import com.test.mongodb.service.orders_crud;
import org.springframework.beans.factory.annotation.Autowired;
import org.springframework.web.bind.annotation.*;
import java.util.List;

@RestController
@RequestMapping(value = "/api/v1/mongo")
public class orders_api {
    @Autowired
    private orders_crud orderService;  //注入对象
    @GetMapping("/findAll")
    public List<orders> findAll() {
        return orderService.findAll();
    }
}
```

运行项目后，利用 postman 测试 API 的调用，如图 11-8 所示。

图 11-8 利用 postman 测试 API 的调用

前面通过 MongoTemplate 对象的 findAll()方法介绍了项目的整个开发流程，依次类推，其他 CRUD 操作，我们只需在业务类 orders_crud 中调用 MongoTemplate 对象的相应方法和在控制器类 orders_api 中封装相应 API 即可。

MongoTemplate 对象的常用方法如下。

- mongoTemplate.findAll(orders.class)：查询 orders 集合的全部数据。

- mongoTemplate.findById(<id>, orders.class)：根据 id 查询 orders 集合中的数据。

- mongoTemplate.find(query, orders.class)：根据 query 中的查询条件查询。

- mongoTemplate.upsert(query, update, orders.class)：根据 query 中的查询条件修改指定值。

- mongoTemplate.remove(query, orders.class)：根据 query 中的查询条件删除数据。

- mongoTemplate.insert(orders)：在 order 集合中添加数据。

11.4 小结

MongoDB 作为业务系统的支撑数据库，可以部署单实例、复制集、分片集群 3 种不同的架构，而在业务应用的开发过程中，总会涉及在不同部署模式下的数据库 CRUD 操作，因此本章重点介绍了常用编程语言下的数据库应用开发，如 Python、.net core、Java 等。

第 11 章 MongoDB 应用开发

本章也介绍了分布式文件系统 GridFS 的应用编程，对于一些分布式海量大文件存储应用场景的需求，可以直接参考文中的代码进行开发，这样开发者可以很方便地搭建一个类似于云盘的应用。

第 12 章
基于 MongoDB 的数据中台案例

数据中台是最近几年比较热门的话题,是企业数字化转型过程中的有力工具,但大部分客户并不知道数据中台是什么,也并不清楚它到底能够带来什么样的价值。

为了弄清楚这些疑惑,通过参考 Tapdata 公司数据中台的最佳实践,对下面 6 个观点进行阐述。

- 现代企业数据架构及痛点。
- 什么是数据中台。
- 数据中台的价值。
- 数据中台的技术模块。
- 基于 MongoDB 的数据中台方案。
- 数据中台方案选型。

12.1 现代企业数据架构及痛点

现代企业数据架构面临如下几个问题。

1. 数据没有统一性

早期创建的系统,数据存储在各系统中,每种系统都是在不同的时间,由不同的供应商在不同的阶段生成的,所以设计者在部署这些系统时,往往都是以某个业务为目标,并没有考虑到要与企业的其他数据进行对接。

烟囱式的系统创建模式无法实现系统数据的统一性,在创建系统过程中也存在重复投入资金的问题,整个企业没有统一的数据目录,有时应用开发者根本不知道去哪里查询数据和利用数据。

2. 数据孤岛

最近十几年企业在 IT 建设方面并不是以数据为目标，而是以业务系统为核心，各个业务部门都可能会各自创建系统。

另外，系统后台的数据库都是基于关系模型的，如 Oracle、DB2、SQL Server 等。这类数据库一直以来都有一个性能扩展的瓶颈，当一些系统的客户规模不断增加时，因为单库无法支撑，设计者会进行分库、分表操作，这也是企业数据形成孤岛的重要原因之一。

3. 数据实时性不高

从数据存储的角度来说，十几年前，设计者就开发了各种数据仓库，如 Teradata、Vertica、Greenplum、Hadoop 等。但这些数据仓库一般都是面向分析场景的，对获取数据的要求并不高。有可能与原系统有关，也有可能与数据的要求、场景问题有关，所以都是 T+1 的方式。由于每天晚上获取当天的数据，所以用户看到的一般都是昨天的数据，数据的实时性并不高。

12.2　什么是数据中台

为了解决当前企业数据架构的问题，最近几年行业人员提出了"数据中台"的概念。

首先，数据中台是一个数据统一的概念，如果没有统一性，它就不会被称为数据中台。

然后，数据中台不会取代原系统，而是一个中央数据汇聚系统，并且往往基于统一平台。

数据中台不仅汇聚数据，它有非常明确的目标，要把企业的数据汇聚到统一平台上之后，对数据进行打标签，按照业务部门场景进行资产体系规划，制作一个有目录、有结构、易使用的数据资产体系。

更加关键的一点，也是与数据平台、数据仓库、大数据平台的差别是，数据中台会提供一个 data API 的方式，让前端的业务场景或分析场景更方便使用，而不是通过一种传统 SQL 的方式导入数据或者一个 dump 的方式导出数据。

数据中台要支撑前端业务的快速开发，如客户管理系统、订单系统、电商系统、业务流程系统、生产系统、供应链系统、内部流程系统、HR 系统等。

数据中台支撑的是一个全渠道业务，而不像传统的大数据和数据仓库只能支持 KPI 或 BI 性质的应用场景。

图 12-1 所示为数据中台的架构。

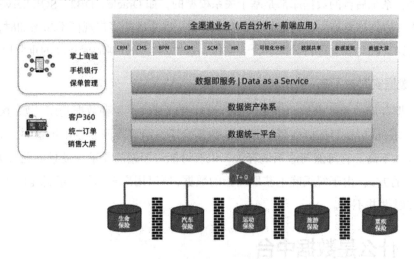

图 12-1　数据中台的架构

根据上文描述，数据中台的定义为：以打通部门或数据孤岛的统一数据平台为基础，构建统一数据资产体系，并以 API 服务方式为全渠道业务（分析+应用）提供即时交付能力的企业级数据架构。

下面介绍几个不同行业背景下的数据中台。

图 12-2 所示为阿里巴巴的数据中台架构。

这是阿里巴巴最早提出的数据中台的概念，中间还有一个业务中台。因为数据中台关注的只是数据，如 Functional API、业务 API。在业务中台会完成与订单相关、与客户相关的内容。

数据中台提供核心的数据，两个数据中台结合在一起就能支撑前台的各种交易型应用，如微商、营销、微分销、在线营销、在线服务等。如果用户需要这些数据，不需要复制一个数据库，就可以直接从数据中台中获取数据。

第 12 章 基于 MongoDB 的数据中台案例

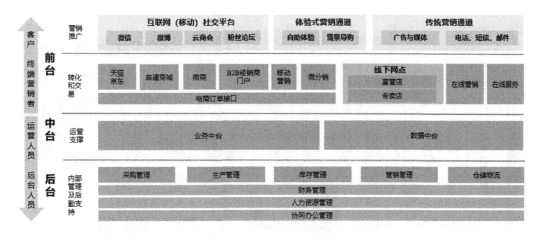

图 12-2　阿里巴巴的数据中台架构

图 12-3 所示为电商平台或 CRM 的前端应用架构，底层是数据中台的数据层。根据图 12-3 的体系创建会员中心、商品中心、交易中心、评价中心、支付中心 5 个共享服务，可以将共享服务中的数据交付给前端的业务。

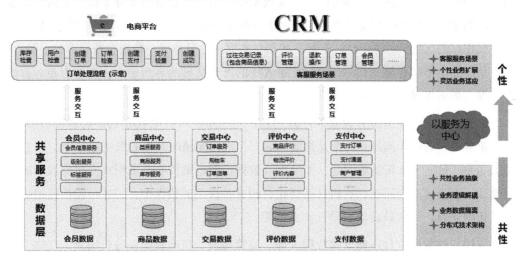

图 12-3　电商平台或 CRM 的前端应用架构

图 12-4 所示所为某银行金融数据中台架构。

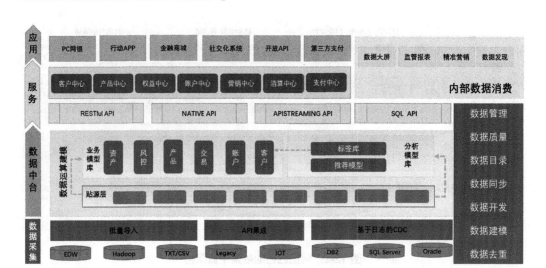

图 12-4 某银行金融数据中台架构

某银行金融数据中台架构的底层是数据采集,包含了已有的数据来源,原有的核心系统有 DB2、SQL Server、Oracle 等。而数据中台不代替已有的业务系统。数据可以基于日志的 CDC 方式进入数据中台,但对于一些 Legacy 系统来说(即旧系统),如果没有什么很好的 API,则需要自己定制一些接口来完成这件事情。数据会按照客户、账户、交易及产品等形式存储,然后以 RESTful API 的方式交付给客户中心、产品中心、营销中心等,最后提供给各个业务开发。

早期该银行系统是没有数据中台的,只有一个业务中台,直接连到最后的核心系统,这种业务中台有两个问题:一个是性能问题,在进行促销时其核心系统跟不上,如 DB2 或 Oracle;另一个是新需求问题,如果更改数据模型,则核心系统很难支撑更改后的数据模型。由于这两个问题,我们觉得搭建新的业务模型的数据中台,才可能快速地响应一些新的业务,如金融商城、第三方支付等。

该银行的数据中台还能支撑数据大屏、监管报表、精准营销等分析场景,在这个过程中就需要数据中台提供数据管理的功能,如数据质量、数据目录、数据开发等。

12.3 数据中台的价值

数据中台的主要的价值是提高数据协同的效率。我们可以把数据放在一起来协同处理,提高数据协同的效率。同样一份数据可以应用在多个应用业务场景中,我们不必维护数据的一致性、数据是否有重复、数据是否有遗失等。数据中台能够加快数据交付的速度,使移动数据变得更加方便、快速。

12.4 数据中台的技术模块

通过前文介绍,我们了解了数据中台的架构和它的逻辑模型。如果想要实施数据中台,则需要考量数据中台的技术模块。

首先,数据中台必须基于数据统一平台,一个 ETL 平台把来自各个来源的数据抽取到统一平台上。

其次,数据进入统一平台之后,需要在上面构建相应的资产体系,这就需要数据中台提供数据管理的功能。

最后,数据中台提供服务化功能,利用 API Server 的方式快速交付数据。

数据中台总体技术需求如表 12-1 所示。

表 12-1 数据中台总体技术需求

模 块	关 键 功 能	备 注
数据存储系统	横向扩展功能	数据中台需要具有能够收纳企业所有业务系统数据的功能
	灵活数据模型	数据中台数据模型多为整合多个源系统,并且需要不断支撑新型需求,需要具有灵活建模的功能
	高并发低延迟响应功能	数据中台支持交互式应用,并有可能直接穿透到客户,需要提供毫秒级数据访问功能及高连接数功能
	同城高可用及异地备份	数据中台支持的前端业务系统必须具有 24×7 99.9%的高可用功能,以及异地热备的功能
	数据安全	存储加密、传输加密、字段加密、LDAP 认证、鉴权
数据同步汇聚工具	批量同步及导入功能	能够把已有业务数据一次性或定期导入数据中台
	数据库实时同步功能	以 CDC 方式,在 3~5 秒延迟内将数据从源生产数据库同步到数据中台存储系统,保证最佳用户体验
	数据库及其他数据源支持	DB2、Oracle、PG、SQL Server、DW、Hadoop、CSV、Legacy 及 API 接口等
	断电续传机制	系统中断后可以从上次中断的地方开始传送数据,而非是从文件开头传送数据,这样不会丢失数据
	异构数据模型整合功能	支持不同源系统、不同结构数据模型在同步过程中同时进行模型转换,如转换 JSON 格式的数据

续表

模 块	关键功能	备 注
数据治理及开发	数据目录及元数据管理	需要提供一个可自定义数据目录的管理功能，有效组织数据中台内众多的数据类型，支持修改描述、搜寻等功能
	数据建模	支持在数据中台内按照业务需求进行动态建模，包括新建模型、多级合并或关联合并
	数据开发	支持在数据中台内进行数据的一些处理及计算，如转换栏位类型、栏位增强、数据合并等
	数据质量管理	支持定义数据规则并对违规数据进行统计、检查及修订等
	数据匹配去重	数据中台需要提供唯一数据 ID 功能，使来自不同源系统的同一个数据实体（如客户）能够进行匹配及去重操作
数据交换及发布	无代码 RESTful API 快速发布功能	数据中台的数据模型需要能够即时以 API 方式发布出去
	RESTful API 定制能力	可以按照需求进行级及列级的过滤
	API 文档及测试	提供工具让用户了解 API 的使用方式并进行测试
	SQL 计算接口	允许让 BI 及报表用户以 SQL 方式查询数据
	横向扩展及高可用	能够随着使用量的增加进行功能扩展
	大数据计算接口	提供 Hadoop/Spark 数据计算框架的对接功能，能够直接与其对接提供数据进行数据运算并收集计算结果
	流计算接口	提供 Kafka 或类似的流处理计算框架的对接功能，能够向 Kafka 以 producer 方式提供数据或以 consumer 方式消费数据
系统管理功能	可视化任务设计	通过 UI 进行数据开发任务的设计及调整
	任务调度及监控	提供任务调度及任务运行状况实时监控，了解数据同步或数据处理进度
	日志管理	系统运行日志监控及搜寻
	告警机制	异常事件，如任务中断即时报警
	用户权限管理	创建、修改数据中台的管理用户、角色及权限配置等
	数据备份及恢复	数据的即时备份及指定时间点恢复功能
	集群管理及监控	数据中台系统集群的部署管理，运行状况监控等

在表 12-1 中，按照每个系统大概列出了一些数据中台比较需要的核心功能，当大家采用某一种系统或方案时，可以对照参考。

例如，数据存储系统一定要有横向扩展功能。随着企业的发展，需要存储的数据会越来越多，早期搭建的存储系统容量有限，这时就需要动态扩展数据存储容量。为了更加便捷地扩展数据存储容量，需要数据中台的数据存储系统具备横向扩展功能，而且扩展后，数据能够自动均匀地分布在集群中。

数据存储系统需要提供灵活的数据模型功能。灵活的数据模型能够比较容易地整合数据，接收不同字段的变化，方便把字段合并到同一个数据模型中。

数据存储系统需要提供高并发、低延迟响应功能。因为数据中台不仅要支撑分析，还要支撑相应的业务，所以必须具有这种潜在的、直接穿透到前端的功能，如移动端用户会有大量的高并发。

数据存储系统还要提供高可用、备份、数据安全的功能。

图 12-5 所示为常见的搭建数据中台的技术产品。

数据平台	数据同步	数据管理	数据服务
Hadoop / HDFS / Hive	Kafka	Apache Atlas	Spring
Teradata	Kettle	Informatica	Kong
MongoDB	Flink	Erwin	Kafka
Greenplum	Spark ETL	Oracle	Loopback
MySQL Cluster	Talend	WhereHow	Mulesoft
Oracle	Informatica	Tapdata	CA
Transwarp	Golden Gate		APIGee
Elastic Search	Flink		Tapdata
	Tapdata		

图 12-5　常见的搭建数据中台的技术产品

常见的数据平台以 Hadoop 大数据为基础。在近十年，许多公司投入诸多精力来做这件事情，先把数据收集到 HDFS、Hive 等，再对外提供数据服务。另外，还可以使用 Teradata、Oracle、Greenplum、MySQL Cluster、MongoDB 等数据库来搭建数据存储平台。

目前，市面上有许多数据同步的工具，有开源的、也有商用的。开源工具有 Kafka、Kettle、Spark ETL、Talend 等，商用工具有 Informatica、Golden Gate 等。

在数据管理方面做得比较好的开源工具有 Apache Atlas。Informatica 既是开源工具又是商用工具。Erwin 是比较经典的数据管理工具，它可以配合其他工具管理数据中台中的数据。

在数据服务方面，我们常见的就是利用 Spring 搭建一个 API 框架，或者有一些现成的 API 产品，如 Kong。Kafka 是一种提供流式数据的服务，可以做 streaming。

Loopback 也是可以使用 Node.js 的方式提供 API。MuleSoft 和 CA 都是非常成熟的 API 产品，它们的价格也比较昂贵。数据服务的优势是具有一套整体的 API，不仅有服务方案，还有管理方案（监控、安全、认证、鉴权），所有 data API、业务 API 都有统一的管理界面。

正确选择相应的技术体系搭建数据中台也是非常重要的，考虑到数据存储是整个数据中台中的核心底座，因此，下面详细介绍一些数据存储技术选型方面的经验供读者参考。

从 20 世纪 90 年代开始便出现了数据平台产品，随着时间推移，逐渐出现关系型数据库 RDBMS、数据仓库 MPP、大数据、NoSQL/NewSQL 等数据平台产品，如图 12-6 所示。

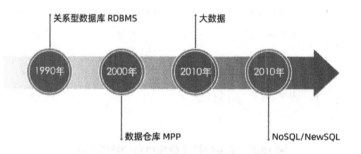

图 12-6　数据平台的产品分类

关系型数据库（RDBMS）是早期的数据库，其产品种类非常多，如 Oracle、MySQL 等，如图 12-7 所示。

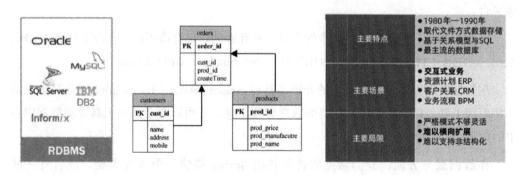

图 12-7　关系型数据库

我们先来看一下关系型数据库，最具有代表性的就是 Oracle，它最早出现在 20 世纪 80 年代，已经历了近 40 年的发展。Oracle 基于关系模型和 SQL 模式，采用文件方式存储数据，它是一个非常大的数据存储技术的革新。事实证明 Oracle 是非常成功的，目前 Oracle 仍然是一个主流的关系型数据库。

关系型数据库可以被应用在绝大部分开发业务场景中，Oracle、DB2、MySQL 和 SQL Server 都可以进行交互式应用，如 ERP、CRM、BPM 等。

但是关系型数据库也有其局限性。一般来说，关系型数据库的模式不够灵活。如果企业使用关系型数据库构建系统，则轻易不会更改核心系统，因为涉及诸多修改问题，即牵一发而动全身。关系型数据库难以横向扩展，除了一些大型互联网企业，小型企业一般没有能力对关系型数据库进行横向扩展。最关键的是，关系型数据库很难支持一些新型的数据结构、半结构化数据和非结构化数据。

数据仓库（MPP）解决了关系型数据库的横向扩展功能，如图 12-8 所示。

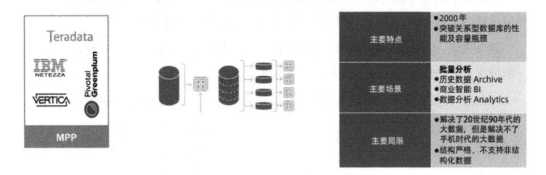

图 12-8　数据仓库

我们再来看一下数据仓库，它的问世时间在关系型数据库之后，大部分是在基于关系型数据库的基础上，通过横向扩展功能突破关系型数据库的这种瓶颈。数据仓库利用分布到各个计算节点的方式解决了扩容性的问题，仍没有解决半结构化数据和非结构化数据，数据仓库不太容易做一些快速的应用迭代开发。

大数据（Big Data）能够处理移动时代的海量数据和非结构化数据，如图 12-9 所示。

MongoDB 核心原理与实践

图 12-9　大数据

以 Hadoop 为代表的大数据平台，国外比较大的企业有 Cloudera、Hotonworks、MAPR，国内有星环科技等。大数据主要突破了数据仓库的容量瓶颈。大数据的特色就是利用 HDFS 进行海量数据的横向扩展。

设计大数据的初衷只是为数据量大而考虑的，它主要对数据进行批量处理，如对一些海量数据进行存储、分析，制作报表统计当天有多少人访问页面。

通常来说，大数据系统都是比较复杂的，它的体系结构也比较庞大、复杂，因此在一般情况下，许多传统企业无法充分利大数据。

NoSQL 类型数据库能够处理非结构化数据及交互性能，如图 12-10 所示。

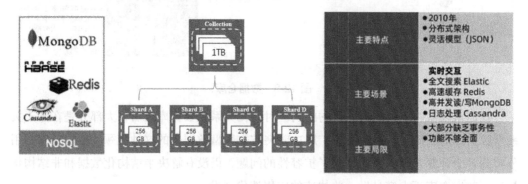

图 12-10　NoSQL 数据库

NoSQL 数据库（非关系型的数据库）包括 MongoDB、HBase、Redis 等，它们基本上都是一些分布式数据库。因为大家意识到，在这个时候再开发一个数据库，如果没有数据分布功能，很快就会被淘汰。

NoSQL 数据库具有横向扩展、灵活的模型等特点，往往支持 JSON 格式。NoSQL 数据库可以被应用在以下实时场景中。

- Elastic：比较经典的场景就是对数据进行全文搜索，当用户输入关键词，数据库系统能够毫秒级返回结果。
- Redis：通常做内存数据库使用，数据的读/写响应速度可以达到毫秒级别。
- MongoDB：可以在一些大型的高并发场景下，用来替换一些关系型数据库来做高并发读/写操作。
- Cassandra：可以进行一些海量的、高并发的日志处理等。

NoSQL 数据库的局限性是缺乏一些事务性，功能都往往不是很全面，MongoDB 是最早实现事务性的数据库。

数据统一平台选型参考如图 12-11 所示。

	海量数据 VOLUME	响应时间与并发 VELOCITY	多结构数据 VARIETY	选型参考
RDBMS	较差	一般	差	长板：性能快、人力现成 短板：横向扩展功能
MPP	较好	较差	差	长板：基于SQL、分析 短板：成本高、开发周期长
Hadoop	很好	差	很好	长板：海量功能、大量生态 短板：人力成本、性能低
MongoDB	较好	很好	很好	长板：分布式高性能灵活模型 短板：多表关联功能
NewSQL	较好	很好	差	长板：分布式SQL、易学习 短板：只支持结构化数据

图 12-11 数据统一平台选型参考

这里简单来看一下，如果做数据统一平台选型参考，则可以从海量数据功能、响应时间与并发功能和支持多结构数据功能上参考。

例如，NewSQL、RDBMS、MPP 就是对多结构数据支持不是特别的理想。MongoDB 也有一些缺点，它不适合进行多表关联。

12.5 基于MongoDB的数据中台方案

下面介绍一个基于 MongoDB 的数据中台方案，如图 12-12 所示。

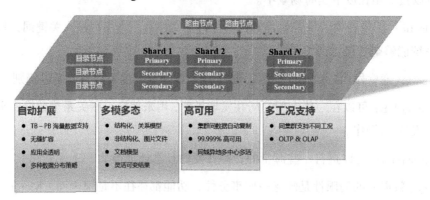

图 12-12　基于 MongoDB 的数据中台方案

我们先来看一下以 MongoDB 为基础搭建数据中台的优势。

- MongoDB 对象模型的优势。

传统的数据仓库（见图 12-13）要做很多数据建模方面的工作。例如，我们把贴源层数据原封不动地拿过来，接下来要做一系列的数据建模工作。

在传统模式下，数据建模的工作有概念建模、逻辑建模、物理建模。物理建模就是物理层，涉及关系模型。如何设计一个好的模型，怎样支撑未来的业务，这也是为什么利用传统数据仓库来做这件事情。

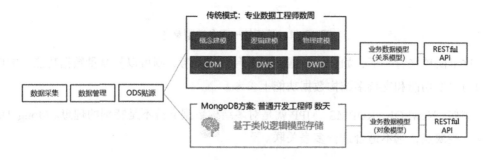

图 12-13　传统的数据仓库

而基于 MongoDB 的解决方案就能轻松地处理这方面的事情，因为 MongoDB 在数据建模方面，它的模型是基于类似这种逻辑模型的对象模型的。设计人员一般都会明白逻辑建模，对于 MongoDB 来说，只需要到达逻辑建模层，就可以把这个数据建模工作完成。

而且创建完这个数据模型之后，可以直接利用 RESTful API 的方式交付出去。从这一点上来说，它有非常独到的技术优势，尤其是对想做基于 API 服务的数据中台来说。

- MongoDB HTAP 全渠道业务支持优势。

图 12-14 所示为 MongoDB HTAP 全渠道业务支持示意图。

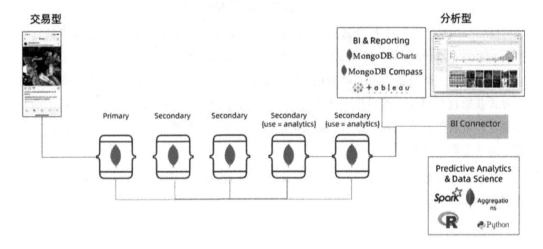

图 12-14　MongoDB HTAP 全渠道业务支持示意图

在 MongoDB 中，既可以做分析型业务，也可以做交易型的业务。例如，在一个集群中有 5 个节点，4 个 Secondary 节点和 1 个 Primary 节点。左侧的 Primary 节点可以用来直接与移动端或网页端的应用进行交互收集、采集数据，MongoDB 自动把数据从 Primary 节点同步到 Secondary 节点。

作为正常的高可用集群来说，我们还可以使用两个节点专门做分析型业务，如图 12-14 所示，标签 use=analytics 的两个节点，这两个节点就可以拉出来做分析型业务。

- MongoDB 触发器 API 的优势。

图 12-15 所示为 MongoDB 触发器 API 示意图。

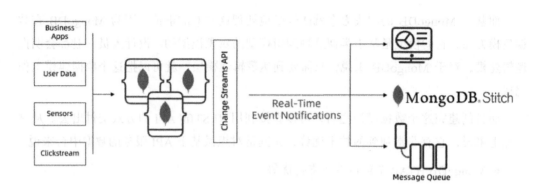

图 12-15　MongoDB 触发器 API 示意图

MongoDB 还有一个触发器 API 是比较实用的，从 MongoDB 3.6 版本开始具有 Change Stream 功能，用户利用该功能可以订阅数据库的更新事件。例如，IOT 设备有一个灯亮了，有一个设备进入一个地理围栏发出警告。用户都可以通过一个非常简单的订阅方式获取这些事件，然后做一些实时的、响应式的处理，不管是在 dashboard 上面显示警告，或者把它推送到一个 Message Queue、Kafka 之类都可以，直接利用 MongoDB 原生的功能即可完成。

基于这些优势特性，下面详细介绍一种基于 MongoDB 的数据中台构建方案 Tapdata，如图 12-16 所示。

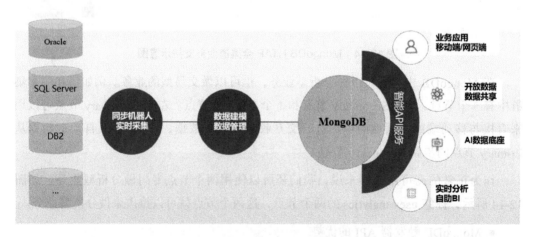

图 12-16　基于 MongoDB 的数据中台构建方案 Tapdata

第 12 章 基于 MongoDB 的数据中台案例

Tapdata 可以说是在 MongoDB 生态上量身定做的一个工具集，因为搭建一个数据中台，要实现同步、治理、建模、API 发布等功能，将 MongoDB 作为主要的核心数据平台，其他的功能则可以通过一些外围工具完成。

传统的 ETL 工具、建模工具及 API 工具等还是基于关系型数据库的。但在大数据时代，我们还需要处理大量的非结构化数据，而 MongoDB 就对非结构化数据支撑比较好。

通过利用 Tapdata、MongoDB 搭建数据中台，Tapdata 负责前端的数据采集和数据管理等功能，MongoDB 负责后端的数据存储与计算等功能，下面详细介绍该数据中台搭建方案的功能。

- 数据同步及处理功能。

Tapdata 可以支持 SQL Server、Oracle、Sybase、MongoDB、DB2 等数据库，作为一个企业级的数据中台，并不是所有的数据都是存储在数据库中的，还可以存储在文件中，所以 Tapdata 也能够支持 XLSX、CSV 等格式文件的数据同步。

- 数据建模功能。

数据建模功能就是可以把多个表进行多对一合并，MongoDB 基于这种内嵌的模型，可以把一对一、一对多的关系，甚至多对一的关系直接合并到一起。这样能够提高客户数据合并、产品数据合并、订单数据合并的效率。Tapdata 提供了一个可视化的数据建模界面，用户可以很容易完成这种合并工作。

- 数据管理功能。

这些来自不同数据库的几百个表必须具有一个非常好的数据管理能力。Tapdata 提供了数据管理工具，用户可以按照不同的目的、不同的角色、不同的规则或数据体系对数据进行分类并存储，把这些数据贴好标签，这样大家就可以快速、高效地使用这些数据。

- 数据 API 发布功能。

数据 API 发布功能就是数据放进来以后，可以通过 RESTful API 快速地将数据交付出去。用户想获取一些数据，数据管理员可以根据用户的需求，在权限允许的情况下，直接在一分钟之内将数据中台已有的数据封装成 API 并发布，用户通过调用 RESTful API 即可获取想要的数据。

下面介绍几个基于该方案搭建的数据中台案例。

案例一：某零售业数据实时数据中台架构如图 12-17 所示。

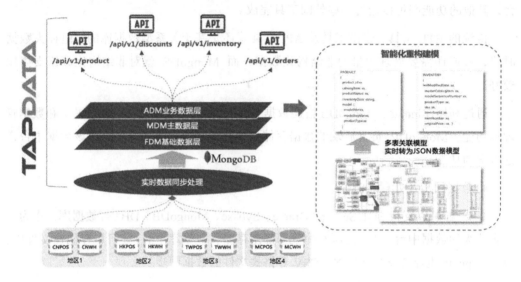

图 12-17　某零售业数据实时数据中台架构

这是为某品牌零售商搭建的一个基于 MongoDB 的实时数据平台。该零售商是一家拥有几十年历史的老品牌，开设了数百家连锁门店。从 20 世纪 90 年代开始该零售商便搭建 IT 系统，现在面临的痛点如下。

- 不同地区，不同品牌使用多套业务系统，系统通过 MQ 连接。
- 基于 Oracle 触发器和 MQ 的方案频繁出现性能问题，并且无法有效管理繁杂的 MQ 代码。
- 系统的前端需求需要后台 IT 支持，由于数据准备流程复杂，需要几个星期。
- 目前的架构无法有效支撑零售商搭建全渠道营销的诉求。

在为零售商搭建数据实时数据中台架构时，先处理以下几件事情。

- 把 Oracle 中的 ERP（如商品、库存、客户、订单等）数据统一同步到 MongoDB 的 FDM（Foundational Data Model，基础数据模型层），保留原始结构。
- 从 Oracle 到 MongoDB FDM 层的数据同步为基于 Logminer 的准实时同步，时延控制在数秒。

- 从 FDM 到 MDM（Master Data Model，主数据），将原始的关系型结构进行重构，转化成 JSON 数据模型，如客户、商品、订单等，从上百个表减少为数个 MongoDB 集合。
- 从 FDM 到 MDM 重构建模使用 Tapdata 实时数据流处理，支持对 MDM 模型的实时增删改，包括内嵌文档记录和数组。
- 使用平台的 UDF（用户自定义函数）功能，实现了多表库存统一。
- 当前业务有诉求时，基于前端 API 需求的数据结构，在数据平台中使用代码方式快速设计并发布 RESTful API，提供给前端应用消费。
- 搭建完这个实时数据中台后会达到以下效果。
  - 为全渠道销售提供统一、完整的商品及库存信息。
  - 数据快速交付给业务系统，从数周到数小时。
  - 为企业提供一种实时的主数据服务，提高数据复用性。

案例二：教育数据中台业务创新架构如图 12-18 所示。

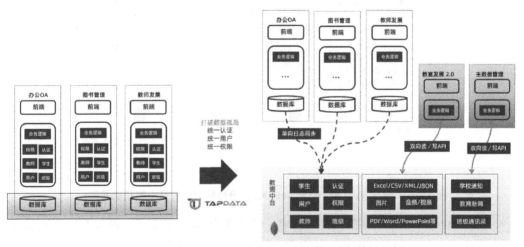

图 12-18　教育数据中台业务创新架构

在教育行业的客户中，大约有 20 种不同的数据库系统，每一种数据库系统都有自己的业务逻辑和权限认证，以及自己的学生信息、教师信息、用户信息、班级信息。

当每一种数据库系统上线时都需要进行数据对接。由于数据的不统一，且各个供应商也不一定愿意配合，所以数据对接都要消耗很长时间。

基于 Tapdata 的教育数据中台提供了一种新的数据交互模式。例如，主数据（学生数据、教师数据）直接通过 API 方式传送给用户。如果对主数据进行修改，则可以通过 API 直接更新到数据中台。

通过这种方式，数据库系统不必进行数据对接，因为数据源就在这里，而且能够保证数据源在这个企业内是最完整的。如果更新数据，则数据也不会成为数据孤岛，因为是直接在数据库系统中更新数据的。

案例三：基于 Tapdata 和 MongoDB 搭建数据中台的最小规模部署架构如图 12-19 所示。

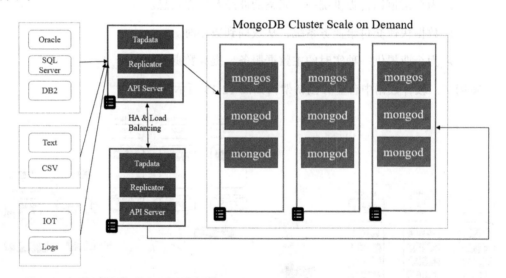

图 12-19　基于 Tapdata 和 MongoDB 搭建数据中台的最小规模部署架构

按照 MongoDB 最小集群的部署要求，需要 3 个 Mongo 节点，再加上一个 Tapdata 同步节点和一个 Tapdata API Server 节点，即只需要 5 个节点，就可以组成一个小型的企业数据中台。

12.6 数据中台方案选型

现在，数据中台也有很多供应商，一些大型的互联网企业也会分享他们是如何搭建数据中台的。表 12-2 所示为数据中台方案选型建议。

表 12-2　数据中台方案选型建议

如　　果	基于 MongoDB 方案适用度	基于 Hadoop/数据仓库方案适用度
已经有 Hadoop 或数据仓库统一平台	一般，有重复创建的可能	理想
还没有构建数据统一平台	理想	一般（投入资金多，技术复杂）
数据中台主要为前端交互式应用服务	理想	不合适
数据中台只是进行 BI 分析服务	不适合进行太多表关联（如>10），或者配合 Spark	合适
希望有一个比较简单的解决方案，快速见效、快速迭代	理想	一般
没有专业的数据工程师	理想	不合适
目前没有明确的中台会驱动的业务和要解决的痛点	不合适	不知道

（1）如果已经有 Hadoop 或数据仓库的统一平台，则这时不希望从头开始搭建一个新的数据中台架构。希望基于这个基础之上，配合数据管理，把它修改为一个数据资产体系。

（2）如果还没有构建数据统一平台，则这时我们推荐基于 MongoDB 的方案。因为相对来说简单一些，能够快速搭建数据中台系统。而且 MongoDB 在数据平台上是有很大优势的。

（3）如果你的数据中台的主要目的是想支撑前端交互式应用，则选择基于 MongoDB 的方案是最理想的，因为它的特点就是高并发、低延迟、横向扩展。

（4）如果你的数据中台目前看不到有什么前端的业务场景会来使用，最主要的还是解决数据统一，而且可能会有很多复杂的表，并对表进行复杂关联，这时把这些表合并到一个 JSON 格式文件，则 MongoDB 的适用度可能一般，反而是那些基于传统数据仓库会做得比较好一点。

（5）如果没有专业的数据工程师搭建数据中台，则基于 MongoDB 的方案会是一个不错的选择，因为它的优势就是比较自然、直接，比较容易理解数据模型。

12.7 小结

首先，本章介绍了现代企业数据架构面临的痛点，针对这些痛点问题引出了数据中台的概念，并阐述了什么是数据中台，数据中台的核心价值是什么。

然后介绍数据中台在构建过程中涉及的核心技术模块，如在数据存储、数据采集同步、数据服务等方面的核心内容，重点总结回顾了数据存储从关系型数据库到 NoSQL 数据库的发展历程。接着介绍基于 MongoDB 和 Tapdata 搭建数据中台的方案原理和优势，以及该方案在零售行业、教育行业落地的数据中台案例。

最后介绍数据中台方案选型的建议，由于数据中台最关键的就是数据管理和数据建模，恰好 MongoDB 在逻辑模型及存储模型等方面拥有巨大的优势，能够快速帮助用户搭建数据中台，因此基于 MongoDB 的数据中台方案成为大多数应用场景的首选。

第 13 章
百万级高并发集群性能提高案例

13.1 背景

线上某集群峰值流量超过 100 万/秒（主要为写流量，读流量较少，读流量走"从节点），总分片数量为 14 个，峰值几乎已经达到集群上限，同时平均时延也超过 100ms，随着读/写流量的进一步增加，时延抖动严重影响业务可用性。该集群采用 MongoDB 分片模式架构，数据均衡地分布在各个分片中。

集群每个节点流量监控如图 13-1 和图 13-2 所示。

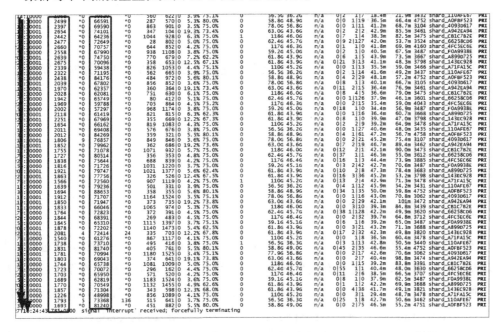

图 13-1 集群每个节点流量监控（1）

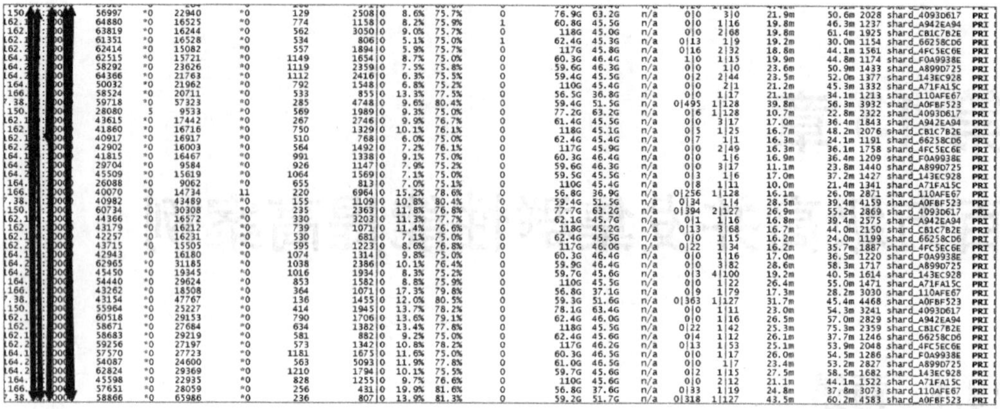

图 13-2 集群每个节点流量监控（2）

从图 13-1 和图 13-2 中可以看出集群流量比较大，峰值已经突破 120 万/秒。其中，过期删除的流量不计算在总流量中（删除由主节点触发的流量，主节点上不会显示，只会在从节点获取 Oplog 时显示）。如果加上主节点中删除的流量，则峰值总 tps 超过 150 万/秒。

13.2 软件优化

在不扩容、不增加服务器资源的情况下，先进行如下软件优化，并取得理想的性能提高。

（1）业务层面优化。

（2）MongoDB 线程模型优化。

（3）WiredTiger 存储引擎优化。

13.2.1 业务层面优化

该集群有数百亿条文档记录，每条文档记录默认保存 3 天，过期淘汰。通过白天平峰监控可以发现，从节点经常有大量删除操作，甚至在部分时间点删除操作数量已经超过了业务方读/写流量，因此考虑把删除过期操作放入夜间进行，过期索引添加方法如下：

```
db.xxx.createIndex( { "expireAt": 1 }, { expireAfterSeconds: 0 } )
```

在上面的过期索引中，expireAfterSeconds=0 表示 collection 集合中的文档记录过期时间点在指定 expireAt 时间点过期，例如：

```
db.collection.insert( {
//表示该文档记录在夜间凌晨 1 点将会过期并被删除
"expireAt": new Date('July 22, 2019 01:00:00'),
"logEvent": 2,
"logMessage": "Success!"
})
```

通过随机散列 expireAt 在 3 天后的凌晨任意时间点，即可规避白天高峰期触发过期索引引入的集群大量删除，从而降低了高峰期集群负载，最终减少业务平均时延及抖动。

（1）expireAfterSeconds 的两种使用方法。

```
//方法一：在 expireAt 指定的绝对时间点过期，也就是 2019 年 12 月 22 日凌晨 2:01 过期
Db.collection.createIndex( { "expireAt": 1 }, { expireAfterSeconds: 0 } )
db.log_events.insert( { "expireAt": new Date(Dec 22, 2019 02:01:00'),"logEvent": 2,"logMessage": "Success!"})
//方法二：在 expireAt 指定的时间往后推迟 expireAfterSeconds 秒过期，如当前时间往后推迟 60 秒过期
db.log_events.insert( {"createdAt": new Date(),"logEvent": 2,"logMessage": "Success!"} )
Db.collection.createIndex( { "expireAt": 1 }, { expireAfterSeconds: 60 } )
```

（2）为何 mongostat 只能监控到从节点有删除操作，主节点没有删除操作？

原因是过期索引只在 master 主节点触发，主节点直接调用 WiredTiger 存储引擎接口进行删除操作，不会执行 command 命令处理流程，因此主节点没有删除操作。

主节点过期，删除后会生成 Oplog 信息，从节点拉取主节点中的 Oplog 操作日志，然后在从节点上重新执行这些操作，保证主从数据最终一致性，从节点回放执行 command 命令处理流程，因此会记录删除统计。

13.2.2　MongoDB 线程模型优化

该业务由于集群写流量高，同时整点有大量推送信息，因此整点并发会很高，连接数量会暴增。MongoDB 官网支持的两种线程模型如表 13-1 所示。

表 13-1　MongoDB 官网支持的两种线程模型

线程模型	功能说明	性能对比总结
synchronous	一个链接一个线程模型	连接数量较少时更有优势
adaptive	动态线程池模型	连接数量较多，并且很多为空闲链接的场景更有优势

1. MongoDB 默认线程模型及其瓶颈

MongoDB 默认线程模型是为一个链接创建一个线程，该线程负责该链接请求的所有处理。默认线程模型不适合本场景的原因如下。

（1）在高并发流量冲击的情况下，连接数量暴增，瞬间就会创建大量的线程，例如，本业务场景，连接数量会瞬间增加到 1 万左右，操作系统需要瞬间创建 1 万个线程，这样操作系统 load 负载就会很高。

（2）此外，当链接对应请求处理完，进入流量低峰期时，客户端连接池回收链接，这时就需要销毁线程，加剧了系统负载。

（3）存在大量空闲无用链接，浪费系统资源。

2. 网络线程模型优化方法

为了应对本业务场景的流量突发冲击，引入 serviceExecutor: adaptive 配置，该配置对应线程模型为动态线程池模型，根据线程池中线程 CPU 消耗负载，动态调整工作线程数量，从而降低大量线程创建销毁引起的操作系统高负载问题。

3. 网络线程模型优化前后性能对比

将大流量冲击集群线程模型改为 adaptive 动态线程模型后，减少了客户端访问时延和慢日志，具体如下。

（1）优化前后慢日志对比。

验证方式如下。

该集群有多个分片，其中，一个分片配置优化后的主节点慢日志数量和同一时刻未优化配置的主节点慢日志数量进行比较。

同一时间的慢日志数量统计如下。

未优化配置的慢日志数量为 19621，如图 13-3 所示。

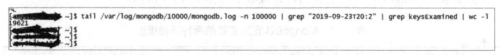

图 13-3　未优化配置的慢日志数量

第 13 章 百万级高并发集群性能提高案例

优化配置后的慢日志数量为 5222，如图 13-4 所示。

图 13-4 优化配置后的慢日志数

（2）优化前后平均时延对比。

该集群所有节点添加 adaptive 动态线程模型配置后的平均时延与默认配置的平均时延对比如图 13-5 所示。

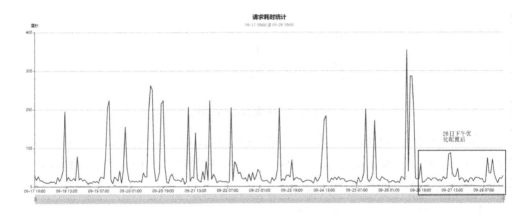

图 13-5 平均时延对比

从图 13-5 中可以看出，切换到 adaptive 动态线程池模型后时延大约降低了 60%。

13.2.3 WiredTiger 存储引擎优化

从上一节可以看出平均时延从 200ms 降到了平均 80ms 左右，很显然平均时延还是很高，如何进一步提高性能降低时延？继续分析集群，发现磁盘读/写 I/O 一会儿为 0%，一会儿持续性 100%，如图 13-6 所示。

[图 13-6 磁盘读写 I/O 情况 — iostat 输出截图]

图 13-6 磁盘读写 I/O 情况

从图 13-6 中可以看出，I/O 写入一次性达到 2GB，后面几秒钟内 I/O 会持续性阻塞，读/写 I/O 完全跌为 0%，avgqu-sz、awit 巨大，util 持续性为 100%，在 I/O 跌为 0% 的过程中，写流量监控同时跌为 0%，如图 13-7 所示。

[图 13-7 写流量监控 — iostat 输出截图]

图 13-7 写流量监控

总体 I/O 负载曲线如图 13-8 所示。

第 13 章 百万级高并发集群性能提高案例

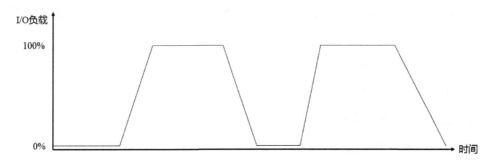

图 13-8 总体 I/O 负载曲线

从图 13-8 中可以看出，I/O 很长一段时间持续为 0%，然后又飙涨到 100%且持续很长时间，当 I/O util 达到 100%后，分析日志发现有大量慢日志，同时 mongostat 监控流量情况如图 13-9 和图 13-10 所示。

[警告][middleware_alarm_info]
标题:[获取监控统计数据失败]
告警id:1
内容:b9732bb1-a0e0-4afe-   /admin执行
mongostat失败,执行进程超时[5s]
发送时间:2019-10-16 12:52:15
[发送告警机器

图 13-9 mongostat 监控流量情况（1）

图 13-10 mongostat 监控流量情况（2）

通过 mongostat 获取某个节点的状态时，经常超时（I/O util=100%时会产生超时），这时磁盘 I/O 跟不上客户端写入速度造成阻塞。

有了以上现象，我们可以确定问题是由于 I/O 跟不上客户端写入速度引起的，第 2

335

章已经介绍了 MongoDB 服务层的优化，本节开始介绍 WiredTiger 存储引擎层面的优化，主要包含以下几个方面。

（1）cachesize 调整优化。

（2）脏数据淘汰优化。

（3）checkpoint 优化调整。

（4）存储引擎优化前后 I/O 对比。

（5）存储引擎优化前后时延对比。

1. cachesize 调整优化（为何 cachesize 越大性能越差）

通过前面的 I/O 分析可以看出，超时时间点和 I/O 阻塞跌为 0%的时间点一致，因此如何解决 I/O 阻塞跌为 0%成为解决该问题的关键所在。

继续分析 WiredTiger 存储引擎刷盘实现原理，WiredTiger 存储引擎是一种 B+树存储引擎，MongoDB 文档记录首先转换为 KV 写入 WiredTiger，在写入过程中，内存消耗会越来越大，当内存中脏数据占比达到一定比例时，就开始刷盘。查看任意一个 mongod 节点进程状态，发现消耗的内存过多，达到 110GB，如图 13-11 所示。

图 13-11　一个 mongod 节点进程的状态

于是查看 mongod.conf 配置文件，发现该配置文件中的配置为 cachesizeGB: 110GB，可以看出，存储引擎中 KV 总量几乎已经达到 120GB，按照 5%脏页开始刷盘的比例，峰值情况下 cachesize 设置得越大，脏数据积压得就会越多，磁盘 I/O 功能跟不上脏数据产生速度，就可能造成磁盘 I/O 瓶颈写满，并引起 I/O 阻塞跌为 0%。

此外，查看该计算机的内存，可以看到内存总大小为 190GB，其中已经使用 110GB 左右，如图 13-12 所示。这样会造成内核态的 page cache 减少，大量写入时内核态 page cache 不足就会引起磁盘缺页中断。

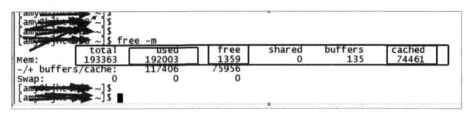

图 13-12　主机中的内容使用情况

通过上面的分析可知，脏数据积压太多容易造成一次性大量磁盘 I/O 写入，于是把存储引擎 cachesize 调为 50GB，减少脏数据积压量，尽量减轻 I/O 持续性 100%问题。

2．脏数据淘汰优化

调整 cachesize 大小解决了 5s 请求超时问题，对应告警也消失了，但问题还是存在，5s 超时消失了，1s 超时问题还是会偶尔出现。

MongoDB 默认存储引擎 WiredTiger 的 cache 淘汰策略相关的几个配置如表 13-2 所示。

表 13-2　WiredTiger 的 cache 淘汰策略相关的几个配置

WiredTiger 淘汰相关配置	默认值	工作原理
eviction_target	80	当使用的内存超过 cachesize 总内存的百分比，达到 eviction_target 时，后台 evict 线程开始淘汰
eviction_trigger	95	当使用的内存超过 cachesize 总内存的百分比，达到 eviction_trigger 时，用户线程开始淘汰脏数据
eviction_dirty_target	5	当 cache 中脏数据比例超过 eviction_dirty_target 时，后台 evict 线程开始淘汰
eviction_dirty_trigger	20	当 cache 中脏数据比例超过 eviction_dirty_trigger 时，用户线程开始淘汰脏数据
evict.threads_min	4	后台 evict 线程最小值
evict.threads_max	4	后台 evict 线程最大值

从表 13-2 中可以看出，如果脏数据或内存消耗占比达到一定比例，则后台线程开始选择脏数据写入磁盘；如果脏数据及总内存消耗占用比例进一步增加，则用户线程开始淘汰脏数据，这是一个非常危险的阻塞过程，会造成用户请求阻塞。

平衡 cache 和 I/O 的方法为调整淘汰策略，让后台线程尽早淘汰脏数据，避免用户线程进行 page 淘汰引起阻塞。优化调整存储引起配置如下。

- eviction_target: 75%。
- eviction_trigger：97%。
- eviction_dirty_target: %3。
- eviction_dirty_trigger：25%。
- evict.threads_min：8。
- evict.threads_max：12。

总体思路是，使后台 evict 线程尽早淘汰脏页 page 并记录到磁盘，同时调整 evict 淘汰线程数量来加快脏数据淘汰，调整后进一步缓解了 mongostat 及客户端访问超时现象。

3．checkpoint 优化调整

存储引擎的 checkpoint 检测点，实际上就是做快照的，把当前存储引擎的脏数据全部记录到磁盘。触发 checkpoint 的条件默认有以下两个。

（1）固定周期做一次 checkpoint 快照，默认为 60s。

（2）增量 Journal 日志达到 2GB。

如果在两次 checkpoint 的时间间隔内 evict 淘汰线程淘汰的 dirty page 越少，则积压的脏数据就会越多，也就是 checkpoint 时脏数据就会越多，造成 checkpoint 时产生大量的 I/O 写盘操作。如果把 checkpoint 的周期缩短，则两个 checkpoint 期间的脏数据相应会减少，磁盘 I/O 100%持续的时间也会得到缓解。

checkpoint 调整后的值为 checkpoint=(wait=25,log_size=1GB)。

4．存储引擎优化前后 I/O 对比

通过上面 3 个方面的存储引擎优化后,磁盘 I/O 开始散列到各个不同的时间点,iostat 监控优化后的 I/O 负载如图 13-13 所示。

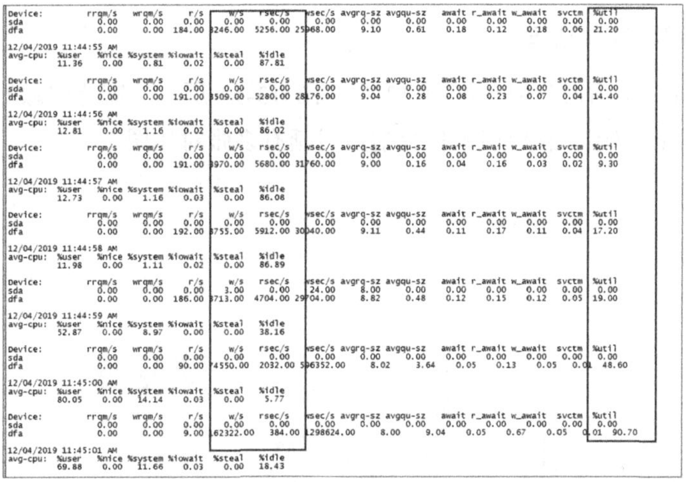

第 13 章 百万级高并发集群性能提高案例

图 13-13 iostat 监控优化后的 I/O 负载

从图 13-13 中可以看出,之前的 I/O 一会儿为 0%,一会儿 100% 的现象有所缓解,如图 13-14 所示(需要注意的是,优化后的 I/O 曲线只是反应大概趋势,和真实趋势有些出入)。

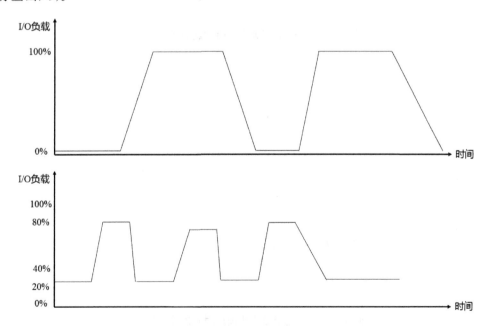

图 13-14 I/O 负载总结

5. 存储引擎优化前后时延对比

存储引擎优化前后时延对比如图 13-15～图 13-19 所示（需要注意的是，该集群有几个业务接口同时使用，存储引擎优化前后时延有多张对比图）。

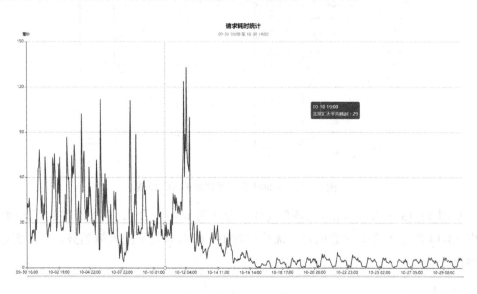

图 13-15　存储引擎优化前后时延对比（1）

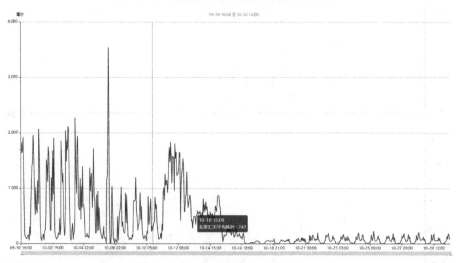

图 13-16　存储引擎优化前后时延对比（2）

第 13 章 百万级高并发集群性能提高案例

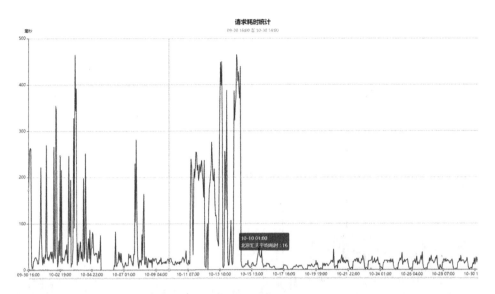

图 13-17 存储引擎优化前后时延对比（3）

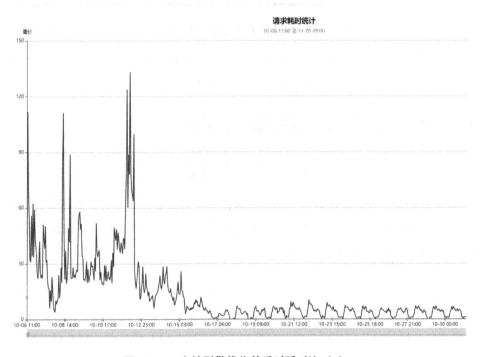

图 13-18 存储引擎优化前后时延对比（4）

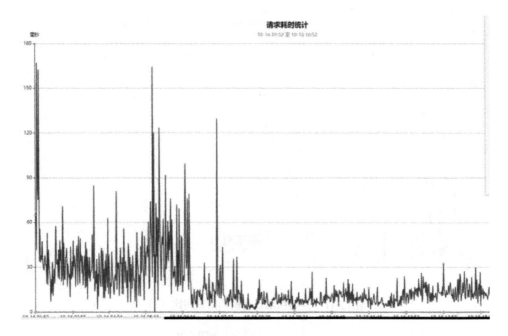

图 13-19　存储引擎优化前后时延对比（5）

从图 13-15～图 13-19 中可以看出，存储引擎优化后时间延迟进一步降低并趋于平稳，从平均 80ms 降到平均 20ms 左右，但还是不够完美，有抖动。

13.3　解决服务器系统磁盘I/O问题

13.3.1　服务器系统磁盘 I/O 硬件问题背景

如前文所述，当 WiredTiger 大量淘汰数据时，发现只要磁盘写入量每秒超过 500MB，接下来的几秒内 util 就会持续 100%，w/s 几乎跌为 0%，于是开始怀疑磁盘硬件是否存在缺陷，如图 13-20 和图 13-21 所示。

图 13-20 磁盘硬件的相关信息（1）

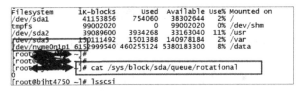

图 13-21 磁盘硬件的相关信息（2）

nvme 磁盘为 SSD 盘，查看相关数据可以看出该磁盘的 I/O 性能很好，支持每秒 2GB 写入，iops 能达到 15 万/秒，而线上的磁盘每秒最多写入 500MB。

13.3.2 服务器系统磁盘 I/O 硬件问题解决后性能对比

通过大量的线下测试及服务器厂商的配合，nvme 磁盘的 SSD I/O 瓶颈问题得到解决，经过和服务器厂商确认分析，最终确认 I/O 问题是 Linux 内核版本不匹配引起的，如果大家的 nvme 磁盘有同样问题，则可以将 Linux 升级为 3.10.0-957.27.2.el7.x86_64 版本，升级后 nvme 磁盘的 I/O 写入性能达到每秒 2GB。

注意：从本节开始，服务器分为两种：①低 I/O 服务器，也就是没有进行操作系统升级的服务器，I/O 写入能力为每秒 500MB，②高 I/O 服务器，也就是操作系统升级后的服务器，I/O 写入能力为每秒 2GB。

于是考虑把集群操作系统版本升级到高 I/O 服务器（为了谨慎，只替换了分片主节点，从节点还是未升级的低 I/O 服务器）。

原有集群部署架构如图 13-22 所示。

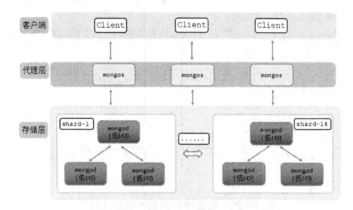

图 13-22　原有集群部署架构

所有分片主节点升级到高 I/O 服务器后的架构如图 13-23 所示。

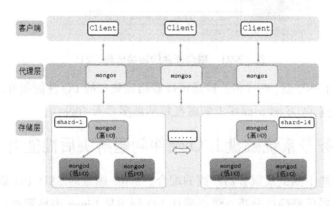

图 13-23　所有分片主节点升级到高 I/O 服务器后的架构

第 13 章 百万级高并发集群性能提高案例

升级完成后,发现性能得到了进一步提高,时延降低到平均 2ms～4ms,通过几个不同业务接口看到的时延监控如图 13-24 图 13-26 所示。

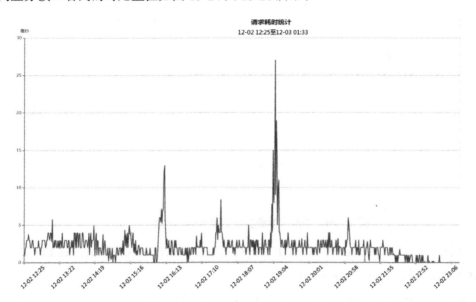

图 13-24 通过不同业务接口看到的时延监控（1）

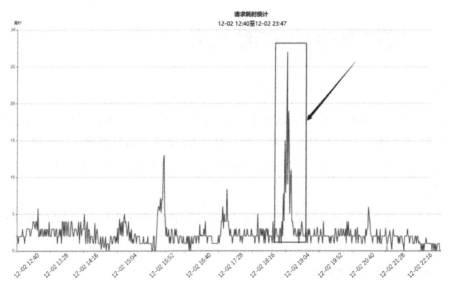

图 13-25 通过不同业务接口看到的时延监控（2）

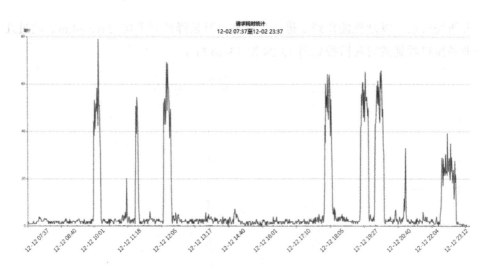

图 13-26　通过不同业务接口看到的时延监控（3）

从图 13-24～图 13-26 中可以看出，升级主节点到操作系统升级后的高 I/O 服务器，时延进一步降低到平均 2ms～4ms。

虽然时延降低到平均 2ms～4ms，但还是有很多几十毫秒的尖刺，因此我们需要进一步的优化分析。

13.4　主节点硬件升级后续优化

13.4.1　readConcern 配置优化

在上一节中，我们将分片中的所有主节点替换为高 I/O 服务器，从节点还是以前未升级的低 I/O 服务器。由于业务方默认没有设置 writeConcern，因此有一个错误的认识，认为客户端将数据成功写入主节点就会返回 OK 信息，即使从节点性能差也不会影响客户端写入。

主节点升级为高 I/O 服务器后，继续优化存储引擎，把 eviction_dirty_trigger 从 25% 调整为 30%。

1. 发现问题及解决问题

当某个时间点监控出现毛刺时，于是开始分析 mongostat，发现一个问题，即使在平峰期，脏数据比例也会持续增长到阈值（30%），当脏数据比例超过 eviction_dirty_trigger:30%时，用户线程就会进行 evict 淘汰而引起访问慢。平峰期毛刺时间点对应的 mongostat 监控如图 13-27 所示。

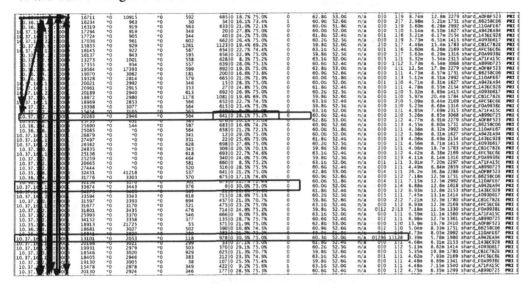

图 13-27　平峰期毛刺时间点对应的 mongostat 监控

从图 13-27 中可以看出，集群流量在 40 万～50 万字节时某个分片的主节点脏数据比例就会达到 eviction_dirty_trigger:30%，于是整个集群访问时延就会瞬间增加。

为什么普通平峰期也会有抖动？这明显不科学。

通过获取问题的主节点的一些监控信息，得出以下结论。

（1）磁盘 I/O 正常，磁盘 I/O 不是瓶颈。

（2）分析抖动时的系统 top 负载，负载正常。

（3）该分片的写流量约为 4 万字节，显然没有达到分片峰值。

（4）通过 db.printSlaveReplicationInfo()看到主从延迟较高。

当客户端时延监控发现时间延迟尖刺后，主节点所有现象一切正常，系统负载、I/O、TPS 等都没有达到瓶颈，但是有一个唯一的异常，就是主从同步延迟持续性增加，如图 13-28 所示。

图 13-28 主从同步延迟持续性增加

同时对应低 I/O 服务器从节点中的 I/O 状况，如图 13-29 所示。

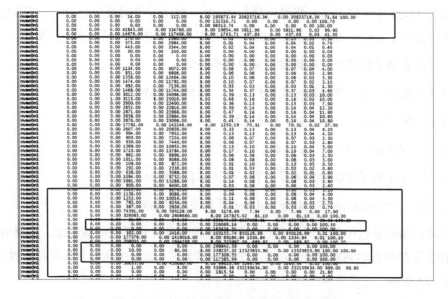

图 13-29 低 I/O 服务器从节点中的 I/O 状况

第 13 章 百万级高并发集群性能提高案例

从节点的磁盘 I/O 性能不佳，这也正是主从延迟增加的根源。

从图 13-29 中可以看出，在时延尖刺的同一个时间点，主从延迟超大。于是怀疑时延尖刺可能和从节点获取 Oplog 速度有关系，于是把 mongostat、iostat、top、db.printSlaveReplicationInfo()、db.serverstatus()等监控命令持续跑了两天，记录这两天内的一些核心系统和 mongo 监控指标。

到这里，越来越怀疑问题和从节点获取 Oplog 速度有关，主从延迟可能增加主节点脏数据占比。于是查看官网 MongoDB 3.6 的 Production Notes，从中发现了如下信息：

```
Read Concern

New in version 3.2.

Starting in MongoDB 3.6, you can use causally consistent sessions to read your own writes, if the writes request acknowledgement.

Prior to MongoDB 3.6, you must have issued your write operation with { w: "majority" } write concern and then use either "majority" or "linearizable" read concern for the read operations to ensure that a single thread can read its own writes.

To use read concern level of "majority", replica sets must use WiredTiger storage engine and election protocol version 1.

Starting in MongoDB 3.6, support for read concern "majority" is enabled by default. For MongoDB 3.6.1 - 3.6.x, you can disable read concern "majority". For more information, see Disable Read Concern Majority.
```

从 Production Notes 中可以看出，MongoDB 3.6 默认启用了 read concern "majority" 功能。为了避免脏读，MongoDB 增加了该功能。

启用该功能后，为了确保带有参数配置 readConcern("majority")的客户端读取的数据确实是同步到大多数实例的数据，因此必须在内存中借助 snapshot 快照来维护更多的版本信息，这就增加了 WiredTiger 存储引擎对内存的需求。

2. 小插曲

因为 MongoDB 3.6 默认启用了 enableMajorityReadConcern 功能，所以在这个过程中出现过几次严重的集群故障，脏数据比例持续性超过 30%，造成时延持续性达到几千毫秒，写入全部阻塞，如图 13-30 所示。

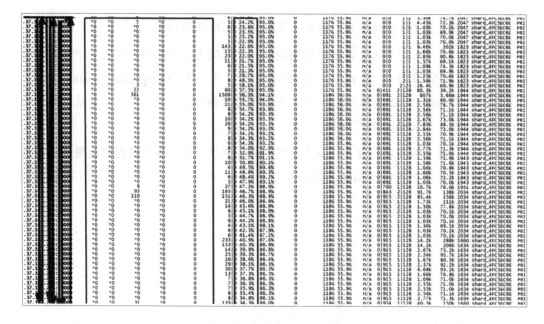

图 13-30　集群故障实例图

3．低峰期脏数据比例过高问题的解决

该问题的根源是启用 enableMajorityReadConcern 功能引起的，由于从节点严重落后主节点，导致主节点为了维护各种 snapshot 快照，消耗大量内存，同时从节点和主节点的 Oplog 延后，导致主节点维护了更多的内存版本，脏数据比例持续性增长。

由于我们的业务不需要 readConcernMajority 功能，因此建议禁用该功能（配置文件增加配置 replication.enableMajorityReadConcern=false）。

禁用内核 enableMajorityReadConcern 功能后，平峰期的业务访问抖动问题基本解决了。

13.4.2　替换从节点服务器为升级后的高 I/O 服务器

除了通过 replication.enableMajorityReadConcern=false 在配置文件中禁用 readConcernMajority 功能，我们继续把所有分片的从节点由之前的低 I/O 服务器替换为升级后的高 I/O 服务器，升级后所有主从硬件资源性能完全一样，升级后的集群分片架构如图 13-31 所示。

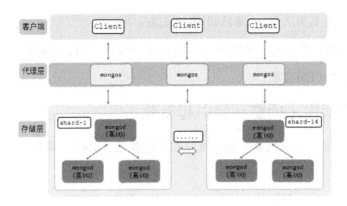

图 13-31　升级后的集群分片架构

通过禁用 enableMajorityReadConcern 功能，并统一主从服务器硬件资源后，查看有抖动的一个接口的时间延迟，如图 13-32 所示。

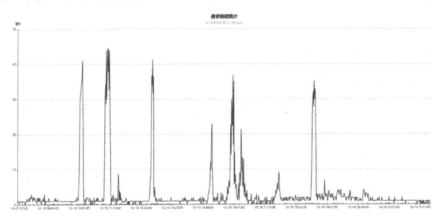

图 13-32　查看有抖动的一个接口的时间延迟

从图 13-32 中可以看出，通过禁用 enableMajorityReadConcern 功能并且把所有从节点服务器升级后，业务时延抖动峰值进一步降低，从平均 2ms～4ms 降低到 1ms 左右，同时，峰值毛刺从 80ms 降低到现在的 40ms 左右。

13.4.3　结论

enableMajorityReadConcern 功能禁用并升级从节点到高 I/O 服务器后，总体收益如下。

（1）平均时延从 2ms～4ms 降低到 1ms 左右。

（2）峰值时延毛刺从 80ms 降低到 40ms 左右。

（3）之前出现的脏数据比例突破 30%飙涨到 50%的问题彻底解决。

（4）尖刺持续时间变短。

13.4.4　继续优化调整存储引起参数

为了进一步减缓时延尖刺，我们继续在之前基础上对存储引擎调优，调整后配置如下。

- eviction_target：75%。
- eviction_trigger：97%。
- eviction_dirty_target：%3。
- eviction_dirty_trigger：30%。
- evict.threads_min：14。
- evict.threads_max：18。
- checkpoint=(wait=20,log_size=1GB)。

经过此轮的存储引擎调优后，该业务的核心接口时延进一步好转，时延尖刺相比之前有了进一步改善，时延最大尖刺时间从 45ms 降低到 35ms，同时尖刺出现的频率明显降低了，如图 13-33 所示。

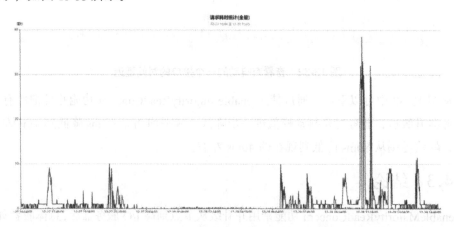

图 13-33　存储引擎调优后的时延尖刺改善

13.5 小结

通过软件层面（MongoDB 服务层配置、业务优化、存储引擎优化）及硬件系统优化（升级操作系统）后，该大流量集群的核心接口时延从最初的平均数百上千毫秒降低到了现在的平均 1ms～2ms，性能提升比较可观，整体时延性能提升数十倍，该集群优化过程持续数 10 天完成。

优化前的主要业务接口时延，如图 13-34 和图 13-35 所示。

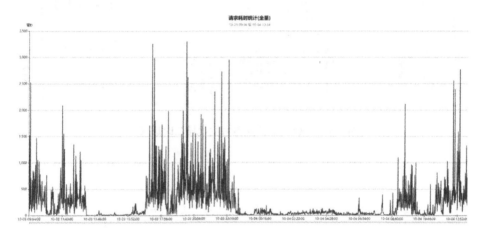

图 13-34　优化前的主要业务接口时延（1）

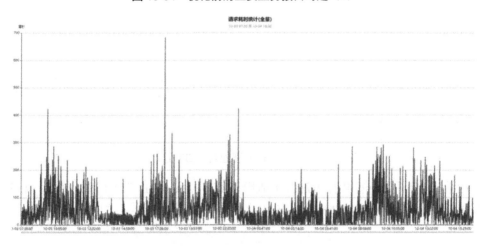

图 13-35　优化前的主要业务接口时延（2）

在不扩容，不增加服务器资源的基础上，经过一系列的优化措施，最终业务方主要接口时延降低到几毫秒，如图 13-36 和图 13-37 所示。

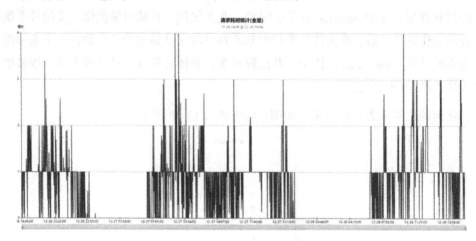

图 13-36　优化后的业务方主要接口时延（1）

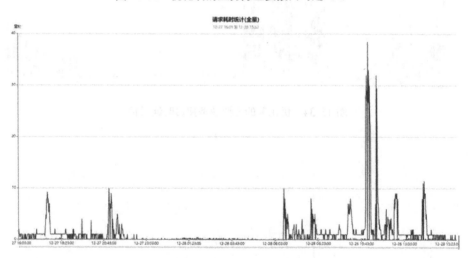

图 13-37　优化后的主要业务接口时延（2）

注意：本章中的一些优化方法并不适用于所有 MongoDB 业务场景，请用户根据实际业务场景和硬件物理资源情况进行优化。

第 14 章
基于 MongoDB 的金融系统案例

在大数据时代背景下金融系统建设面临着重重挑战，下面介绍一下基于 MongoDB 的金融系统案例。目前该项目已经稳定运行 4 年，经受了大数据量时的高性能、高可靠的考验，也提高了金融系统的用户体验。

14.1 项目背景

在接到该项目时，客户主要面临以下挑战：历史数据总量大、存储成本高，且随着时间的推移，原始系统中的数据量也越来越多，查询性能也越来越差，再加上计息日之后的查询交易量暴增，已经无法满足下游系统的使用，所以需要寻找一个成本较低，性能高效稳定且能够解决上述问题的系统创建方案。

为了进一步挖掘存量数据的价值，分担现有交易系统的查询压力，补足交易系统无法支持大时间跨度、大数据量及模糊查询的缺点，打通客户 360 数据共享交易系统的渠道，客户迫切需要研发一套支持大数据量实时查询、统计、分析服务的可弹性扩展，高可靠，高效率、全行统一的大数据共享系统。

14.2 面临的主要挑战

在研发项目过程中，我们面临的挑战需要解决以下主要问题。

（1）历史存量数据量巨大。我们的金融客户自成立以来，有近 400 亿人的客户交易流水，数据总量高达 55TB，日均写入数据量高达 495282656 条，日写入数据文件大小约为 300GB，需要向全省 2400 多个实体网点，提供面向客户的"T+1"实时查询服务。

（2）系统需要支持可弹性扩展数据量。每天都在增加计算能力和存储容量，需要弹性扩展。

（3）系统需要确保高可靠。大数据共享系统定位是向各类交易系统提供实时查询服务的，可靠性要求等同实时交易系统。

（4）系统的响应速度必须足够快。大数据共享系统服务的范围广，接入的渠道多，必须确保查询速度足够快。

（5）系统需要提供全文检索及模糊查询功能。业务人员的数据查询需求广泛，有时也不清晰，需要提供引导式查询服务功能，支持大数据量的全文检索及模糊查询的功能。

14.3 技术选型

在技术选型过程中，我们结合客户需求，最终选用 MongoDB 来满足历史数据查询平台。在下面的方案介绍部分，我们将一起看一下为什么 MongoDB 可以满足相关需求，如图 14-1 所示为技术选型方案介绍。

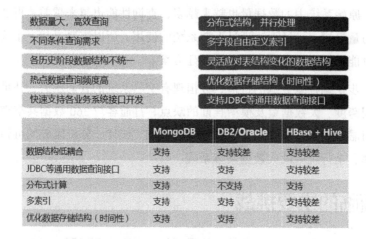

图 14-1 技术选型方案介绍

14.4 方案介绍

大数据共享系统的设计标准是可向全行所有系统提供"T+1"实时历史数据查询、

统计及分析服务,该项目需要研发设计的方案,包括系统架构方案、可靠性方案及高性能方案。具体方案介绍如下。

1. 系统架构方案

本系统架构设计的目标是向全行所有交易系统的明细、统计查询提供查询服务,实现查询服务的集中化、标准化管理。因此,系统需要确保高可靠、高性能、可扩展功能,同时,要求既能提供前端设计服务,又能提供 API 接入服务,系统架构设计如图 14-2 所示。

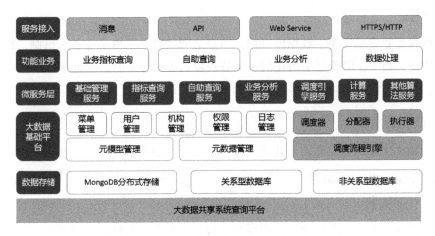

图 14-2 系统架构设计

系统架构共分 5 层,分别是数据存储、大数据基础平台、微服务层、功能业务及服务接入。

其中,数据存储采用了开源分布式数据库 MongoDB,实现了高可靠、可扩展;采用分布式的微服务技术,研发的数据服务总线(Data Services Bus,DSB)实现了接口服务的统一化和标准化,以及高可靠和高性能;功能业务(又被称为报表开发)提供了自助查询服务,它是通过研发报表前端实现了前端报表设计服务,能够支持业务系统的单点登录集成。服务接入提供了统一、标准化的 HTTPS/HTTP、Web Service 的 API 服务。

2. 可靠性方案

MongoDB 采用分布式部署,数据在多个节点中有副本,当中间任何一个节点出现异常时,不会丢失数据。MongoDB 自带 HA 方案,当主节点宕机后,通过选举生成新的主节点。

ES 采用多客户机、多副本、多分片的部署方式，保证数据不丢失的同时提高数据载入效率。

微服务节点采用分布式部署，负载均衡 Nginx 作为代理，当任何一个节点出现异常时，其他服务节点可以继续进行工作，负载均衡将新任务分配给其他服务节点继续工作。

其他平台提供运行监控，通过监控界面可以看到平台的运行情况、使用情况、功能管理等，部分功能如数据加载过程出现异常，通过连接短信平台，即时通知维护人员进行人工处理。

平台管理数据采用 PG 数据库存储，节点之间的数据采取全量备份机制，Nginx 实现负载均衡，当 PG 服务器中的任何一个节点数据出现异常时，其他 PG 服务器可以继续工作，并且负载均衡将新任务分配给其他服务器继续工作。

3. 高性能方案

高性能优化原则为提高并行处理能力、减少不必要的数据处理、常用索引设置等。

MongoDB、PG、ElasticSearch 采用分布式部署，增加数据存取并行处理服务器数量，增加数据存取效率。

微服务框架基于负载均衡器，实现高负载、高并发、高转发、高可靠。

数据按日期分表，既能保留历史数据，又能提高当前数据的查询性能。

提供必要的预处理，处理工作分到系统空闲时间，减少查询时的重复处理，降低用户等待时间。为常用查询条件映射字段构建索引，提高查询性能。

14.5 技术创新

经过近一年的持续攻关，本项目从技术上和业务支撑上都有较多的突破、创新，做到了 6 个 "首次"。

（1）首次使用开源分布式数据库 MongoDB 服务联机交易。经过近半年的生产环境考验，在大数据量、高并发环境下，实现了零故障。

（2）首次使用微服务技术研发分布式面向全行所有系统的数据服务总线。在渠道接入开发过程中，显著提高开发效率。

（3）首次使用开源的 ElasticSearch 中间件实现了信贷业务全量数据的全文检索。经过总结分析某行信贷业务全量数据，提炼出了近 3000 个核心关键词及词组，创建信贷业务的词库，实现全文检索功能。

（4）首次使用统计分析方法，持续提升用户操作体验。应用技术手段，落实以用户为中心思想，实现根据用户操作习惯，自动化动态调整前端界面排列。

（5）首次实现业务人员可在线自定义查询。涉及查询条件、计算方式等，业务人员更方便、更快捷、更精准地获取数据，以便进行分析。

（6）首次将近 400 亿条的历史流水提供至全省所有网点，向客户提供"T+1"历史数据实时查询，有效地提高客户服务质量。

14.6 技术特点

该系统架构采用了开源分布式数据库 MongoDB，用于数据存储、统计及分析，应用微服务技术，研发了数据服务总线，用于服务外部系统的数据查询分析，并集成 ElasticSearch 实现全行的文本资料搜索引擎。技术特点分析如下。

（1）可扩展。开源分布式数据库 MongoDB 的存储和计算功能可在线扩展，能够保障业务连续性。

（2）高可靠。经过实践验证，当集群节点出现故障时，对业务无任何影响，在恢复过程中，用户无感知。由于数据服务总线采用分布式集群的架构，不但能确保 API 的可靠性，性能也有足够的保障。

（3）高性能。在大数据量的实际情况下，性能足够支持联机交易查询，生产实际情况达到了日均访问量 100 万条以上，并发达到 200 毫秒响应，并且，随着数据量的持续增加，相比传统小型机+关系型数据库的方案，性能优势越来越显著。

（4）接入高效。研发的微服务技术支持数据服务总线，后台准备好数据后，前端只需按标准调用 API 即可，开发效率极高。

（5）前端报表实现了动态调整。根据后台记录的用户操作日志，采用统计分析方法，根据用户的操作习惯，实现了"T+30"的自动化调整前端查询条件的动态自动排列。

14.7 运营情况

系统上线稳定运营已经 4 年，单点集成技术接入了信贷管理系统，通过数据服务总线接入柜面、智慧柜台、移动营销终端、厅堂管理系统、票据管理系统、电子档案系统和秒贷系统。目前，日均访问量已到达 100 万条以上，最高并发数达到 200 毫秒响应。特别是柜面和秒贷系统的接入，直接提供了联机交易服务，根据实际运营情况监控显示，前端响应效率达到了毫秒级，可靠性是零故障，这为后续全系统接入奠定了坚实的基础。

在系统运行过程中，针对提供"T+1"数据服务的大数据量复杂查询，实时监控响应效率，以及系统资源使用情况，并采用统计分析方法，分析用户使用习惯日志，优化查询，响应效率显著提高。同时，通过研发面向全信贷业务数据的全文检索功能，引导用户精准定位所关注的数据，进一步提高了用户获取数据的效率，降低查询过程中的工作量，用户反响极好。

14.8 项目成效

项目上线已经 4 年，不但获得了用户的认可，也经受住了大数据量时的高性能、高可靠的考验。

项目成效如下。

（1）经济效益方面：本系统采用了 8 台 x86 服务器，向全省提供了近 400 亿条数据的实时查询，相比采用传统的小型机+关系型数据库的方案，不但节省了硬件成本，还节省了数据库的采购成本，具有极高的性价比。并且，由于采用了微服务接口，极大地减少了接入系统的服务接口开发成本。

（2）社会效益方面：本系统在研发过程中特别强调了用户体验，特别是首次向用户提供了信贷全量业务数据的全文搜检功能，性能高效，亿级数据秒级响应，用户反响很好，极大地提高了用户使用系统开展业务分析的积极性。并且，研发了基于微服务架构的数据服务总线，极大地降低了其他系统接入时开发的工作量，技术人员反响很好。

14.9 小结

在整个项目研发过程中，为了降低对其他服务系统的影响，提高项目研发的质量，以及提高服务接入的效率和规范，积累的经验如下。

（1）制定标准极其重要。标准包括微服务接口标准、数据存储标准、项目开发标准、系统集成标准。各类标准的制定，极大地提高了项目开发质量、接口开发效率和服务接入效率，有效地保障了项目能够按时按质交付。

（2）性能优化经验需要不断积累。性能优化涉及数据分片存储策略设计、索引策略设计、数据库数据 CHUNK 的持续监控、缓存策略设计、微服务接口策略设计等。索引策略设计应该根据用户的查询访问日志记录进行统计分析，进行索引字段调整；当数据分布不均时，响应性能明显下降，需要持续监控 CHUNK。

（3）项目过程管理不容懈怠。由于是第一次选用分布式开源数据库，并且数据量特别大，在项目研发过程中，碰到了很多的难题，各类标准制定、性能基准都是从 0 到 1 的过程，然而，我们始终坚持，以提高用户体验为核心，不断持续优化系统操作体验和性能，这是整个团队对项目过程管理的严格把控不可或缺的。

随着互联网行业的蓬勃发展，各场景、各类数据也越来越多，MongoDB 是为大数据而生的，提供 sharding 机制用于实现业务的水平扩展。应该说，sharding 提供了完善的业务数据和负载水平扩展的机制，对于物联网、日志系统、历史数据系统和监控系统这类包含 TB 级海量数据的应用场景，使用 MongoDB sharding 是一个不错的选择。

在生产环境中，sharding 并不是必需的，并不是加入新业务时就马上部署 sharding 集群，只有当业务的数据量达到单个复制集无法支撑，或者业务的负载超过了复制集的服务能力时，才考虑部署 sharding，毕竟相比复制集，sharding 在部署和管理上都比较复杂。MongoDB 复制集可以平滑升级到 sharding，所以当你真正需要 sharding 时，可以参考官方文档进行操作，文档中提供了详细的升级步骤。

目前开源数据库众多，大家有很多选择，但会出现这样的问题，这些数据库哪个更好？其实这是一个伪命题，脱离了具体的业务场景来讨论好坏是纸上谈兵，没有最好的，只有最合适的，谁也无法保证完全取代谁，各数据库都在不停地完善自身。相信随着数据库社区的发展与产品的不断迭代，MongoDB 也会发展得越来越好。

总结起来，如果你的业务满足一个或多个特点，则选择 MongoDB 是一个正确的决定。

- 无须跨文档或跨表的事务及复杂的 join 查询支持，目前已经支持事务，join 的支持也越来越好。
- 敏捷迭代的业务，需求变动频繁，数据模型无法确定。
- 存储的数据格式灵活，不固定，属于半结构化数据。
- 业务并发访问量大，可达数千 QPS（每秒查询率）。
- TB 级以上的海量数据存储，且数据量不断增加。
- 要求存储的数据持久化、不丢失。
- 需要 99.999% 的数据高可用性，需要进行大量的地理位置查询、文本查询。

第 15 章
云原生 MongoDB 部署案例

1.4.3 节介绍了在 Docker 下安装部署单实例的 MongoDB 数据库。安装部署的大体流程如下。

第一步：安装 Docker 运行环境。

第二步：从官网下载 MongoDB 的二进制可执行文件。

第三步：利用 MongoDB 可执行二进制文件，构建 Docker 容器镜像。

第四步：在容器中运行上面打包好的镜像。

这样一个基于容器的 mongod 实例就运行起来。

但是，上述部署模式具有以下几个问题。

（1）实例部署缺乏自动机制，当一个 mongod 实例死机后，无法自动重启。

（2）mongod 实例缺乏外部持久化存储介质，一旦 mongod 实例随着容器重启，里面的数据就会丢失。

因此，本章以解决以上两个问题为目标，基于 Kubernetes 技术部署云原生的 MongoDB。当然关于 Kubernetes、Docker 等基础知识需要提前掌握，读者可以参考相应的书籍和官方手册进行学习。

15.1 部署环境准备

搭建 3 台虚拟机，基于 Ubuntu 20.04 操作系统镜像，3 台虚拟机的硬件配置如下。

- master 主机：内存容量为 4GB、CPU 内核数为 4 个、磁盘容量为 50GB。
- slave1 主机：内存容量为 4GB、CPU 内核数为 4 个、磁盘容量为 50GB。

- slave2 主机：内存容量为 4GB、CPU 内核数为 4 个、磁盘容量为 50GB。

将 3 台主机的包源都更新为国内的下载源，以提高下载速度。

15.2　Docker安装

在 root 用户下，依次执行如下命令：

```
root@master:~# apt-get update
root@master:~# apt-get install apt-transport-https ca-certificates curl gnupg lsb-release
root@master:~# curl -fsSL https://download.docker.com/linux/ubuntu/gpg | sudo gpg --dearmor -o /usr/share/keyrings/docker-archive-keyring.gpg

root@master:~#           echo           "deb         [arch=amd64 signed-by=/usr/share/keyrings/docker-archive-keyring.gpg]
https://download.docker.com/linux/ubuntu $(lsb_release -cs) stable" | sudo tee /etc/apt/sources.list.d/docker.list > /dev/null

root@master:~# apt-get update
root@master:~# apt-get install docker-ce docker-ce-cli containerd.io
```

检查是否安装成功，执行如下命令：

```
root@master:~# docker run hello-world
```

运行 hello world 程序测试，看到下面提示表示安装成功：

```
Hello from Docker!
This message shows that your installation appears to be working correctly.
```

其他主机节点（slave1 和 slave2）也按照上面的命令顺序安装即可。

注意：如果已经安装完 Docker，则可以先通过以下操作将其删除。

执行如下命令删除 Docker：

```
root@master:~# apt-get purge docker-ce docker-ce-cli containerd.io
```

接下来还需要手动删除镜像、容器等文件夹，才能保证彻底删除 Docker，命令如下：

```
root@master:~# rm -rf /var/lib/docker
root@master:~# rm -rf /var/lib/containerd
```

15.3 Kubernetes组件安装

第一步：关闭虚拟内存。

在开始安装 k8s 之前先关闭主机上的虚拟内存，为什么要关闭它？

因为 swap 是系统的交换分区，即虚拟内存，当系统内存不足时，会将一部分硬盘空间虚拟成内存使用，而 k8s 希望所有服务都不应该超过集群或节点的物理内存的限制。

可以执行如下命令关闭虚拟内存，打开/etc/fstab 文件，注释 swap 那行即可：

```
root@master:# vim /etc/fstab
```

注意：使用以上方法将永久关闭虚拟内存的使用，需要重启计算机，才能使以上修改生效。

第二步：更换下载源。

为了加速 k8s 相关安装包的下载速度，我们将下载源由 Google 切换到阿里，依次执行如下命令：

```
root@master:# apt-get update && apt-get install -y apt-transport-https
root@master:#                                                        curl
https://mirrors.aliyun.com/kubernetes/apt/doc/apt-key.gpg | apt-key add -
root@master:# cat <<EOF >/etc/apt/sources.list.d/kubernetes.list
deb https://mirrors.aliyun.com/kubernetes/apt/ kubernetes-xenial main
EOF
root@master:# apt-get update
```

第三步：正式开始安装 k8s。

实际上就是安装 kubelet、kubeadm、kubectl 共 3 个模块，执行如下命令：

```
root@master:# apt-get install -y kubelet kubeadm kubectl
```

其中，参数含义如下。

- kubelet 表示每个 Node 节点上都会启动一个 Kubelet 进程，用于处理 Master 节点下发到本节点的任务，管理 Pod 及 Pod 中的容器，定期向 Master 节点汇报节点资源的使用情况。
- kubeadm 用于帮助用户快速搭建 k8s 集群的工具。
- kubectl 用于执行管理集群的各种命令。

依次在集群中的其他节点上执行前面 3 个步骤。

15.4 集群Master节点初始化

第一步：登录 Master 节点，执行如下初始化命令：

```
root@master:~# kubeadm init --pod-network-cidr=10.244.0.0/16
```

注意：初始化之前，会自动检测主机的 CPU 核数和内存，看一看是否满足集群的最低配置要求。

初始化的过程实际上是从 Google 的仓库中下载一些容器镜像，因此需要从 k8s.grc.io 仓库中拉取所需镜像文件，国内网络防火墙问题会导致无法正常拉取，在执行上面的命令时系统可能会报错。

为了避免无法下载镜像，下面提供一种可选的下载方案。

在执行上面初始化命令之前，可以先执行如下命令查看到底需要下载哪些镜像：

```
root@master:~# kubeadm config images list
```

输出结果如下：

```
k8s.gcr.io/kube-apiserver:v1.22.1
k8s.gcr.io/kube-controller-manager:v1.22.1
k8s.gcr.io/kube-scheduler:v1.22.1
k8s.gcr.io/kube-proxy:v1.22.1
k8s.gcr.io/pause:3.5
k8s.gcr.io/etcd:3.5.0-0
k8s.gcr.io/coredns/coredns:v1.8.4
```

上面就是我们最终需要下载的镜像，由于无法从 Google 的仓库中下载，我们可以间接从 Docker Hub 找到这些镜像并下载。具体操作步骤如下。

（1）直接从 Docker 官网下载这些镜像。

- docker pull aiotceo/kube-apiserver:v1.22.1。

- docker pull aiotceo/kube-controller-manager:v1.22.1。

- docker pull aiotceo/kube-scheduler:v1.22.1。

- docker pull aiotceo/kube-proxy:v1.22.1。

- docker pull aiotceo/pause:3.5。

- docker pull xwjh/etcd:3.5.0-0。

- docker pull coredns/coredns:1.8.4。

上面要下载的每个镜像及版本号是执行 kubeadm config images list 命令得到的,当得到要下载的镜像及版本号之后,就可以直接从 Docker Hub 中找到相应镜像进行下载。

注意:有可能同一个镜像在不同仓库中都能找到,只要版本号对应上即可。

(2)修改镜像 tag。

将镜像中的 tag 修改为原来初始化时需要从 Google 仓库中下载的镜像名,这样就绕开了从 Google 仓库重新下载这些镜像的问题,命令如下:

```
docker tag aiotceo/kube-apiserver:v1.22.1 k8s.gcr.io/kube-apiserver: v1.22.1
docker tag aiotceo/kube-controller-manager:v1.22.1 k8s.gcr.io/kube-controller-manager:v1.22.1
docker tag aiotceo/kube-scheduler:v1.22.1 k8s.gcr.io/kube-scheduler:v1.22.1
docker tag aiotceo/kube-proxy:v1.22.1 k8s.gcr.io/kube-proxy:v1.22.1
docker tag aiotceo/pause:3.5 k8s.gcr.io/pause:3.5
docker tag xwjh/etcd:3.5.0-0 k8s.gcr.io/etcd:3.5.0-0
docker tag coredns/coredns:1.8.4 k8s.gcr.io/coredns/coredns:v1.8.4
```

(3)删除重复的镜像。

命令如下:

```
docker rmi aiotceo/kube-apiserver:v1.22.1
docker rmi aiotceo/kube-controller-manager:v1.22.1
docker rmi aiotceo/kube-scheduler:v1.22.1
docker rmi aiotceo/kube-proxy:v1.22.1
docker rmi aiotceo/pause:3.5
docker rmi xwjh/etcd:3.5.0-0
docker rmi coredns/coredns:1.8.4
```

完成上面的动作后,再次执行 k8s 集群初始化命令:

```
kubeadm init --pod-network-cidr=10.244.0.0/16
```

在这个初始化过程中可能会出现各种错误,需要根据具体日志进行解决,常见错误如下:

错误 1:failed to run Kubelet: misconfiguration: kubelet cgroup driver: \"systemd\" is different from docker cgroup driver: \"cgroup。

原因分析:Docker 和 k8s 使用的 cgroup 不一致。

解决方法，修改 Docker 配置，命令如下：

```
cat > /etc/docker/daemon.json <<EOF
{
  "exec-opts": ["native.cgroupdriver=systemd"]
}
EOF
```

重启 Docker 使其生效，命令如下：

```
systemctl restart docker
```

完成初始化后，执行 kubectl 相关命令时可能出现如下错误：

错误 2：The connection to the server localhost:8080 was refused - did you specify the right host or port。

原因分析：$HOME 目录中缺少配置文件。

解决方法，依次执行如下命令：

```
mkdir -p $HOME/.kube
cp -i /etc/kubernetes/admin.conf $HOME/.kube/config
chown $(id -u):$(id -g) $HOME/.kube/config
```

当执行完上面初始化命令之后，会输出如下命令，额外保存下来，后面向集群加入其他 Work 节点时会用到 kubeadm join 命令：

```
kubeadm join 192.168.221.132:6443 --token z3sma5.1cjkwp0b91ruibky --discovery-token-ca-cert-hash sha256:2afaccf6b35d44f289c58bb264abd8cd93dfc85b5e5f39e238ac6243012a0afa
```

第二步：安装网络插件。

当上面 kubeadm init 初始化完成后，向集群安装网络插件（相当于创建一个虚拟 2 层交换机），确保集群中所有 Pod 在一个局域网内通信，这里安装 Canal 插件，也可以安装其他插件（如 Flannel）。

下载 canal.yaml：curl https://docs.projectcalico.org/manifests/canal.yaml -O。

安装 canal.yaml：kubectl apply -f canal.yaml。

完成上面操作之后，检测 k8s 集群是否初始化成功，执行如下命令：

```
root@master:~# kubectl get nodes
```

如果 Master 节点的状态为 ready 状态，则说明成功安装网络插件。

```
root@master:~# kubectl get nodes
```

第 15 章 云原生 MongoDB 部署案例

```
NAME         STATUS      ROLES                  AGE       VERSION
master       Ready       control-plane,master   17d       v1.22.1
```

15.5 将Work节点添加到集群

第一步：Work 节点初始化。

登录各个 Work 节点，并对节点进行初始化，具体操作步骤如下。

（1）直接从 Docker 官网下载这些镜像。

（2）修改镜像 tag。

（3）删除重复的镜像。

具体操作步骤可参考本书 15.4 节中的 Master 节点初始化。

第二步：通过 kubeadm join 命令将 Work 节点加入集群。

在各个 Work 节点上执行如下命令：

```
kubeadm   join   192.168.221.132:6443   --token   z3sma5.lcjkwp0b9lruibky
--discovery-token-ca-cert-hash
sha256:2afaccf6b35d44f289c58bb264abd8cd93dfc85b5e5f39e238ac6243012a0afa
```

注意：在 Work 节点中，Docker 使用的 cgroup 和 k8s 使用的 cgroup 也需要保持一致，否则 kublet 启动会有问题；如果出现加入失败，则请重置后再做加入的动作，重置命令为 kubeadm reset。

最后通过在 Master 节点上执行 kubeadm get nodes 命令观察集群的状态，如果输出如下节点状态信息，则表示安装部署成功了。

```
root@master:~# kubectl get nodes
NAME         STATUS      ROLES                  AGE       VERSION
master       Ready       control-plane,master   17d       v1.22.1
slave1       Ready       <none>                 17d       v1.22.1
slave2       Ready       <none>                 17d       v1.22.1
```

15.6 分布式网络文件系统安装

要想实现数据持久化存储在外部介质上，避免容器重启导致数据丢失的问题，我们需要先配置一个外部文件存储设备，部署应用时将数据存储到外部设备。

虽然 Kubernetes 在许多方面已经非常优秀，如弹性伸缩和可移植性，但也存在一个问题，即对状态存储比较难，而几乎所有的生产应用恰恰都是有状态的。

Kubernetes 使用控制平面接口与外部存储进行通信，这些连接 Kubernetes 的外部存储被称为卷插件（Volume Plugin）。

整个外部存储的架构如图 15-1 所示。

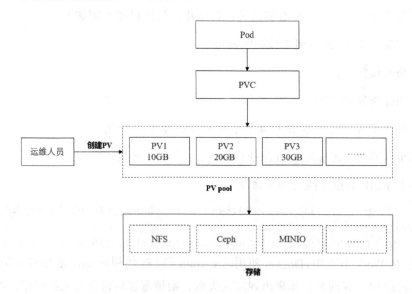

图 15-1　整个外部存储的架构

本次部署选用 NFS 文件系统作为外部存储介质，因此需要提前搭建一个 NFS 文件系统，NFS 文件系统是一种服务器端与客户端的交互架构，如图 15-2 所示。

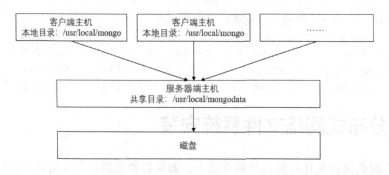

图 15-2　NFS 文件系统架构

我们通常在待共享磁盘的主机上部署服务器端进程，在其他节点上部署客户端进程（Kubernetes 中的 Work 节点上都需要部署客户端进程）。具体操作步骤如下。

（1）服务器端安装。

执行如下命令安装：

```
apt install nfs-kernel-server
```

安装完成后，NFS 服务将会自动启动。

（2）在服务器端创建 NFS 目录。

这里可以使用上面准备好的 Master 节点作为服务器，执行如下命令：

```
mkdir -p /usr/local/mongodata
```

（3）将服务器中的目录共享。

执行如下命令：

```
vim /etc/exports
```

添加如下内容：

```
/usr/local/mongodata
192.168.221.*(rw,sync,no_subtree_check,no_root_squash)
```

其中，参数含义如下。

- /usr/local/mongodata：表示被共享的目录。

- 192.168.221.*：表示网段，在该网段中的用户都可以挂载。

- rw：使客户端可以在主机目录上进行读/写访问。

- sync：强制 NFS 在回复之前写入更改，这意味着 NFS 将首先完成写入主机目录，然后响应客户端。

- no_subtree_check：禁用子树检查。子树检查是一项操作，对于每个 NFS 请求，服务器端必须检查所访问的文件是否存在及该文件是否在导出的树中。当客户端访问的文件被重命名时，此操作会导致问题。因此，在大多数情况下，建议将该参数禁用。它对安全性有一些轻微影响，但可以提高可靠性。

- no_root_squash：在默认情况下，NFS 会将客户端以 root 用户身份执行的所有操作转换为服务器端上的非特权用户，此参数允许客户端以 root 身份访问。

（4）重启服务。

执行如下命令：

```
service nfs-kernel-server restart
```

（5）客户端配置。

在 Work 节点上安装客户端进程。

安装程序：sudo apt install nfs-common。

创建文件夹：mkdir -p /usr/local/mongo。

将本地文件夹挂载到远程 NFS 目录，执行如下命令：

```
mount -t nfs 192.168.221.132:/usr/local/mongodata /usr/local/mongo
```

这样在本地文件夹/usr/local/mongo 执行任何创建文件、删除文件等操作，都会与在远程 NFS 文件系统的/usr/local/mongodata 目录中操作同步。

15.7　PV、PVC、Deployment配置

当完成上面 NFS 和 Kubernetes 的准备工作之后，根据图 15-1 中的架构，我们需要配置 PV、PVC、Deployment 相关资源定义的 YAML 配置文件，再利用 kubectl create -f xxx.yaml 命令运行这些资源。

具体配置文件的内容如下。

（1）PV 定义 my_pv1.yaml，代码如下：

```
apiVersion: v1
kind: PersistentVolume
metadata:
  name: my_pv1
spec:
  capacity:
    storage: 1Gi
  accessModes:
    - ReadWriteOnce
  persistentVolumeReclaimPolicy: Recycle
  nfs:
    path: /usr/local/mongodata
    server: 192.168.221.132
```

相关参数说明如下。

- accessModes：定义 PV 与 Pod 的绑定模式，ReadWriteOnce 表示该 PV 只能被一个 Pod 绑定进行读/写操作。同理，ReadWriteMany 表示该 PV 可以被多个 Pod 绑定进行读/写操作。
- persistentVolumeReclaimPolicy：定义 PV 的回收机制，即 PVC 被删除时 PV 该如何操作，当取值为 Recycle 时，数据自动被清除，但 PV 可以再次被绑定；当取值为 Delete 时，PVC 被删除，PV 也会被移除，同样数据也会被删除；当取值为 Retain 时，PVC 被删除后，PV 状态更改为 Released，PV 无法被其他 PVC 进行绑定，除了原有的 PVC。
- nfs：为 15.6 节中定义的网络文件系统，作为持久化外部存储介质。当然，这里配置的存储介质也可以是其他存储系统（如 Ceph、MINIO 等）。

（2）PVC 定义 my_pvc1.yaml，代码如下：

```yaml
apiVersion: v1
kind: PersistentVolumeClaim
metadata:
  name: my-pvc1
spec:
  accessModes:
    - ReadWriteMany
  volumeMode: Filesystem
  resources:
    requests:
      storage: 1Gi
```

PVC 会通过 accessModes 和 storage:1Gi 命令与上面 PV 进行自动绑定（不需要手动干预）。

（3）Depolyment 定义 my_depolyment.yaml，代码如下：

```yaml
apiVersion: apps/v1
kind: Deployment
metadata:
  name: mongod-deployment
spec:
  selector:
    matchLabels:
```

```
      app: mongod
  replicas: 1
  template:
    metadata:
      labels:
        app: mongod
    spec:
      containers:
      - name: mongo
        image: mongo              //镜像以在 Docker Hub 上的官网版本为准
        ports:
          - containerPort: 27017
        volumeMounts:
          - mountPath: "/usr/local/mongodb/data"
            name: mongodata-vol   //需要挂载的卷名称
      volumes:                    //卷定义，通过 PVC 绑定到后端真正的存储器上
        - name: mongodata-vol
          persistentVolumeClaim:
            claimName: my-pvc1
```

当上面 3 个 YAML 配置文件都准备好后，依次执行如下命令：

```
kubectl create -f my_pv1.yaml
kubectl create -f my_pvc1.yaml
kubectl create -f my_depolyment.yaml
```

执行成功后，MongoDB 数据库就在 Kubernetes 管理的容器中启动，最重要的是 MongoDB 保存的数据、日志等都可以利用 NFS 外部存储介质进行存储，这样当容器重启后，数据也不会丢失。

15.8 小结

云原生 MongoDB 数据库的部署，实质上是基于 Kubernetes 强大的分布式集群管理功能（包括 CPU、内存、存储等资源分配调度功能）部署的。本章从部署环境准备、Docker 安装、Kubernetes 组件安装、集群 Master 节点初始化、将 Word 节点添加到集群、分布式网络文件系统安装等关键内容进行介绍，其思路和原理也适用于其他云数据库或应用的部署。

第 16 章 常见问题分析

16.1 集合与关系型数据库表的区别

关系型数据库中的表是一个由行和列组成的二维表格，每一行代表一条数据记录，每一列代表一个属性。例如，客户信息表（customers）在关系型数据库中的存储模式如图 16-1 所示。

id	name	age
1	Bruce	99
2	Lily	89
3	Jone	98
NULL	NULL	NULL

图 16-1　客户信息表（customers）在关系型数据库中的存储模式

订单表（orders）在关系型数据库中的存储模式如图 16-2 所示。

id	item	count	cust_id
1	手机	5	1
2	计算机	10	2
3	平板	2	2
NULL	NULL	NULL	NULL

图 16-2　订单表（orders）在关系型数据库中的存储模式

MongoDB 中的集合概念与关系型数据库中的表概念类似，也是每条文档记录表示一条数据记录，每个字段对应每列。但是与关系型数据库表的区别在于文档记录中的字段数据类型更为丰富，甚至可以嵌套。如下表示一条订单的记录：

```
{
   id: 1
   item: "手机"
   count：5
```

MongoDB 核心原理与实践

```
customers: {
    id: 1
    name: Bruce
    age: 99
}
}
```

我们可以看到在关系型数据库中,如果想要获取订单及关联客户的信息,则需要对 orders 表和 customers 表进行关联查询。在 MongoDB 中因为集合支持嵌套的数据类型,所有相关信息都保存在一个集合,只需要查询该集合就能获取想要的数据,这也是 MongoDB 集合与关系型数据库表最本质的区别。

16.2 是否支持事务

我们先回顾一下事务的 4 种特性:原子性(Atomicity)、一致性(Consistency)、隔离性(Isolation)和持久性(Durability),即我们常说的 ACID 特性。

- 原子性(Atomicity):保证事务的操作要么全部成功,要么失败后进行回滚,使数据库回到原来的状态。

- 一致性(Consistency):保证事务在开始之前和结束之后,数据库中的数据完全符合所设置的各种约束和规则。

- 隔离性(Isolation):保证多个事务操作同一个数据时,相互之间按照约定的隔离级别访问和修改相同的数据,不同的关系型数据库会有不同的默认隔离级别。

- 持久性(Durability):保证事务结束之后,事务所涉及的数据变化被持久保存在数据库中,即使计算机断电重启,数据也会存在,并且是完整的。

早期的 MongoDB 是不支持事务的,从 MongoDB 4.0 版本开始支持复制集部署模式下的多文档事务,从 MongoDB 4.2 版本开始支持分片集群下的多文档事务。

需要注意的是,在 MongoDB 4.0 版本之前,由于 MongoDB 单文档操作的原子性,即对单条文档记录的修改等操作要么没成功要么不变,相当于间接支持事务相关特性。

随着跨集合和多文档操作的需求,从 MongoDB 4.0 版本开始支持多文档事务。

但是,多文档事务会对数据库性能产生影响,我们最佳实践应该是尽量设计合理数据模型,通过嵌套或数组等数据类型将相关数据保存到同一条文档记录中,尽量避免发生多文档事务，以提高数据库操作性能。

总之，MongoDB 现在是完全支持事务的，开发者完全可以在 OLTP 等应用场景下将其作为生产数据库。

16.3 锁的类型及粒度有哪些

数据库的读/写并发性能与锁的粒度息息相关，不管是读操作还是写操作，都会请求相应的锁资源，如果请求不到，操作就会被阻塞。

读操作通常请求的是读锁，能够与其他读操作共享。但写操作请求数据库时，它所申请的是写锁，具有排他性。

在 MongoDB 2.2 版本之前，锁的粒度是非常粗的，它会锁住整个 mongod 实例。这意味着当一个数据库上的写锁被请求后，在 mongod 实例上管理的其他数据库的操作都会被阻塞。

MongoDB 2.2 版本引入了单个数据库范围的锁，也就是说，读/写操作的锁被限定在单个数据库上，当一个数据库被锁住后，其他数据库上的操作可以继续被执行，但是对于同一个数据库大量的并发读/写还是会有性能瓶颈出现的，并发的性能问题仍然存在。

从 MongoDB 3.0 版本开始，由于引入了 WiredTiger 存储引擎，可以支持文档级别的锁，相当于关系型数据库中的行级锁，因此锁的粒度更进一步变细，数据库的并发性能也得到了较大提高。

按照锁的模式来说，MongoDB 可以支持以下几种锁。

- 共享锁（R）：读锁，读取操作创建的锁，一旦上锁，任何事务（包括当前事务）无法对其进行修改，其他事务可以并发读取数据，也可以对此数据再加共享锁。
- 排他锁（W）：写锁，如果事务对数据加上排他锁后，则其他事务不可以并发读取该数据，也不能再对该数据添加任何类型的锁，获准排他锁的事务既能读取数据，又能修改数据。
- 意向共享锁（r）：当事务对集合中的一条文档记录添加共享锁后，MongoDB 会自动在该条文档记录的上级，即在集合和数据库上添加一个意向共享锁。
- 意向排他锁（w）：当事务对集合中的一条文档记录添加排他锁后，MongoDB 会自动在该条文档记录的上级，即在集合和数据库上添加一个意向排他锁。

注意：意向锁存在的目的主要是提高对某个资源进行加锁的判断效率。

例如：当集合 A 中的某条文档记录添加共享锁后，其所在的集合会被添加意向共享锁。此时，另外一个事务要申请对整个集合添加排他锁，如果没有前面的意向共享锁，则需要逐行扫描整个表，判断是否有冲突的其他锁。

反之，有了前面集合层面的意向共享锁，就可以直接判断集合中是否有文档级别的共享锁，此时不能申请该集合的排他锁，需要等待。

最后，我们看一下客户端应用针对集合中的文档记录发起的典型操作，对于支持文档级别锁的 WiredTiger 来说，MongoDB 数据库的加锁情况如表 16-1 所示。

表 16-1　MongoDB 数据库的加锁情况

操　　作	数据库层面	集　合　层　面
查询	意向共享锁（r）	意向共享锁（r）
插入	意向排他锁（w）	意向排他锁（w）
删除	意向排他锁（w）	意向排他锁（w）
修改	意向排他锁（w）	意向排他锁（w）
聚集 aggregation	意向共享锁（r）	意向共享锁（r）
创建索引（从前端）	排他锁（W）	
创建索引（从后端）	意向排他锁（w）	意向排他锁（w）
查询数据库中的集合列表	意向共享锁（r）	
MapReduce 操作	排他锁（W）和共享锁（R）	意向排他锁（w）和意向共享锁（r）

16.4　服务器的内存多大合适

在分析服务器内存多大合适之前，我们先来看一下 MongoDB 是怎么使用内存的。

在启动 WiredTiger 时会向操作系统申请一部分内存供自己使用，这部分内存被称为 Internal Cache，如图 16-3 所示。

从 MongoDB 3.4 版本开始，默认的 Internal Cache 大小由以下规则决定。

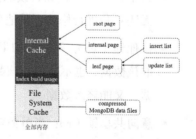

图 16-3　Internal Cache

- 首先，比较(RAM-1 GB)/2 和 256MB 的大小，取其中的较大者。例如，假设主机内存为 10GB，则 Internal Cache 取值为 4.5GB[(10GB-1GB=4.5GB)]；如果主机内存为 1.2GB，则 Internal Cache 取值为 256MB。
- 然后，从主机剩余内存中再额外划分一小块给 MongoDB 创建索引专用，默认最大值为 500MB，这个规则适用于所有索引的构建，包括多个索引同时构建。
- 最后，将主机剩余的内存（排除其他进程的使用）作为文件系统缓存，MongoDB 最近使用的"活跃工作集"会缓存在这里。

什么是"活跃工作集"？MongoDB 在实际运行过程中，会有一部分经常被客户端访问的数据和索引，我们将其称为"活跃工作集"。

如果能保证这部分"活跃工作集"的数据常驻内存，则数据库系统性能将会比较高效，否则，大量的磁盘 I/O 操作会发生，降低数据库系统性能。

因此，服务器的内存大小最少大于"活跃工作集"数据的大小。当服务器的空闲内存不足时，操作系统会根据内存管理算法将最近最少使用的数据从内存中移除，腾出空间给有需要的数据。

16.5 如何解决join查询需求

join 查询是关系型数据库中一种经典的多表联合查询方法，早期 MongoDB 版本并不支持这种操作。从 MongoDB 3.2 版本开始，通过引入$lookup 操作符，可以满足类似于关系型数据库中的 join 查询需求。

假设在关系型数据库中有 customers 表和 orders 表。

图 16-4 所示为 customers 表，如图 16-5 所示为 orders 表。

图 16-4　customers 表　　　　图 16-5　orders 表

假设现在要查询客户 Lily 购买的所有商品，则 SQL 语句如下：

```
SELECT t2.item, t2.count
```

```
    FROM customers t1 JOIN orders t2
      ON t1.id = t2.cust_id
    WHERE t1.name = 'Lily'
```

同样，假设在 MongoDB 中也有类似于 customers 表和 orders 表的集合及数据，则查询客户 Lily 购买的所有商品，语句如下：

```
db.customers.aggregate([
{ $match: {name:" Lily "}},      //相当于 where 过滤条件
{
$lookup:
  {
    from: "orders",              //被查询的集合
    localField: "_id",           //源表字段
    foreignField: "cust_id",     //被查询的字段
    as: "custorder"              //结果输出在这个字段对应的值中
  }
}])
```

尽管我们利用$lookup 操作符实现了类似于关系型数据库的 join 操作，但是不建议这么做。

我们要避免使用关系型数据库的思维来设计 MongoDB 的集合结构。因为作为一种 NoSQL 数据库，MongoDB 中的文档记录可以是任何类型，我们可以轻易地对数据结构进行重构，这样就可以让它始终和应用程序保持一致，使用单表查询就能满足需求。

16.6 创建索引对性能的影响

为了提高数据库的查询性能，我们通常会在频繁访问的字段上创建索引。但在索引创建的过程中又会对数据库的读/写性能产生一定程度的影响。

在 MongoDB 4.0 版本之前，默认会在创建索引的集合上产生一个排他锁，而且这个锁会一直持续到索引创建完成，这个时间段内会阻塞其他读/写该集合的操作，降低数据库的读/写性能。

在 MongoDB 4.2 版本之后，MongoDB 引入了一种新的索引创建机制，也就是只会在索引创建开始和结束时，在集合上产生一个排他锁，而在创建索引的大部分中间过程中不会产生排他锁。因此，在保证索引元数据完整且正确的情况下，最大限度地降低了索引创建时对集合上其他读/写操作的影响。

除此之外，在创建索引过程中还会对内存产生影响，通过 16.4 节的介绍，我们了解到 MongoDB 会额外从主机内存中分配一部分内存容量用于创建索引。

在默认情况下，当调用 createIndexes 创建索引时，会分配 500MB 的内存供其使用。但当需要的内存超过了该默认值时，MongoDB 会使用临时磁盘文件来完成索引的创建，一旦出现这种情况，会额外引入磁盘 I/O 操作。因此，整体上会影响数据库的性能。

16.7 GridFS 适合什么应用场景

GridFS 并不像 Hadoop 生态系统那样，先有了分布式文件系统 HDFS，然后以此为存储基础，创建出 HBase 这样的数据库。

GridFS 本质上还是基于 MongoDB 的 collection 和 document 等核心技术来构建的，它只是会将大于 16MB 的文件分割成许多个小文件，然后将这些小文件存储在相应的 collection 中。

GridFS 体系结构如图 16-6 所示。

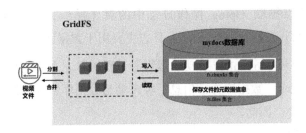

图 16-6　GridFS 体系结构

通常有以下几种场景适合使用 GridFS。

（1）存储大文件。

如果需要存储的单个文件的大小超过 16MB，则可以使用 MongoDB 自带的 GridFS，有时将大文件存储在 MongoDB 的 GridFS 中比直接存储在操作系统的文件系统中要更加高效。

（2）文件数量巨大。

如果需要存储的文件数量超过了操作系统中一个目录下允许包含的文件总数量，则可以使用 GridFS。

（3）文件需要异地备份。

如果想要将文件分布式部署在各个数据中心并提供冗余保护，则可以使用 GridFS。

此外，如果所有文件大小都小于 16MB，则不要使用 GridFS，因为将每个文件保存在一个 document 中往往会更高效。

16.8 Journaling、Oplog、Log三种日志的区别

在 MongoDB 中，Journaling、Oplog、Log 这三种日志有着本质的区别。

首先，在使用 WiredTiger 作为存储引擎时，Journaling 是一种 WAL（Write Ahead Log）日志，也就是说数据库中发生变更的数据写入磁盘之前，先将引起变更的操作写入 Journaling 中。当数据库发生意外故障恢复时，会使用 Journaling 日志中保存的操作日志，重新执行这些操作，确保数据的一致性。

其次，Oplog 是复制集不同节点之间进行数据异步同步时用到的操作日志。它的工作原理是：复制集中的 Secondary 节点首先异步复制 Primary 节点中的 Oplog 操作日志，其次 Secondary 节点提取 Oplog 操作日志中的具体操作，然后将这些操作重新在 Secondary 节点上执行一遍。因此，Oplog 日志主要用于数据同步。

最后，Log 是记录 MongoDB 启动、运行等过程的日志文件，数据库在服务器上的启动信息、慢查询记录、数据库异常信息、客户端与数据库服务器连接、断开等信息都保存在该 Log 文件中。因此，Log 日志主要用于数据库运行监控。

Journaling、Oplog、Log 三种日志对比如图 16-7 所示。

注意：Journaling 日志是先写入内存的，再按一定规则写入磁盘，这些规则如下。

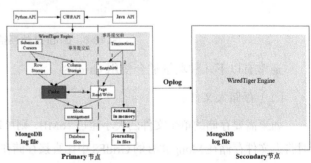

图 16-7　Journaling、Oplog、Log 三种日志对比

（1）按时间周期落盘。

在默认情况下，以 50 毫秒为周期，将内存中的事务日志同步到磁盘中的日志文件。

（2）提交写操作时强制同步落盘。

当设置写操作的写关注为 j:true 时，强制将此写操作的事务日志同步到磁盘中的日志文件。

（3）事务日志文件的大小达到 100MB。

由于 Journal 日志文件的大小默认限制为 100MB，当达到这个默认限制时，会创建一个新的 Journal 日志文件，与此同时，WiredTiger 将强制之前内存中的事务日志同步到磁盘中的日志文件。

16.9　连接数设置为多少合适

在通常情况下，客户端应用程序并不会直接连接 MongoDB 服务器，即不会直接连接 mongod 实例进程，而是通过驱动程序连接 MongoDB 服务器，连接模式如图 16-8 所示。

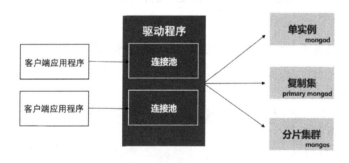

图 16-8　客户端应用程序的连接模式

因此，影响客户端应用程序能否成功连接 MongoDB 服务器有两个因素，即驱动程序中的连接池和服务器端上允许的最大连接数。

下面先分析驱动程序中连接池的相关特性。

MongoDB 提供的大多数编程语言都支持设置客户端应用程序可用的最大连接数的参数（连接池大小被认为是驱动程序可以服务的最大并发请求数）。

通过设置合适的连接池大小，避免使服务器端的 mongod 或 mongos 实例的连接过载，具体我们可以根据当前数据库被请求的典型连接数的 110%～115%来作为连接池的最大值。

在第 11 章介绍的各种编程语言开发中，我们在连接数据库之前都创建了一个 MongoClient 对象，连接池最大连接数就是通过该对象的 maxPoolSize 属性来设置的，如果不设置，则默认值为 100。除此之外，驱动程序与连接相关的还有如下几个参数（可通过 MongoClient 对象的属性来设置）。

- maxIdleTimeMS：表示连接池中的一个连接可以空闲的最长时间，单位是毫秒，超过了设定的时间该连接就会被关闭，并从连接池中移除，默认值是 none，表示没有时间限制。

- waitQueueTimeoutMS：表示客户端应用程序从连接池中获取一个连接的最长等待时间，不同驱动程序默认值可能不一样。例如，Python 默认值是 None，表示一直等待不超时；Java 默认值是 2 分钟。

接下来再分析服务器端的连接数相关特性。

服务器端允许的最大连接数也是可以配置的，但是受操作系统资源的限制，也不能配置得无限大。

首先可以执行如下命令查看当前实例中的连接数情况：

```
> db.serverStatus().connections
```

输出结果如下：

```
{
    "current" : 23,
    "available" : 796,
    "totalCreated" : 375,
    "active" : 3
}
```

相关字段的含义如下。

- current：表示该数据库实例中当前客户端的连接数，包括复制集之间的连接数。
- available：表示该数据库实例中还可用的客户端连接数。
- totalCreated：表示该数据库实例中所有已创建的连接数，包括已关闭的。

- active:表示该数据库实例中当前活跃的、有读/写等操作的客户端连接数。

我们可以看到,在默认情况下服务器端允许的最大连接数为 current 和 available 数量之和,即为 819。这个数值不能超过操作系统允许单个进程打开的最大文件句柄数的 80%(因为每分配一个 socket 连接,相当于打开了一个文件句柄)。

对于 Linux 来说,允许单个进程打开的文件句柄数为 1024,因此在默认情况下,服务器端允许的最大连接数为 819(1024×80%≈819)。

对于 Linux 来说,我们可以根据主机的配置情况,通过调整 Linux 中的 ulimit 参数值来改变允许的最大连接数。

对于 mongod 实例来说,我们可以通过它的启动配置参数 maxConns 调整允许的最大连接数,当然这个值不能超过操作系统的最大限制。

最后,我们总结一下,对于客户端来说,可用连接数受到连接池和服务器端允许的最大连接数限制。因此,如果服务器的配置比较强大,则服务器端允许的最大连接数较大,可以适当调整连接池的大小。

通过下面这段代码模拟测试改变连接池大小对服务器端连接数的影响:

```
using System;
using System.Collections.Generic;
using System.Linq;
using System.Text;
using System.Threading;
using System.Threading.Tasks;
using MongoDB.Driver;
using MongoDB.Bson;

namespace testConnPool
{
    class Program
    {
        static void Main(string[] args)
        {
            //模拟1000个客户端请求
            for (int i = 1; i < 1000; i++)
            {
                //创建无参的线程
                Thread thread1 = new Thread(new ThreadStart(CounCust));
```

```csharp
            //调用 Start()方法执行线程
            thread1.Start();
        }
    }
    static void CounCust()
    {
        try
        {
            var clientSetting = new MongoClientSettings();
            clientSetting.Server = new MongoServerAddress("192.168.85.130", 50000);
            //设置连接池的大小
            clientSetting.MaxConnectionPoolSize = 200;
            //创建客户端连接实例,客户端会维护一个连接池
            var client = new MongoClient(clientSetting);
            //连接指定数据库
            var database = client.GetDatabase("crm");
            //连接指定集合,这里传递了一个泛型参数 BsonDocument,表示集合中的文档结构
            var collection = database.GetCollection<BsonDocument>("inventory");
            //构造查询过滤器
            var filter = Builders<BsonDocument>.Filter.Eq("_id", 15);
            //执行查询操作,返回一条文档记录
            var document = collection.Find(filter).First();
            //在控制台输出结果
            Console.WriteLine(document);
            while (1 < 2)
            {
                Console.Write("1");
            }
        }
        catch (Exception ex)
        {
            Console.WriteLine(ex.Message);
        }
    }
}
```

通过测试发现,因为驱动有连接池,且连接池中的连接是可以复用的,所以并不是

1000 个客户端请求就会打开 1000 个连接，实际情况可能只需要打开几十个连接就够用了。

16.10 集合被分片后是否可以修改片键

截止到 MongoDB 版本 4.2，是不支持分片后的集合修改片键的。所以在规划集合分片时就要仔细考虑片键的选择。

如果后期发现片键选择不合理，需要更改片键，则可以按照以下策略进行修改。

第一步：将集合中的所有数据 dump 到外部存储起来。

第二步：删除原来分片的集合。

第三步：创建一个新集合，设置新的片键。

第四步：预先分割片键范围，确保数据均匀分布。

第五步：重新将 dump 文件的数据恢复到集合中。

16.11 为什么分片集合中的文档记录没有分布到所有分片上

因为当集合中的文档记录数量还不够多时，也就是说还没有达到一个 chunk 大小，该 chunk 也不会进一步被分割，所有的数据都在这个 chunk 中并归属于某个分片。所以，看起来分片集合中的文档记录并没有分布到所有分片上。

只要集合中的数据继续增加，达到一定阈值时，chunk 就会被分割，然后均衡器启动均衡动作，将 chunk 均匀迁移到其他分片中，最后所有分片中的数据都是均匀分布的。

16.12 通过mongos连接集群时连接数分析

我们知道客户端应用程序是通过驱动程序连接 mongos 的，再由 mongos 将请求路由到具体分片，因此 mongos 也会创建与具体分片的连接，其连接流程如图 16-9 所示。

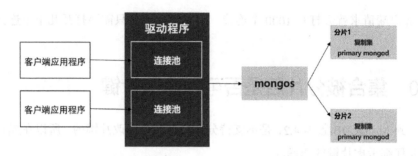

图 16-9　客户端应用程序路由到具体分片中的连接流程

实际上为了快速响应客户端的请求，mongos 也维护着一个连接池，当有来源于驱动层面的请求时，mongos 直接从连接池中取出一个连接使用，然后用这个连接请求到具体的分片，这样也避免了每次请求都要创建新连接的问题。

除此之外，集群内部的连接，如到配置服务器的连接通信，都是利用 mongos 维护的连接池连接的。

16.13　复制集节点之间是否可以使用不同的存储引擎

MongoDB 支持这个特性，如可以将 WiredTiger 存储引擎与 Memory 存储引擎同时使用在复制集中的不同节点上。

这样，当使用复制集进行读/写分离时，可以使用 Memory 存储引擎的节点来支持读操作，从而提高读操作的性能。